応用測量学

応用測量技術研究会編

井上書院

序

測量学は歴史が長く，土木工学の基礎として発達してきました。近年では，トータルステーション，GNSSが普及するなど計測技術が大きく進歩し，技術者の手を煩わせることなく計測できるようになり，必要な情報を平易かつ効率的に収集し，活用できるようになってきました。

しかしながら，従来の応用測量に関わる基礎知識や技術の修得は，必須であることに変わりはありません。実務においては，現場条件により個別課題の対応が求められ，技術者として応用測量の知識や技術を駆使し，成果を作成することも数多くあります。

本書は，大学，高等専門学校などの土木工学関連の学生を対象とした教科書です。応用測量学は多岐にわたる分野から構成されますが，各分野を専門とする執筆者により，GNSS測量，写真測量，地図編集，地理情報システム，応用測量(路線測量，河川測量，用地測量)について執筆しています。

測量学の良書は数多く存在しますが，本書では，建設工事の実務に資する応用測量において，最低限知っておいていただきたい基礎知識の修得を目標としています。学生の皆さんが，自学自習でも基本知識を修得できるように丁寧に解説し，実務でよく用いる知識や技術に関わる練習問題や測量士補試験問題を盛り込み，理解の促進と実践力の向上を狙っています。

学生の皆さんが，応用測量の基礎をしっかり身に付け，将来，測量技術者，土木技術者として活躍されることを期待しています。

最後に，本書の企画を立ち上げ，出版にこぎつけていただいた井上書院会長関谷勉氏をはじめ，ご協力くださった関係者の皆様に厚くお礼を申し上げます。

2016年3月　　著者

応用測量学　目次

02 写真測量

03 地図測量

04 地理情報システム

07 用地測量

01 GNSS測量

GNSS測量とは，測位衛星（GPS，GLONASS，GALILEO，QZSS）などが発信する電波を利用して，地球上の観測地点の位置を特定する計測技術である。一般的な衛星測位は，電波からの時間を計測する方法であるのに対し，GNSS測量では，主に電波の搬送波の位相を測定する方法を用いる。

本章では，GNSS測量技術について，原理，精度や計算手法などについて，具体的事例を参考にしながら，理解することを目標とする。

1.1 GPS/GNSS(次世代衛星測位システム)とは

1.1.1 GNSSとは

船や自動車で目的地に行く場合，現在の自分の位置と目的地の方角を知る必要がある。このような，知らない土地や大海原で，自分の位置を知るための方法を航法（navigation）という。古くは，星の位置や風向き，渡り鳥の飛ぶ方角などを頼りに航海していたとされているが，ポリネシアでは現代に至っても，このような航海術が伝承されている。

羅針盤(方位磁石)と四分儀が発明されると，航海の安全性が飛躍的に高まり，まもなく大航海時代を迎えた。さらに20世紀に入ると，電波航法システム(radio navigation system)が開発され，船や航空機は自動操縦による航行さえも可能となった。地上施設のみの電波航法システムは，現在でも一部で利用されているが，人工衛星を利用した電波航法がこれに取って代わりつつある。

人工衛星からの電波信号[1]を用いた航法システムは，航法衛星システムNSS[2]と呼ばれる。NSSのうち，GPSのように多数の衛星により全世界をカバーするシステムは，全地球航法衛星システムGNSS[3]と呼ばれ，これに対して，静止衛星などを用いて特定の地域を対象としたものは，地域航法衛星システムRNSS[4]と呼ばれている。計画も含めた現在のNSSを**表1.1**に示す。

1) **搬送波**：GPS衛星からの電波信号のことをいう。GPSでは，L1帯（波長約19cm）とL2帯（波長約24cm）の2波が用いられている。この電波上にC/Aコード，Pコード，航法メッセージなどが変調されて送信される。
2) **NSS**：navigation satellite system
3) **GNSS**：global navigation satellite system
4) **RNSS**：regional navigation satellite system(s)

表1.1 NSSの現状

分類	名　称	運用主体	システム構成	現状	今後の予定など
GNSS	GPS (Global Positioning System)	米国	6軌道面×4基 計24基 (＋バックアップ)	運用中	高度化などを順次推進中
	GLONASS (GLObal NAvigation Satellite System)	ロシア	3軌道面×8基 計24基 (2011年現在17基稼働)	一部 運用中	2010年を目標に整備されていたが未完
	GALILEO	欧州連合	3軌道面×10基 計30基	実験中	整備完了目標は2016～2019年
	北斗/COMPASS (COMpass Navigation Satellite System)	中国	静止衛星 5基 中高度軌道衛星 30基 (2011年現在9基稼働)	一部試験運用中	整備完了目標は2020年
RNSS	IRNSS (Indian Regional Navigation Satellite System)	インド	静止衛星 3基 地球同期軌道衛星 4基	計画中	整備完了目標は2014年
	準天頂衛星システム/QZSS (Quasi Zenith Satellites System)	日本	準天頂衛星 3基 (2011年現在1基実験中)	実験中	2010年代後半に第2段階に移行(システム検証)

(内閣官房，JAXAなどの公表資料に基づいて作成)

1.1.2 次世代の衛星測位システム

GNSSは，衛星を用いた測位法として現在，唯一完成されたシステムであり，その利用は航法や測量にとどまらず急速に拡大している。今やGNSSは，われわれの生活に欠かせないツールとなっている。しかし，その重要度が増せば増すほど，GNSSシステムにトラブルが生じた際のリスクは大きくなる。当初は米国がGPSとして始めた衛星測位システムが，今日，各国で独自の

NSSが計画される背景には，このようなリスクの分散がその理由の一つである。

GNSS衛星が発信する信号の周波数帯や形式は，各国で共通の部分も多く，これらを相互運用することにより，多数の衛星を同時に使用することができれば，計測精度が大幅に向上すると期待されている。また，各国のGNSSからは，これまでのL1 (1,575.42 MHz)，L2 (1,227.60 MHz) の2つの周波数帯に加え，新たにL5周波数帯(1,176.45 MHz)を用いた信号も発信されるようになっている（**図1.1**）。3波の観測データを組み合わせることにより，解析処理の効率性が向上し，短時間で測定を行うことができるようになる。

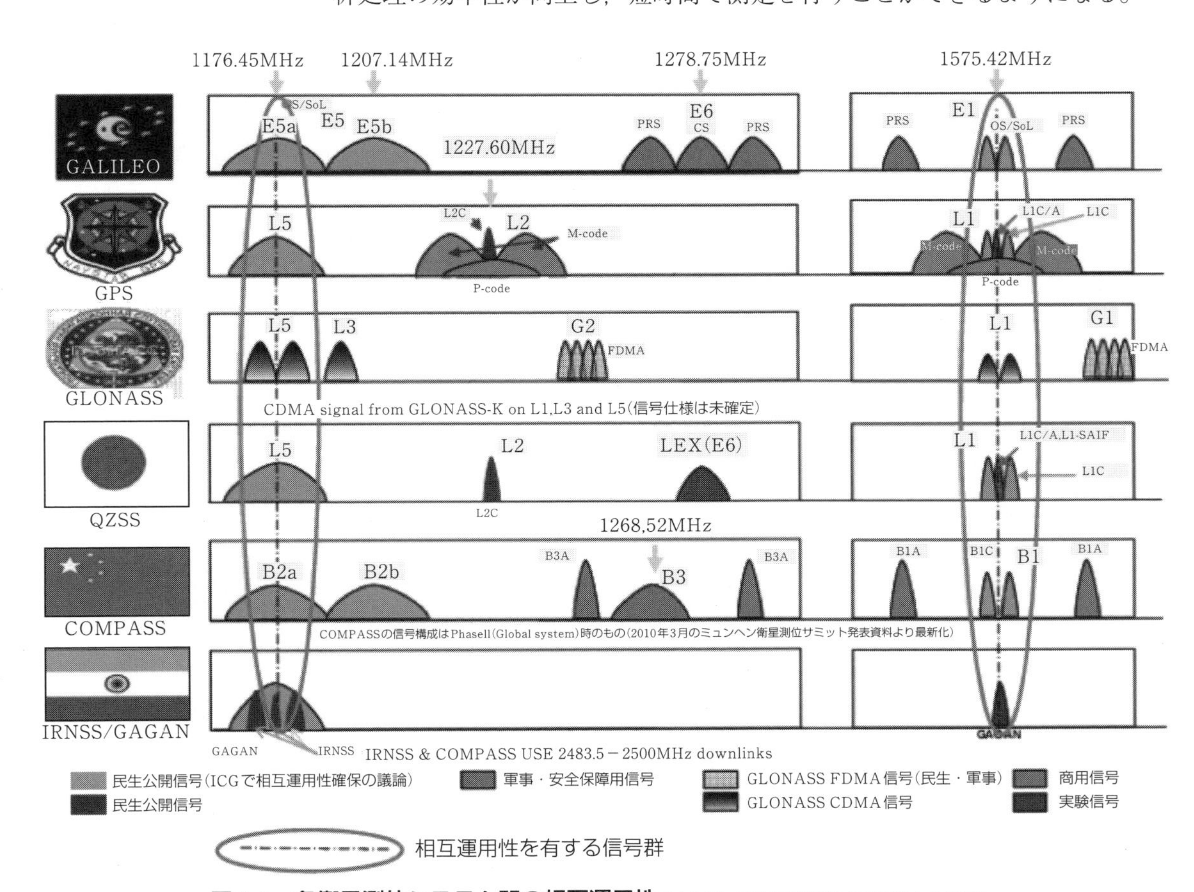

図1.1　各衛星測位システム間の相互運用性（内閣官房宇宙開発戦略本部資料より抜粋）

1.1.3　GPSとは

GPSとは，全地球測位システムを意味するGlobal Positioning Systemの略で，米国国防総省が開発した人工衛星を用いた測位システムのことである。民間利用に広く普及したシステム名称であったため，GNSSのうち「GPS」というシステム名称が，衛星測位名称として一般化している。本書では，GPSは米国が運用しているシステムを指し，測位技術全体のシステムをGNSSと呼ぶ。

GPSは，地球を周回する24機のGPS衛星と利用者の受信機，そしてGPS衛星をつねに監視・制御している地上管制局などから構成される。**図1.2**は，GPS衛星の軌道と地球を周回するGPS衛星のイメージである。衛星は地上から約20,000kmの高度で，約12時間で1周する円軌道をしている。軌道面は地球の赤道面に対して55°傾き，この軌道面に4つの衛星が配置されている。このような軌道面が，赤道に沿って60°ずつ回して計6つあり，合計24機のGPS衛星が地球を周回している。

GPS衛星からは，測位に用いる信号や，衛星の位置情報が乗せられている電波がつねに発信されており，利用者はGPS受信機でGPS衛星からの電波を受信し，GPS受信機の位置を知ることが可能である。

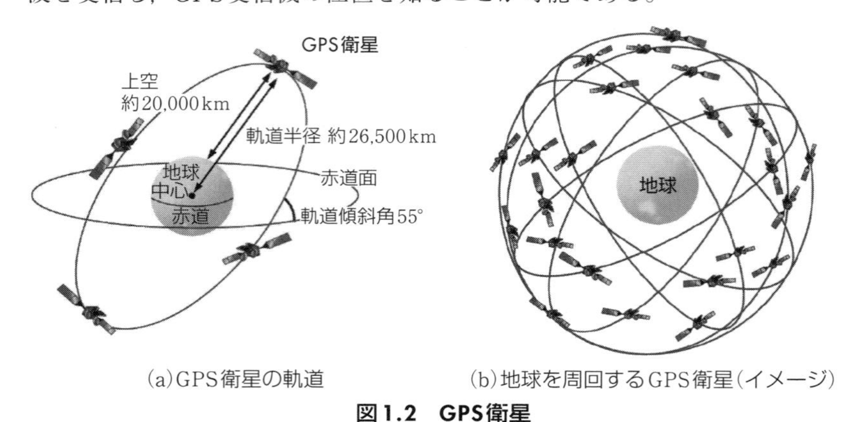

(a)GPS衛星の軌道　　(b)地球を周回するGPS衛星(イメージ)

図1.2　GPS衛星

1.1.4　GPSの歴史

1973年，米国防総省により軍事用の衛星測位システムNAVSTAR/GPSの開発が始まった。当時は，1957年にソ連が世界初の人工衛星の打上げに成功し，そこから続いた米ソ両国間の宇宙開発競争が時代背景にある。

米国では，1974年に技術試験衛星「NTS-1」が打ち上げられて以降，実用試験衛星「GPS Block I」，実用衛星「GPS Block II，IIA，IIR，IIR-M」とGPS衛星の開発が進んだ。1991年からの湾岸戦争では，目標物のない砂漠での進軍にGPSによる測位が有効であった。その後整備は進み，1995年に実用衛星のみで24衛星となり，GPSの完全運用宣言が出された。

1983年，米国により民間無償利用が表明された。また，それまでは有事の際，民生用の測位精度を劣化させる操作（SA：Selective Availability；選択利用性）が行われていたが，2000年に廃止された。このような背景には，GPSが軍用にとどまらず，航法や測位，時刻決定に不可欠な情報インフラとなったからである。

1.1.5 GPS/GNSSの産業利用

GPSの民生利用が進み，私たちの生活にも多くみられるようになった。**表1.2**にGPSの主な利用例を示す。中心的な利用事例は，やはり航法分野で，船舶，自動車，航空機などのナビゲーションに多く利用されていることがわかる。特に測位データと地図情報技術を組み合わせたカーナビゲーションは，2015年10月末には出荷台数は累計6,778万台（JEITA・国土交通省資料）まで普及している。

さらに，GPSは携帯電話など情報通信技術の組合せにより，その利用範囲は拡大している。例えば，GPS端末保持者の利便性のため，携帯電話への現在位置周辺の観光・生活情報の自動表示や，タクシー顧客への空車情報配信や同運転手への乗客待機位置支援など，さまざまな利活用がなされている。

一方，GPS端末とは別の場所で，GPS端末の位置情報を使用するものとして，盗難車の追跡や迷子老人の捜索などがある。さらに，GPS端末を取り付けている物の情報(配送車の配送状況，重機の稼働時間など)を位置情報とともに活用するなど,他の技術と組み合わされて応用範囲は広がっている。

GPSはあくまで，米国の人工衛星測位システムの呼び方ではあるが，このような使用例からもわかるとおり，すでに生活に密着しインフラ化している。今後，各国が参加したGNSSにより，さらなる利用性向上が期待できる。

表1.2 GPS利用例

目　的	利　用　例
行先案内	【生活】カーナビゲーション 【観光】現在位置周辺の観光・生活情報表示(携帯画面など)
運行管理	【運輸】車両や荷物の配送状況の動態管理 【運輸】コンテナ輸送管理，タクシー顧客サービス 【建設】運搬車，建設重機の運行管理，生コン運搬品質管理 【農業】精密農業
位置情報	【測量】基準点測量
位置把握	【防犯】盗難車の追跡 【環境】動物の行動追跡，産業廃棄物の処理確認 【福祉】迷子老人の捜索，児童の位置確認
変位観測	【建設】斜面の変形監視，ダムの外部変形計測など 【防災】日本列島の地殻変動観測，火山活動観測
施工管理	【建設】盛土転圧管理，除雪支援

1.1.6 GNSSの補完・補強

GNSS衛星測位システムには，そのシステムに誤りが発生したような場合に，そのことをユーザーに知らせる機能がいまだ不十分な場合がある。航空航法など，用途によってはGNSS単体での航法は信頼性が不十分とされている。また，計測精度を左右する電離層の影響の除去など，精度を向上させるツールをシステム内に組み込むことも求められている。

これらの機能を補完・補強するため，衛星や地上設備を用いたシステム[5]が開発されている。航空航法の補強システムのうち，衛星を用いたものは

5) **補強システム**：augmentation system

6) **SBAS**：satellite base augmentation system

SBAS[6)]と呼ばれ，米国，日本（MSAS），欧州，インドなどで整備が進められている。

このほか日本のQZSSも，GNSSを補強する機能を併わせもって計画されたもので，精度や信頼性の向上が図られているほか，GNSSのみでは計測が困難な都市部や山岳地帯での測定不能の解消などが期待されている。**図1.3**に測位人工衛星の配置状況および今後の計画を示す。

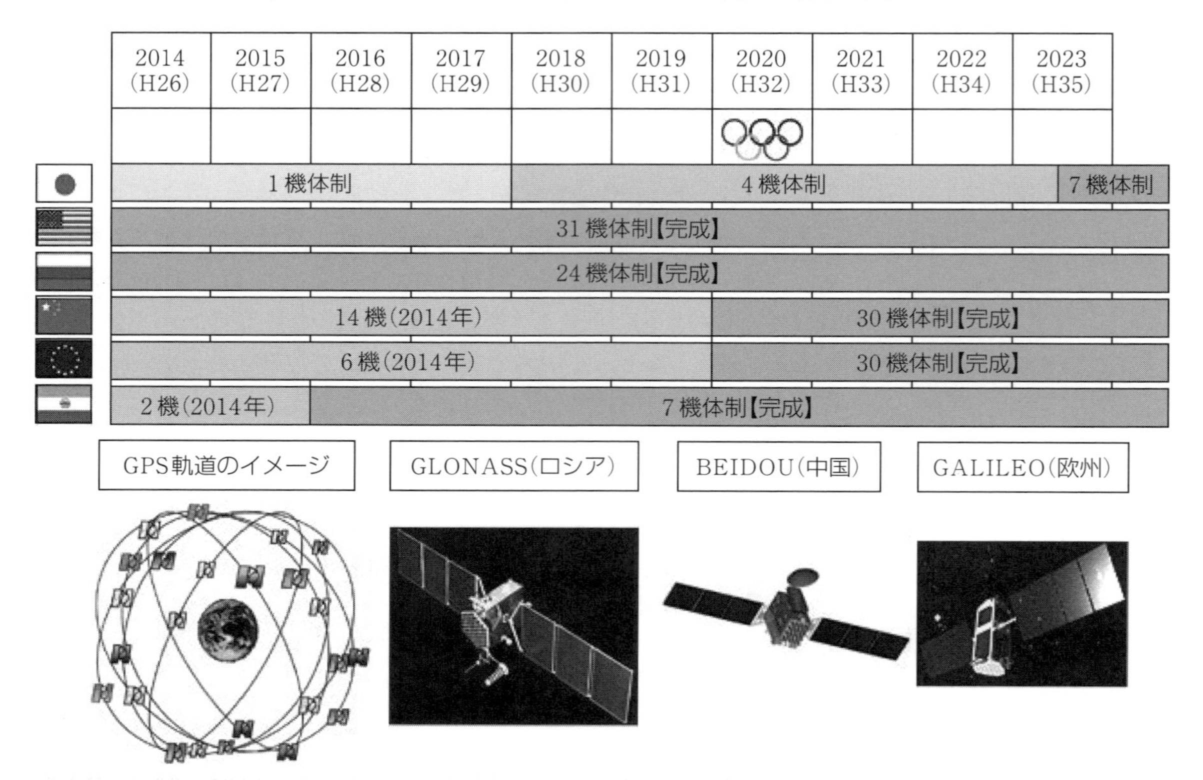

［参考］インドも「IRNSS」という測位衛星システムを整備中（2014年3月現在，2機運用中（インド周辺地域のみをカバー予定。7機で完成））

図1.3　衛星の現状と体制計画

1.2 GNSSの特徴

1.2.1 GNSSの活用

GNSSシステムは，「1.1.5 GPS/GNSS産業利用」に示したナビゲーション産業や観光などの民生利用とは別に，その位置精度の正確性を活用した，測量や施工管理といった建設関連の産業にも用いられている。これらは，施設などの建設時だけでなく，維持管理や防災監視のツールとしても広く利用が進みつつある。また，高度情報化社会の潮流のなかで，建設業界全体の必須の課題である情報化施工・自動化施工において，GNSSは不可欠な要素技術になっている。

しかしながら，GNSSは建設分野においても有効な技術ではあるものの，まだ採用する現場は，比較的限られた大規模現場や特異な諸条件を満たした現場である場合が多いのが実情である。今後，建設分野でさらなるGNSSの活用を促進するための課題について，いくつかの視点から考えてみる。

1.2.2 計測精度

GNSSによる計測精度は，採用する測位手法にもよるが，最も精度が良いといわれる測位方法でも，通常5～10mm程度（基線長1km以内）であり，連続的計測することで計測精度（標準偏差）が±2～5mm，さらに時系列統計処理を行えば，±1mm程度まで向上させることができるとされている。ただし，原理的に高さの精度は，水平面での精度より約1.5～2倍程度劣るといわれている。

このGNSSの計測精度は，比較的小規模現場では，従来の光学的測量機器であるトランシットやオートレベルで，同じ精度で手軽に計測できることやビルや橋梁の位置決め（平面位置と標高）や施工管理の出来形管理に直接利用できないことから，GNSSが用いられない最も大きな理由となっている。

この他，上空視界が限られる都市部や半地下構造物の建設現場では，上で述べたGNSS計測精度よりさらに低下することが避けられない。

1.2.3 リアルタイム性

位置座標が瞬時に取得できるGNSS測位手法（DGPSやRTK-GPSなど）を用いて，切土や盛土などの大規模な造成工事の機械化施工および施工管理が行われ始めている。土木造成工事等には，UAV（ドローン・自動走行ヘリコプター）などロボットを用いた情報化施工なども実施されている。これらの位置制御などにも，GNSS技術は活用されている。さらに，海洋工事における船舶や水中の位置決めなどのリアルタイム性が求められる現場での利用は，ごく一般的になっている。

リアルタイム測位（DGPSやRTK-GPSなど）は，計測精度が低くなる問題がある。ここで精度を上げるために，連続計測や時系列統計処理を行うとリアルタイム性を犠牲にすることになり，リアルタイム性を要求される現場管理への適用が難しくなる。

このような課題に対して，リアルタイム性を確保しつつ場所ごとに必要な精度を補完するため，いくつかの計測手法を組み合わせることが行われている。具体的には，リアルタイムのGNSS測位とトータルステーション(TS)やレーザレベルを組み合わせたシステムを出来高管理に採用した事例などがある。

1.2.4 経済性

GNSSを利用して測位するための装備・設備は，その利用目的や形態によって異なり，費用も千差万別だが，建設分野では測位システムの構築に100～数100万円程度の初期投資が必要となることが多い。さらに，この測位システムに地上測量・情報システムや施工管理システムを組み合わせると，設置なども含めると数1,000万単位となることがある。したがって，ある程度大規模な建設現場や，特に高い安全性や品質をほぼリアルタイムに管理することが要求される場所での導入が現実的となる。

一方で，いったんシステムを構築すると，GNSSはランニングコストとして電気料や通信費がかかるものの，測量士などの人件費が軽減できるとともに，気象条件や昼夜を問わず連続的に自動計測することが可能となるため，1データ当たりの単価に換算すると相対的に高いものではなくなり，しかも長期間計れば計るほど安くなるメリットも享受することが可能となる。

1.2.5 ブラックボックス性

GNSSの基本的な原理は，単独測位にしても干渉測位にしても，位置がわっているいくつかの衛星からの距離を測って，地上のある地点の位置を求めるもので，宇宙空間のGNSS衛星を基準点とした三辺測量にたとえられる。位置を求めたい地点に設置したGNSSセンサにより，衛星からの情報を観測データとして受信して，自動的に解析が実行されることによって結果を利用できる。その実際の測位のデータ処理・解析の詳細はかなり難解であるとともに，米軍の衛星軌道情報に精度は依存していることもあり，利用者にとってGPS測位のプロセスは，ブラックボックス的であることを意味している。

1.2.6 リアルタイムの計測値を利用する評価技術

GNSS測位技術は，従来の光学的な測量技術を相互に補うものとして，現在広く利用されているが，GNSS測位の利点である天候や昼夜を問わずリアルタイムに連続測定できることを利用した新たな評価手法や学問体系が構築されているとはいえない。従来の測量技術によって測定した計測値をもって，整理分析して評価する既往の評価手法(体系)があるため，連続して得たGNSS測位であっても，定時の測量データに変換してから，従来の解析・評価の流れで利用することも行われている。

今後は連続的に得られる測位データを，他の気象や地盤データとともに分析することによって，安全性の評価や防災情報として利用できる評価手法や新たな学問体系が生まれることが期待できる。

1.2.7　維持保全と防災の要素技術としての普及

道路や鉄道，その他多くの公共土木施設(社会インフラ)は，建設から維持保全の時代を迎えたといわれる。また，地球温暖化にともなうゲリラ豪雨の頻発や大型台風，巨大地震の襲来に備えたハード・ソフト両面の充実が求められつつある。

土木施設の維持管理の基本は，施設の健全性を診る点検を確実に行って，そのデータを蓄積・分析して補修計画を立案し実行することにある。土木施設の位置情報として，GNSSからの座標情報などを盛り込んだGISを構築することにより，点検データの一元管理，最新の地形図利用，アクセスルートなどの情報共有が可能となる。また，今後の点検計画の立案が容易になるなど，施設の維持管理を効率的に行うことが可能となる。このため，安価で精度の高いGNSSとGISとが連動したシステムの開発，構築が強く望まれている。

また，災害時の緊急対応として，時々刻々と変化する被災状況をGNSSにて監視し，各種ハード対策の運用と連動させることや，被災住民の安全な避難経路や緊急車両の適切な誘導などにおいても，GNSSを要素技術としてさらに高度かつ有効に活用することが期待される。

1.2.8　IoT(Internet of Things)社会の進化に向けて

GNSSの利用シーンには，本来の航法，測位技術のほか，**図1.4**のようなものが考えられ，すでに実用化されている技術も多い。次世代の衛星測位システムの整備により，高層ビル街や険しい山間地など従来はGPSの利用が困難であった場所での利用が可能となるほか，精度の向上や計測時間の短縮により，各利用シーンにおける利便性や信頼性も高まるものと期待される。

GNSS技術はすでに社会インフラとして位置付けられているが，今後IoTなどリアルタイム技術が一般化する際には，位置情報の取得方法として，さらに活用シーンが増えるものと考えられる。

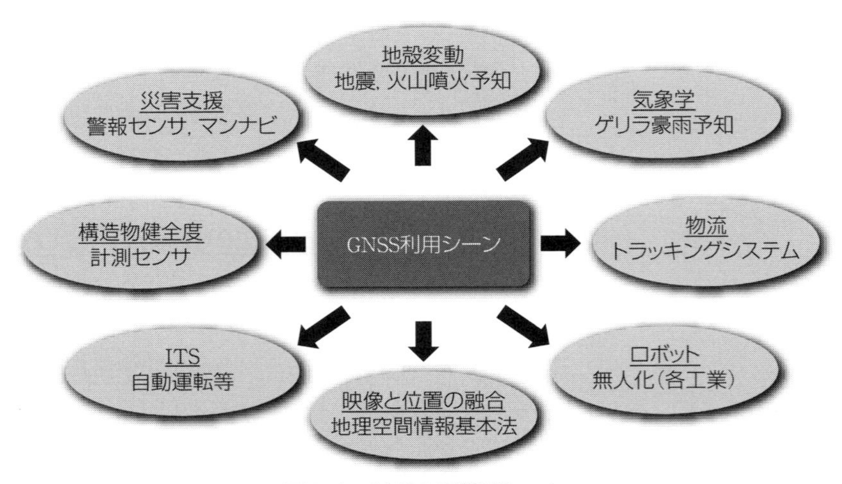

図 1.4　GNSSの利用シーン

1.3 準天頂衛星システム

1.3.1 真上から日本を見守る準天頂衛星システム

衛星による測位システムは，前節までに述べたように，私たちの生活になくてはならないものになっている。衛星測位システムといえば，これまで米国のGPSやロシアのGLONASSが代表的であったが，近年それらに加え，ヨーロッパのGALILEO，中国のCOMPASS(北斗-2：BEIDOU2)などさまざまな衛星測位システムが計画されている。

また，GPS自体も，さらなる高精度化，頑健性を達成するため，既存の衛星を新たなコードや周波数を追加した高性能衛星に順次入れ替える計画，GPS近代化計画が推進中である。

わが国においても，衛星測位の補完・補強システムとして，準天頂衛星システムが開発されており，関係機関により，そのための研究開発が実施されている。

準天頂衛星システムの最大の特徴は，その名のとおり，ユーザーが“準天頂”を通る“衛星”からの信号を，障害物の少ないほぼ真上から受信できることである。日本は北半球の中ほどに位置しているので，例えば静止衛星からの信号を受信するには，アンテナを赤道（南）の方角に，約30～50度傾けないと信号が受信できない。そのため，その方向に山やビルがある場合，信号がじゃまされて受信することができないことがある[1)]。

1) **サイクルスリップ**：衛星からの電波が障害物などで遮断されると，位相測定が中断する。そのため，その間の整数部の繰り上がり，繰り下がりがわからなくなる。この中断前後で，位相の整数部分に整数部だけの不確定が生じる。これをサイクルスリップという。この対処として，ベースラインの処理時に整数値のあいまいさを再度推定する必要がある。

一方，準天頂衛星システムは，衛星からの信号をほぼ真上から受信できるので，特に山間部や都心部の高層ビル街でのGNSSの利用効率改善の効果が大きく，その活用が期待されている。また，衛星測位を行うには，4機以上の衛星が必要だが，測位の精度を良くするためには，衛星の幾何学的配置が重要である。天頂付近にある準天頂衛星は，この幾何学的配置の改善にも有効的である。

わが国では，準天頂衛星システムが整備されれば，防災や農業のIT化などのサービス開発が本格化し，国内だけで10兆円，アジアも含めれば30兆円規模の産業市場が見込まれている。

コラム(1) コード

- **C/Aコード**（Coarse/Acuisition Code）：GPS衛星のL1信号に変調されているコード。このコードは，1,023の1と0がランダムな列で並んでおり，1.023MHzのチップ・レートで，1ミリ秒で繰り返される擬似ランダム雑音(PRN)。コードは捕捉しやすい特性をもっている。
- **Pコード**(P-code)：Precise code(精密コード)またはProtected code(保護されたコード)。NAVSTAR衛星から放送されるコード，そして衛星の信号の遅れ，そして擬似距離を決めるために，GPS受信機によって使用される。Pコードは，GPSの搬送波上に非常に長い（約1,014ビット）バイフェーズ変調した擬似ランダムのバイナリーのデータ。チップレートは

10.23MHzで，38週間後に繰り返される。各衛星は，このコードの独自の1週間の部分を使用する。
・**Yコード**(Y-code)：Pコードに含まれる情報を暗号化したもの。

1.3.2 日本のためのユニークな軌道

準天頂衛星システムの軌道は，日本での利用に適したユニークな軌道である。通常の静止衛星は，赤道上に位置するが，その軌道を斜めに傾け，日本の真上を通る軌道にしている。しかし，1つの衛星がつねに日本上空に滞在するわけではない。軌道が斜めに傾いているので，地球の自転とともに衛星も少しずつ角度を変え，南北に移動していく。1機の衛星が日本の真上に滞在できる時間は，7～9時間程度である。そのため，複数機を時間差で入れ替えることにより，つねに1機が日本の上空に滞在することとなる。

準天頂衛星システムの軌道を，地球を止めた状態で見てみると，衛星が8の字を描くように動いているように見えることから，当初つけられたニックネームが「8の字衛星」と呼ばれた。3衛星がそれぞれの軌道(**図1.5**参照)をまわる位相をお互いに調整すると，各衛星が描く8の字が，**図1.6**のように重なり合って，3衛星は順番にひとつずつ日本上空に来るようになる。そこで，電波を出す衛星を順に8時間ごとに切り替えると，切れ目なく日本上空から電波を降らせることができる。このように準天頂衛星システムは，1日3交代制で各衛星は8時間ずつ働く，3機セットの衛星である。

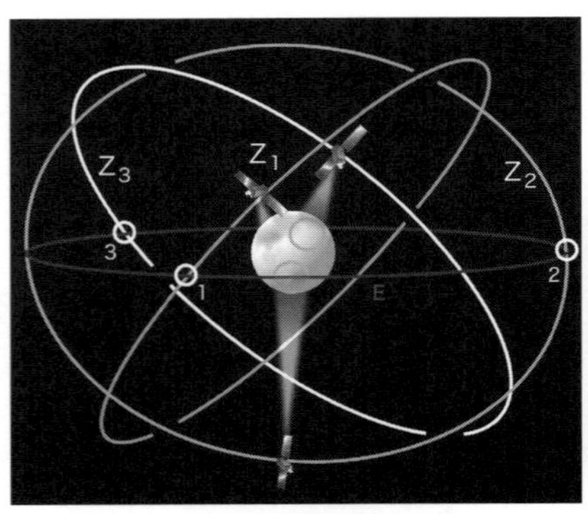

図1.5 3つの準天頂衛星軌道図
(JAXA資料より作成)

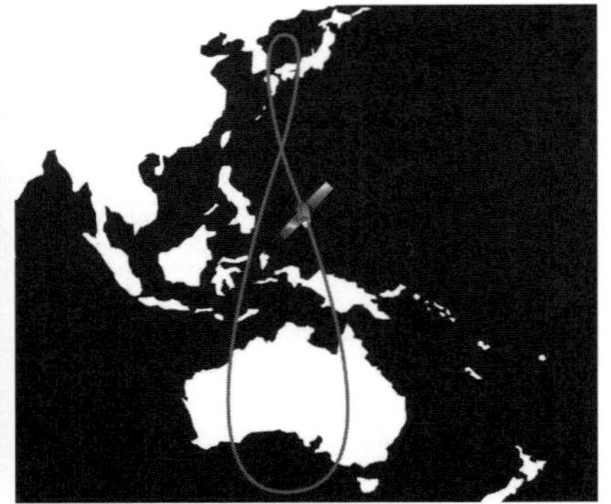

図1.6 準天頂衛星の8の字軌道
(JAXA資料より作成)

1.3.3 準天頂衛星システム計画推進の基本方針

当初の計画は，通信・放送・測位の3つの分野のサービスを融合したものであった。その計画は，民間の提案からスタートし，官民の連携によって推進され，民間が衛星の開発と通信・放送分野の事業化を行い，測位分野はJAXA(独立行政法人 宇宙航空研究開発機構)をはじめとする国の研究開発機関が，高精度な測位システムの実現に必要な技術開発とその実証を担当し，民間がその事業化を行う予定だった。

その後，通信・放送分野における民間事業化の断念を受けて，準天頂衛星システム計画の見直しが行われた。その結果，衛星測位の重要性などを考え，まず国が主体となって，測位単独の「準天頂衛星システム計画」を立ち上げることとなった。

平成18年3月31日に「準天頂衛星システム計画の推進に係る基本方針（測位・地理情報システム等推進会議）」が示され，これに基づき，準天頂衛星システムは，段階的に計画を推進することとなり，まず第1段階として，2010年9月11日に技術実証のための準天頂衛星初号機「みちびき」が打ち上げられた(**図1.7**)。

この第1段階は，文部科学省が取りまとめ担当となり，総務省，経済産業省，国土交通省の協力を得て計画を推進している。またJAXAは，関係研究機関と協力して，より高精度な測位を可能にするための実験システムの開発，準天頂衛星バスシステムおよび追跡管制システムの整備，運用を行うとともに，システム全体の取りまとめを担当している。

さらに，第1段階の技術実証・利用実証に引き続き，第1段階の結果の評価を行った上で，2010年代後半には，初号機を含めた4機の準天頂衛星によるシステム実証を行う第2段階へと進む計画である。そして，その後は米国のGPS衛星に依存しないシステムを確立できる7機体制に拡充する構想である。

・打上げ質量：約4トン
・発生電力：約5kW
・設計寿命：10年以上
・打上げロケット：H-IIA202
・打上げ：平成22年9月11日

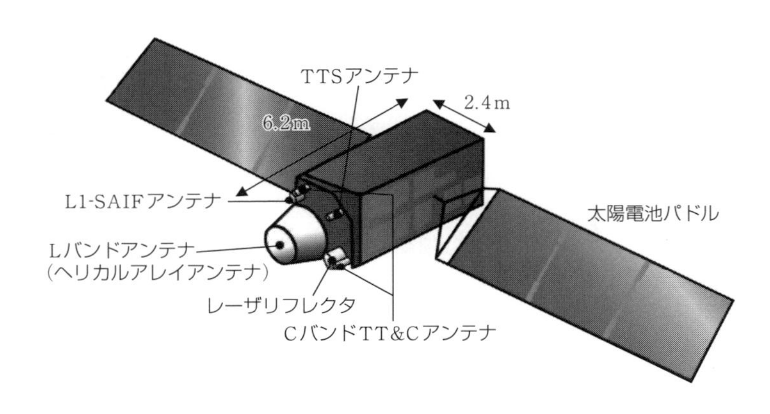

図1.7　準天頂衛星初号機「みちびき」（JAXA資料より作成）

1.3.4　準天頂衛星システムの効果

①GPSの補完・補強

必ず衛星が天頂付近にあることから，他に3機のGPS衛星と合わせて活用することにより，測位可能な場所と効率性が大幅に向上する。この事象により，われわれの社会に以下に示す効果をもたらすものと期待されている。

・農業分野では，農機の自動運転により生産性の向上。
・GPSのさらなる活用によって，物流の効率化。

・測位の信頼性情報を充実させることにより，陸・海・空を問わず，今後さまざまな交通ナビゲーションの支援に活用できる可能性がある。特に混雑緩和や衝突防止などの安全対策に有効である。
・子どもの所在や徘徊老人の探索など，安全・安心社会を実現する。
・環境情報を広域かつ長期的に取得することで，自然災害の危険予知の確度を飛躍的に向上させられるようになる。例えば，陸から遠く離れた海洋に津波検知用ブイ（衛星測位対応）を設置することで，より早く正確な津波の検知を可能にする。
・場所を問わずに精度の高いGPS測量の実施が可能になる。

②メッセージの送信

準天頂衛星システムでは，測位補正情報を送信する“すき間”を利用して，簡単なメッセージを地上（携帯電話など）に送ることが可能である。

例えば，大震災のような広域災害時に，準天頂衛星システムを介して，避難情報などを提供できる可能性や，救助までの時間などを遭難者に伝達できる可能性がある。2機目以降は，災害時に安否情報もやりとりできる防災対策衛星の機能も搭載する予定である。

1.3.5 準天頂衛星システムの今後の課題

世界の測位衛星システムの現状を見ると，事実上の世界標準として利用されている米国のGPSに加えて，他国でも開発計画を加速化させている。これらの状況を踏まえ，準天頂衛星2号機以降の整備のあり方について，わが国としてもスピード感をもって検討を進める必要があるが，その上で準天頂衛星システムの検討課題は，以下のとおりである。

・準天頂衛星システム固有の特性を踏まえ，公共の安全確保や国民の安心・安全の向上などにおける，具体的な利用分野および利用方法を明確にする必要性。
・民間部門において，準天頂衛星システム固有の特性を踏まえ，新たな産業の創出やコスト削減など，産業振興上の効果のある利用分野や方法を明確にする必要性。
・米国の運用するGPSのみに依存して高度な衛星測位利用を展開しているわが国の現状の是非も含めて，将来の方針を明確にする必要性。
・わが国の測位衛星システムに関し，GPS･GALILEOなどとの国際連携や，アジア・太平洋地域との協力・連携をいかに進めていくべきか検討する必要性。

1.4 GNSSの測位方法

1.4.1 GNSSの測位方法(単独測位法と相対測位法)

GNSSの測位方法は，**図1.8**に示すとおり，単独測位と相対測位に区分される。単独測位は，カーナビゲーションシステムなどで採用されている最も基本的な測位方法である。

単独測位の基本コンセプトは，宇宙空間で位置のわかっている衛星から地上未知点までの距離を測定することで，複数の衛星からの距離を同時に測ることにより，地上未知点の位置を決定することである。

一方，相対測位はGNSS受信機を2台以上用いて誤差を取り除く測位方法であり，2点間の相対的な位置関係(基線ベクトル)を求めるもので，電離層や対流圏の影響による電波の遅延を含めた各種の誤差が打ち消されるため，高精度に測位できる。**表1.3**にGNSS測位方式の別をまとめたものを示す。

1) **スタティック測位**：スタティック測位は，静的干渉測位とも呼ばれる。干渉測位では，搬送波波長の整数個N（整数値バイアス）を決定する必要がある。スタティック測位では，複数の受信機で4個以上の衛星を長時間観測し，衛星の時間的位置変化を利用して整数値バイアスを決定する。したがって，計測にはおおむね1時間以上の観測時間を要するが，観測精度は最も良い計測手法である。

2) **キネマティック測位**：短時間で計測可能な干渉測位の一手法。干渉測位では，搬送波波長の整数個N（整数値バイアス）を決定する必要がある。キネマティック測位では，観測開始時に整数値バイアスを決定(初期化という)し，観測する方法である。このうちリアルタイムキネマティック法は，初期化の後，受信機間で無線や携帯電話などを利用して観測データの交信を行い，即時に解析処理を行う方法をいう。

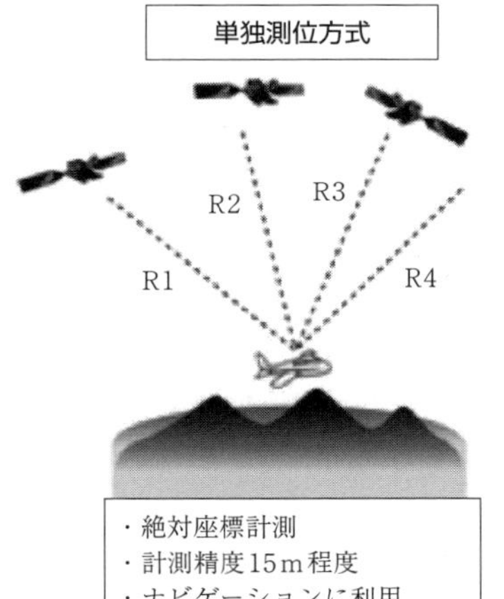

図1.8　測位方式：単独測位方式と相対測位方式

表1.3　従来のGNSS測位方式と特徴

方式 ＼ 仕様	単独測位	相対測位			
		ディファレンシャル測位(DGPS)	干渉測位		
			スタティック測位[1]（短絡法含む）	キネマティック測位[2]	リアルタイムキネマティック測位（RTK：ネットワーク法含む）
観測時間	リアルタイム	リアルタイム	20分～数時間	移動体観測可能 後処理	リアルタイム
水平精度	約10m	約0.5～2m	5mm+1ppm·D	20mm+2ppm·D	20mm+2ppm·D
観測信号	コード	コード	搬送波	搬送波	搬送波
特徴	小型・安価	中精度が容易に得られる	高精度測位(静止)	移動体を高精度測位(後処理)	移動体をリアルタイムに高精度測位
用途	ナビゲーション，自動車，船舶，携帯電話など	ナビゲーション，自動車，船舶，飛行機	基準点測量	最近はリアルタイムキネマティック測位が主流	応用測量 移動体高精度測位

1.4.2 GNSS単独測位法の課題と改善策

単独測位法の位置精度は，約10mの誤差があるのが現状である。この精度レベルでは，ナビゲーションシステムはもとより，精密さが要求される測量分野では使い物にならない。測量ほど正確さを求められないようなナビゲーションシステムの場合でも，従来の単独測位では精度1m以内の正確な位置の特定は難しい。そのため，衛星からのデータとは別に，DGPS（FM放送等の電波を利用して，GNSSの計測結果の誤差を修正して精度を高める技術）のデータをつねに受信し，2つのデータを合わせて測位を行っている。現在は，無線LANや携帯の電波などを用いて補正データの送信を行っている。現状では，これらの補正電波は送信できる範囲が限定されており，電波が届かない場所での精度は保障されないデメリットもある。

相対測位は，高精度な測位が可能だが，単独測位に比べて手間もコストもかかる。そこで，単独測位の高精度化の可能性が取り上げられるようになってきた。現在，さまざまな機関が精密な「全地球電離層マップ」や「精密軌道データ」および「精密衛星時計」などを配布しており，単独測位に使用するデータは従来のものより高精度なものがそろっている。これらを用いれば，補正データをつねに受信することもなく，単独測位自体の高精度化を行うことが可能である。

1.4.3 精密単独測位法の測位原理

GNSS衛星による単独測位法による高精度化（精密単独測位法）を行う上で，必要となる考え方を以下に示す。

①GNSS衛星による単独測位

GNSSで最も基本的な利用方法であり，単純な原理である。GNSSでは，WGS-84[3]座標系により経度，緯度および高さが計算されるようになっている。単独測位を行うために必要なパラメータは，2種類しかない。1つ目は，ある時刻の衛星の位置，2つ目は，衛星と衛星信号を受信しているアンテナ（測位位置）間の距離である。特に2つ目のパラメータを擬似距離（pseudorange）と呼ぶ。

3) WGS-84：World Geodetic System（世界測地系）1984の略語。WGS84は，米国が構築・維持している世界測地系である。GPSの軌道情報で使われているほか，GPSによるナビゲーションの位置表示の基準として使われている。
GPSは，もともと軍事用で開発されたため，WGS系で運用されている。WGS84は，これまでに数回の改定を行っているが，その都度ITRF系に接近し，現在ほとんど同一のものといえる。

ある時刻に，1機のGNSS衛星の衛星位置と擬似距離r1が測定されたとする。このとき測位位置は，衛星位置を中心とし擬似距離を半径とする球面上に存在することになる。しかし，このままでは球面上のどこに測位位置が存在しているか知ることができない。そこで，複数の衛星のパラメータを同時に測定（r2からr4）する。各衛星について球面を考えることができる。測位位置は，各衛星とも同位置であるので，各球面の交点として求めることができる。

具体的には，2機の衛星を用い，2つの球面が交わると，その交線は円となる。3機目の衛星の球面を用い，その2機の交線の円と交差する点が測位位置となる。当然，この交点は2箇所できることになるが，通常，測位位置の概略はわかっていて，2箇所の交点のうちどちらが正しい測位位置か知ることは容易であり，このことが問題なることはほとんどない。

以上のことから，原理的には３機のGNSS衛星を用いることで，測位位置を求めることができることになる。これは数学的に測位位置を表現する３次元座標の成分（x，y，z）の３つの未知数を求めるために，３つの方程式が必要であることに対応している。

しかしながら，実際の単独測位を行うとき，３機の衛星からできる３つの方程式では，測位位置を求めることができない。それは「GNSS衛星軌道の誤差」，「GNSS衛星時計の誤差単独測位の測位原理」，「電離層による誤差」，「対流圏遅延による誤差」などで，擬似距離の測定の問題に起因する。

単独測位では，３次元座標の成分（x，y，z）の３つの未知数と受信機内の時計の誤差を求めることになるため，実際単独測位を行うためには，**図1.9**のように最低４機の衛星を同時に観測し，４つの方程式を作成した上で，最後に１点で交わるように調整する。

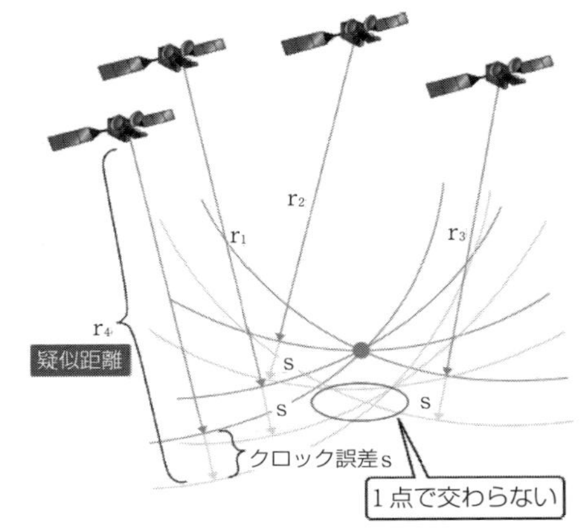

図1.9　単独測位法

②精密単独測位とは

精密単独測位(略称PPP)[4]は，「GPS精密衛星軌道の利用」，「GPS精密衛星時計の利用」，「全地球電離層マップの利用」，「気象データの利用」によって，単独測位で精密に測位を行う手法で，単独測位で最後に１点交わるようにする誤差調整を軽減できる。条件にもよるが，一般的な二重位相差[5]を使った相対測位とほぼ同等程度の測位精度が得られる。

まず，「GPS精密衛星軌道の利用」は，通常であれば，衛星から放送される軌道情報(放送暦)[6]を用いて測位計算を行うが，放送暦の誤差は測位誤差の要因となる。国際GPS事業(略称IGS)[7]が提供する「GPS精密衛星軌道」は，数センチの誤差しかないので，衛星位置の不正確さによって生ずる測位誤差を抑えることができる。

次に「GPS精密衛星時計の利用」は，IGSはGPS精密衛星軌道と同時に「精密衛星時計補正データ」を提供する。この時計補正データの誤差は，0.1ns(3cm)程度に抑えられることから，測位精度を一層向上することができる。

また，「全地球電離層マップの利用」については，電離層遅延量は，従来の単独測位の場合，経験的なモデルから算出されていた。電波は電離層を通過する際に，屈折率が周波数に依存する特性があるため，２周波を用いれば正確に推定することも可能である。しかし単独測位の場合は，１周波しか使用できないため，全地球電離層マップを用いることで電離層遅延量の推定を行い，電離層誤差を減少させることが可能である。

「気象データの利用」に関しては，低仰角では大きな誤差要因となること

4) **PPP**：Precise Point Positioning

5) **二重位相差**：GNSS測位における相対測位法において，２点以上の求める基線の双方の受信機で観測した１つの衛星からの計測値の差（位相積算値の差）を一重位相差と呼ぶ。二重位相差とは，別の衛星との一重位相差を差し引きしたものを呼ぶ。この処理により，受信機間の時計誤差を完全に除去できる。

6) **放送歴と精密歴**：衛星の位置をGPS受信機で計算するため，軌道要素が衛星から常時放送されているが（これを放送歴という），長距離を高精度で求める基準点測量等では，放送歴の精度だけでは十分でないので，衛星軌道追跡網を設け精密な軌道を決定している。これを精密歴という。最近では，いろいろな機関がGPS衛星の精密歴を計算している。国際測地学協会（IAG）が主催する，国際GPS事業（IGS）のIGS歴などがその代表である。だたし，精密歴の計算には，軌道情報取得後，約２週間程度を要する。

7) **IGS**：International GPS Service

がある。対流圏遅延は，周波数に依存しないため，気象観測値から対流圏天頂遅延量を推定することによって，対流圏誤差を減少させることができる。

1.4.4 GNSS時代における精密単独測位の利用シーン

2010年代半ばには，GPSセンサの多くはGNSSへ移行すると見られ，当然，市場も急速に拡大し，通信，Webの利用には，汎用の技術（ユビキタスやIoTなど）が使われるようになると考えられる。また，衛星数の増加により，新たな解析技術によって精密単独測位においても，さらに高精度な計測が可能となり，ナビゲーションや測量および危機管理の分野で，単純で安価な測位システムとして利用シーンが拡大することが予想される。

1.5 測量での利用

1.5.1 GNSS測量

GNSSによる測量は，次に示す，①単独測位法および，②相対測位法（干渉測位法）により大別できる。

①単独測位法：観測地点の測定データのみを利用し，求点の位置（座標）を求める方法。

②干渉測位法（相対測位法）：2点以上の観測点の相対関係を求める方法。

さらに干渉測位法は，静的測位（スタティック測位）と動的測位（キネマティック法など）に分類される。GNSS測量は，衛星の軌道情報により与えられる衛星の位置を基準として，地球上の観測点の位置や相対関係を求める方法である。

1.5.2 測量分野でのGNSS

測量分野でGNSSが最も利用されるのは，基準点測量であろう。基準点とは，国土の位置や形状を測るときの基準となる点で，道路建設や地形図作成などの公共事業を行う場合や，地籍測量など，土地の権利関係の実態把握の基となる点として利用されている。国内の基準点は，その位置正確度のレベルにより，国土地理院や地方公共団体などが管理し，位置座標値を公表している。

基準点測量とは，目的とする位置情報（座標値）の精度レベルに合わせて，その位置の座標値と標高値を求める測量のことである。わが国では，この基準点測量を骨格にすることで，土地の位置，形状や面積を測ること，ダムや道路などの社会基盤整備を行うことが可能となっている。

1995年に発生した阪神淡路大震災以降，基準点情報のリアルタイム監視が求められ，わが国では，国土地理院を主とした電子基準点の設置が進められている。現在，全国に約20km間隔で，およそ1,240点の電子基準点が設置されている。電子基準点は，基準点測量だけでなく，地殻観測や地震後の地盤の変動量把握にも役立てられている。

図1.10　電子基準点

なお，基準点測量では求める精度により，1～4等もしくは1～4級に分類され，使用する機器も，その等級により規程されている。なお，長基線を測量する場合は，長時間観測を行い，かつ気象や電離層補正等も行う必要がある。

1.5.3 GNSSによる基準点測量

従来，基準点測量は，トータルステーション（以下TS）などにより，角度と距離の測定で行われてきた。しかし，このTS法は，計測点間の視通の確保が必要であること，雨などの悪天候時の計測が困難など課題が多かった。

一方，GNSSによる測量では，計測点間の視通が不要なこと，悪天候時でも計測が可能であるなど，TSにはない利点が複数ある。そのため近年では，GNSSを用いた基準点測量が主流となっている。また，GNSSが測量の主流となった最大の理由は，TSより屋外作業の省力化が可能であり，かつ計算整理が容易なため，人の手間がかからないことにある。特に電子基準点を利用すれば，屋外作業は短時間で完了させることが可能である。

(1) GNSS基準点測量の種類

GNSSを用いて基準点測量する場合，先に述べた求める精度によって，その計測方法が異なる。その代表例を**表1.4**に示す。なお高精度に位置座標を求める場合には，スタティック法による計測を行い，計測時間も十分にかけることとしている。GNSS測量では，衛星と受信機との距離を搬送波の波の数で計測し，各受信機間の基線を計算する。仮想点での計算後（フロート解），正確な距離（フィックス解）を求める。

表1.4 GNSS測量作業法の規程（公共測量作業規程の準則より）

観測方法	観測時間	データ取得間隔	摘　要
スタティック法	120分以上	30秒以下	1級基準点測量（10km以上※1）
	60分以上	30秒以下	1級基準点測量（10km未満※2）2～4旧基準点測量
短縮スタティック法	20分以上	15秒以下	3～4級基準点測量
キネマティック法	10秒以上※2	5秒以下	3～4級基準点測量
RTK法	10秒以上※3	1秒	3～4級基準点測量
ネットワーク型RTK法	10秒以上※3	1秒	3～4級基準点測量
備　考	※1 観測距離が10km以上の場合は，1級GNSS測量機により，2周波による観測を行う。ただし，節点を設けて観測距離を10km未満にすることで，2級GNSS測量機により観測を行うこともできる。 ※2 10エポック以上のデータが取得できる時間とする。 ※3 フィックス解を得てから，10エポック以上のデータが取得できる時間とする。 ※4 エポックとは，観測の行われる測定の間隔またはデータの周期。スタティック測位では通常，データを30秒ごとに取得し，1時間（119エポック）で基線解析をする。		

(2) GNSS基準点測量の実際

GNSSを用いた基準点測量について，**図1.11**にGNSS基準点測量の作業手順を示す。また，**図1.12**，**図1.13**は，実際のGNSS測量作業風景である。

①計画：基準点の配点計画の実施。周辺地形や特に都市部では，建物の影響等を勘案し，観測計画を立案する。

- 上空視界の確認（仰角15度以上）
- 送電線や高出力アンテナの近傍でないような箇所の選定等

②受信機設置：基準点上部に，GNSSアンテナを正確に致心した上で設置する。アンテナ高[1)]はミリ単位で計測し記録する。

③観測：上空のGNSS配列やDOP[2)]を考慮し観測する。

④基線解析[3)]：基線解析は，図1.11の右側にあるとおり，位相差計算を行っ

1) **アンテナ高**：GNSSアンテナにおけるアンテナ底面高は，アンテナ本体の物理的な最低面（アンテナ底面高基準面）から，標石上面等までの垂直距離として表す。アンテナ底面高は，アンテナの形状により測定しずらいことがある。この場合は，アンテナ定数証明書に記載される加算定数として加減してアンテナ底面高を求める。

2) **DOP**：GNSS観測における精度低下率。衛星の配列状況による観測精度の影響度合いを示す指標。水平や鉛直，位置，時刻，相対位置，幾何学的位置などの項目で劣化率を示す。
3) **基線解析**：観測点間の幾何学的な位置関係を求める計算を基線解析という。観測点が2点であれば，2点間を結ぶ直線（基線ベクトル）の長さと方向を求める。観測点が多い場合には，複数の観測点の間を基線で結んでできる測地網の形状，大きさ，方向を3次元的に求める。なお，基線解析から観測点の幾何学的な成果を得るために行う網平均計算を，3次元網平均計算という。この計算法は，複数のセッションにおける解析から得られた独立した基線ベクトルと分散共分散を使用し，3次元で網平均計算を行う方法である。
4) **整数値バイアス**：干渉測位において，GPS受信機の受信開始時には，衛星から受信機までの波の数のうち，1未満の端数（位相）はわかるが，波の整数部分はわからない。これを整数値バイアスという。整数値バイアスの値は，受信が中断しない限り保持される。

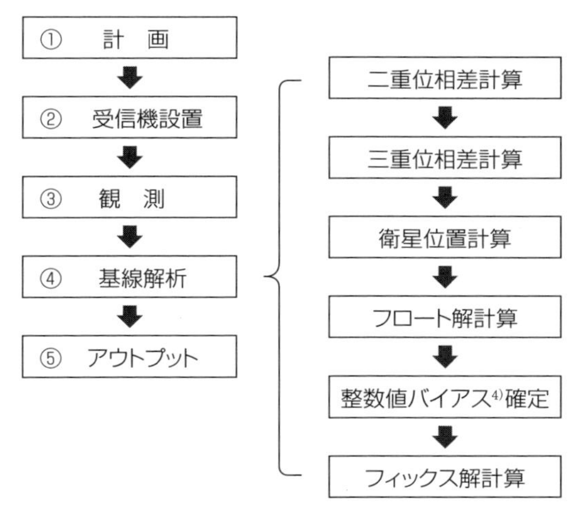

図1.11　GNSS測量作業手順

た後，衛星位置を求め，仮想位置計算，搬送波整数計測を行った後，固定解を求める。

⑤アウトプット：計算成果は数％の点検計測を行い，規定されている正確度を満たしている場合のみ成果品とする。

GNSS測量は，これら一連の作業を，現地にて繰り返し行うこととなっている。

図1.12　GNSS測量の状況
リアルタイムキネマティック法

図1.13　GNSS測量の状況
スタティック法

1.5.4　GNSS測量の留意点

GNSS測量では，従来の測量方法と大きく異なることがある。それは高さの定義である。GNSS測量で求まる高さは，地球重心からの高さである（準拠楕円体高）。そのため，測量で用いる標高とは違う。なお日本の標高は，東京湾の平均海水面を基準（ジオイド面）とし

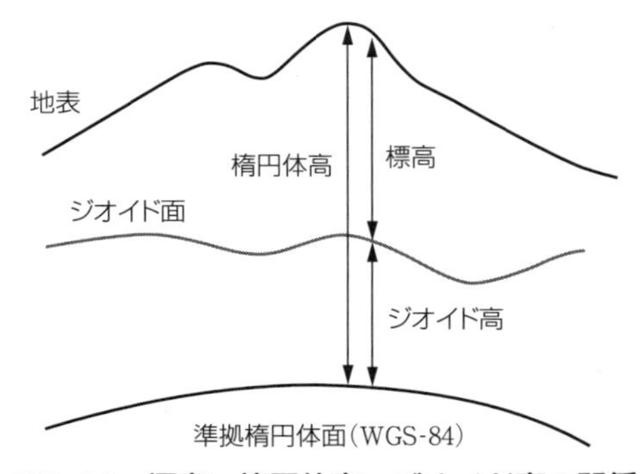

図1.14　標高，楕円体高，ジオイド高の関係

ている。GNSS測量で標高を求める場合には，準拠楕円体高にジオイド高を補正する必要がある。なお，このジオイド高[5]は，「日本のジオイド・モデル」を利用すると容易に求めることができる。

5) **ジオイド高**：地球の形と最もよく近似している楕円体（準拠楕円体）からジオイドまでの高さをいう。ジオイドとは地球を水で覆ったと仮定したときの地球の形を表している測地学・地球物理学の用語である。地球を構成している岩石の密度が一様でないため，ジオイドは楕円体から見ると多少でこぼこしている。またジオイドは，地球上にできるいくつかの水準面のうち，高さ0mを通る水準面でもある。わが国では，東京湾の平均海水面を0mとし，標高を求めている。つまり，ジオイドからの高さが標高になる。

1.5.5 GNSS測量の誤差

GNSS測量では，衛星測位に起因する各種誤差が生じる。測量分野では，高精度な成果が求められるため，これらの誤差について，その要因を把握し，除去する対策を講じる必要がある。以下に，誤差要因とその消去法を示す。

〔位相のゆらぎや反射波にともなう誤差〕

水蒸気量，電離層の影響，気圧，反射波の影響

- 一般的には，基線長が1km以上の場合や高低差が100m以上の場合には，精度劣化が生じる。
- マルチパス[6]：反射強度の大きいものがGPS受信機の近傍にある場合は，反射波の影響がある。

対応策 ⇒ 観測時間を長くすることや，建築物や電波の発信源などの近くで観測しない。

〔基線解析上の誤差（視通）〕

対応策 ⇒ 上空の視通（衛星と受信機間）を確保（仰角15度以上の確保が望ましい）

〔衛星の位置座標や受信機時計の誤差にともなう誤差・基準点の位置誤差〕

対応策 ⇒ 衛星の配列状態を確認した上で観測する。地殻変動などに起因する基準点の誤差は，セミダイナミック補正[7]等を行う（基準点測量に適用）。

〔受信機の設置誤差〕

対応策 ⇒ アンテナの設置高を各点で一致させるなど，人的ミスの排除を行う。

〔機械誤差〕

対応策 ⇒ 観測前の点検や機械検定により機械定数を把握し観測する。PCV補正[8]等。

6) **マルチパス**：水平線に近い低高度角衛星の電波は，地球の大気の中を長距離的に通過してくるので，伝搬誤差が多くなりがちである。また，電波が地物に当たって反射したものが，衛星から直接届く電波に混入することがある。これらをマルチパスという。マルチパスによる反射波は，衛星からの直接波よりも長い経路を通ってくるために，コードの到達時間の遅れ，搬送波位相の遅れ，受信強度の変動を生じる。

7) **セミ・ダイナミック補正**：地殻変動による地上基準点の位置誤差を補正する方法。現在公開されている測量の成果は，2011年当時の位置情報を基準としている。そのため，東日本大地震などの地殻変動後は誤差を生じる。この誤差を補正する方法をセミダイナミック補正と呼ぶ。誤差の補正には，国土地理院が公開しているパラメータを用いて補正計算を行う。

8) **PCV補正**：PCVとは，エポックごとに受信機に飛び込んでくるGNSS衛星からの電波の入射角に応じて受信位置が変化することをいう。この変化量は，アンテナ機種ごとによって異なり，アンテナ位相特性と呼んでいる。アンテナ位相特性は，既知の基線ベクトルと観測した基線ベクトルの平均的なずれであるアンテナオフセットとPCV（Phase Center Variation）から成る。これらの衛星位置とアンテナとのずれを補正することをPCV補正という。

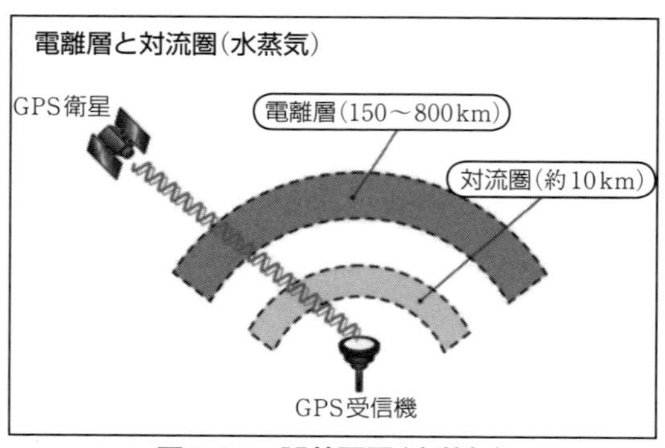

図1.15　誤差要因（水蒸気）

図1.16　誤差要因（衛星との視通）

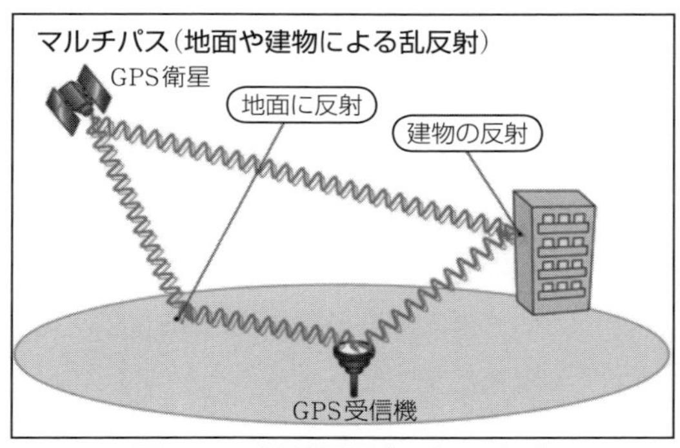

図1.17　誤差要因（マルチパス）

1.5.6　GNSSによって変わる測量

測量は，GNSSを用いることで作業の省力化が図れることとなり，かつ高精度計測が可能となった。測量は，電子基準点のさらなる高機能化やGNSS機器の進展，GNSS衛星の近代化により，さらに合理的な作業が可能となる。

数年前までの測量は，巻尺とトランシットだけを利用した人的作業であった。今日では，GNSS測位法の登場により，測量分野においても大きな技術革新を果たしているといえる。今後は，この分野においても，IoTなど情報通信技術などとの連携により，データの蓄積（ビッグデータ化）や解析がさまざまな事象について実施され，時間経過による変化量など，新しいソリューションが生まれてくることと考えられる。

第1章では，GNSSを用いた測量について，原理や事例を解説した。GNSSは測量だけではなく，人々の暮らしに欠かすことのできないインフラとなっている。位置情報や正確な時間を取得する場合，この原理を知っておくだけで，さまざまな場面で役立つものと考えられる。また，測量の主役は，すでにGNSSをはじめとする衛星測位が主流となっている。以降の章で解説する写真測量や応用測量の分野でも，この技術が多く使われている。本章での解説を十分に理解し，以降の章の解読に役立ててほしい。

01　演習問題

【１】次の文は，準天頂衛星システムを含む衛星測位システムについて述べたものである。**正しいもの**はどれか。次の中から選べ。　（測量士・測量士補国家試験より）

①衛星測位システムには，準天頂衛星システム以外にGPS，GLONASS，Galileoなどがある。

②準天頂衛星と米国のGPS衛星は，衛星の軌道が異なるので，準天頂衛星はGPS衛星と同等の衛星として使用することができない。

③衛星測位システムによる観測で，直接求められる高さは標高である。

④準天頂衛星は，約12時間で軌道を一周する。

⑤準天頂衛星の測位記号は，東南アジア，オセアニア地域では受信できない。

解答　①

［**解説**］

GNSSには，GPS（米国），GLONASS（ロシア），Galileo（欧州）などがあり，作業規程の準則では準天頂衛星とGPS，GLONASSの利用が認められている。RNSSである準天頂衛星は，GNSSを補完する役割があり，GNSSのみでは計測が困難な地域を高精度かつ安定して測位できる。準天頂衛星は，日本からオセアニア地域までを，南北非対称の「8の字軌道」を描いて移動しており，北半球に約13時間，南半球に約11時間留まり，日本付近に長く留まる。衛星測位システムによる観測で直接得られる高さは楕円体高である。

【２】次の文はGNSS測量における誤差について述べたものである。**間違っているもの**をひとつ選べ。

①GNSS衛星の配置状況が，天空のある方位に偏った時間帯に観測すると，観測精度が悪くなる場合がある。

②仰角（水平線からの高さ）が低いGNSS衛星を観測に用いると，地表面からのマルチパス（多重反射）などの影響を受け，精度が悪くなる場合がある。

③同一機種のGNSSアンテナでは，向きをそろえて設置することにより，アンテナ特性に起因する誤差を軽減することができる。

④観測周波を２周波にすることにより，対流圏や電離層などの影響に起因する誤差を軽減することができる。

⑤観測場所の近傍に，送電線や強い電波を発信する施設などがある場合，観測精度が悪くなる場合がある。

解答　④

［**解説**］

2周波測定では，電離層の遅延については，その誤差を軽減できるが，対流圏遅延は周波数に依存しないため，気象観測値から対流圏天頂遅延量を推定することによって，対流圏誤差を減少させることができる。

【3】次の文はGNSS測量について述べたものである。**間違っているもの**をひとつ選べ。

①GNSS測量中に雷雲が近づいてきた場合は，観測を中止し避難する。

②GNSS測量では通常，現地における気象測定は不要である。

③GNSS測量では，3次元座標が直接得られるため，アンテナ高測定は概略でよい。

④GNSS測量では，電波を受信するためアンテナの近傍でトランシーバーなどを用いることは避ける。

⑤GNSS測量では，受信点間の視通がなくとも，基線ベクトル（距離と方向）を求めることができる。

解答　③

［**解説**］

GNSS測量では数cm，場合によっては数mmの位置精度を確保しなければならない場合がある。この場合，アンテナの高さはきわめて重要な精度要件となるため，アンテナ高測定は確実に行う必要がある。また，アンテナはその機種や種類により，高さを測定する場所に違いがあるので，その機器の測定位置を確認して計測する必要がある。

【4】次の文は，GNSSを用いた測量について述べたものである。ア～キの（　）に，①～⑫のうちから選んだ用語を入れ正しい文章にしたい。**最適な用語の組合せ**を下記から選べ。

GNSSによる位置決定（測位）には，1点だけの観測で測点の位置を求める（ア）と，2点以上で同時観測を行い測点の位置を求める（イ）の方法がある。主として前者は航法分野に，後者は測量分野に適するといわれている。

測量分野に用いられる後者の方法には，複数の測点に受信機を固定して，同時観測を行う（ウ）と，1台の受信機を基準となる測点に固定したまま連続観測しながら，他の受信機を測量しようとする測点に移動させて順次観測を行う（エ）の測量方法がある。何れの測量方法においても観測値から得られるものは，（オ）楕円体に準拠した測点間の（カ）であるので，標高を求めるには（キ）の補正が必要である。

①ベッセル　②2周波数観測

③単独測位　④静的測位

⑤軌道情報　⑥1周波数観測
⑦基線ベクトル　⑧WGS-84
⑨ジオイド高　⑩相対測位
⑪電離層の影響
⑫動的測位

解答	ア	イ	ウ	エ	オ	カ	キ
1	⑥	②	⑫	④	⑧	⑤	⑨
2	④	⑥	③	⑩	⑧	⑤	⑨
3	③	⑩	④	⑫	⑧	⑦	⑨
4	③	④	⑩	②	①	⑨	⑪
5	⑩	③	②	⑥	①	⑨	⑪

解答　③

［**解説**］

単独測位法は，カーナビやスマートフォンなどの位置特定機能に用いられている。簡易かつ廉価に使えることがメリットである。測量など，位置精度が必要な計測には，2点以上の点において同時に測ることが必要な相対測位法を用いる。

【5】 次の文は，公共測量におけるセミ・ダイナミック補正について述べたものである。ア～エの（　）に入る語句の組合せとして**最も適当なもの**はどれか。次の中から選べ。（測量士・測量士補国家試験・改）

プレート境界に位置する我が国においては，プレート運動に伴う（ア）により，各種測量の基準となる基準点の相対的な位置関係が徐々に変化し，基準点網のひずみとして蓄積していくことになる。
GNSSを利用した測量の導入に伴い，基準点を新たに設置する際には遠距離にある（イ）を既知点として用いることが可能となったが，（ア）によるひずみの影響を考慮しないと，近傍の基準点の測量成果との間に不整合が生じることになる。
そのため，測量成果の位置情報の基準日である「測地成果2011」の（ウ）から新たに測量を実施した(エ)までの(ア)によるひずみの補正を行う必要がある。

解答	ア	イ	ウ	エ
①	地殻変動	三角点	今期	元期
②	地盤沈下	三角点	今期	元期
③	地殻変動	電子基準点	今期	元期
④	地盤沈下	電子基準点	元期	今期
⑤	地殻変動	電子基準点	元期	今期

解答　⑤

［**解説**］

セミ・ダイナミック補正は，地殻変動による地上基準点の位置を補正する方法である。近年GNSS測量などで正確に位置を求められるようになったが，地殻変動の影響により，実際の地球上の位置と測量成果の示す座標値が時間とともにずれていく。このため，現在公表されている測地成果2011の値を元期（げんき）とし，元期以降に新たに測量を実施した今期の測量成果を，元期で得られたであろう成果に補正する。

02 写真測量

写真測量とは，同一箇所を撮影した複数枚の写真（空中写真，地上写真など）を用いて，被写体の位置，高さなどの物理量を測定することである。

本章では，写真測量の原理と幾何学の計算方法を学び，空中写真撮影を実施するための撮影計画の立案および撮影後のデータ処理について理解することを目標とする。また，航空レーザ測量に関する概念と利活用事例についても本章で理解する。

2.1 写真測量の定義

写真測量とは，写真像の形で被写体のもつ形状，色調などの情報を受け取り，これを目的に応じて必要な形の図または数値で表現する一種の情報処理技術である。

写真測量は，下記項目で表現することができる。

・写真を用いて，写されている被写体の物理量を測定すること。

・測定の対象となる物理量には，位置，量，質などがあるが，狭義には，空間的な位置，すなわち3次元座標を求めることを指す。

2.1.1 写真測量の分類

写真測量は，その手法や目的により，下記のように分類することがある。

写真測量	写真計測（写真測量）	写真を用いて被写体の位置や形状などを定量的に測定する方法
	写真判読	被写体の写真像の色調や形状などを定性的に分析し，被写体の定性的な特徴を調べる方法
リモートセンシング（remote sensing）	画像計測	画像を用いて被写体の位置や形状などを定量的に測定する方法
	リモートセンシング（画像判読）	被写体の画像の色調や形状などを定性的に分析し，被写体の定性的な特徴を調べる方法

写真測量の中には，その計測場所により下記の分類を行う場合もある。

空中写真測量	・航空機からカメラ軸をほぼ真下に向けて撮った写真（空中写真）を用いて行う。 ・空中写真は，上空から見下ろした広い範囲を含み，地上写真に比べると，地形図作成作業にはきわめて有利である。 ・写真測量といえば空中写真測量を指すほど広く利用されている。
地上写真測量	・カメラを地上に置き，カメラ軸を水平に保って撮った写真（地上写真）を用いて行う。 ・地上写真測量においても，簡易に高精度の測定ができるので，狭い地域の測量のほかに，直接測定できない物体の精密測定など広い利用分野をもっている。

2.1.2 写真測量の特徴

写真測量の特徴は，下記に示す項目で説明できる。

メリット

〔分業化〕　全作業を工程ごとに分業化でき，別々に作業を進めることができる。

〔内業化〕　一部の地上測量と撮影作業を除けば，ほとんどの作業は室内作業である。分業化と合わさり，写真測量作業はきわめて能率的・経済的である。すなわち，写真測量の工程は，多くの他の大量生産工程と同様，短期間に広域，かつ均一精度の測量調査を必要とする場面に適している。

〔均一化〕　測量精度は非常に高いものは望めないが，通常の目的に対して十分な精度をもち，しかも均質である。平板測量では影響が大きな個人差が，写真測量では少なく，各工程の規定により，成果品の規格を統一することが可能である。

〔同時性〕 写真はある撮影時点において，存在するすべてが写る事象を記録している。したがって，長期間にわたる測量期間中に，測量対象が変化してしまうようなことはなく，また都市の発展過程や災害の記録などに適している。

〔3次元〕 3次元測量という独特な測定法であるため，複雑な形状の対象物の測量に広い用途がある。

デメリット

〔コスト〕 写真測量は，多くの複雑で高価な機材を必要とし，初期投資にはコストがかかる。

〔精度〕 写真を用いての測定に基づくため，非常に高い位置精度は期待できない。

〔採算〕 狭い地域を測量するにも飛行機を飛ばさなければならないため，小範囲の測量には採算性がない。

〔画像〕 樹木などに覆われて写真に写らない場所は測量できない。行政区画，地名，地下構造物なども図化できない。また，高層建築物のオクルージョン[1)]部分の図化は困難である。

1) **オクルージョン**：レンズの特性上，中心点から外れるほど，周囲より高い地物は外側に倒れ込んだ画像となり，倒れ込んで写真に写らない場所が発生する事象のこと。

2.1.3 空中写真と地図の違い

空中写真と地図は，幾何学的特徴が異なる。**図2.1**に示すとおり，空中写真は，中心投影画像であり，地図は正射（平行）投影画像となっている。

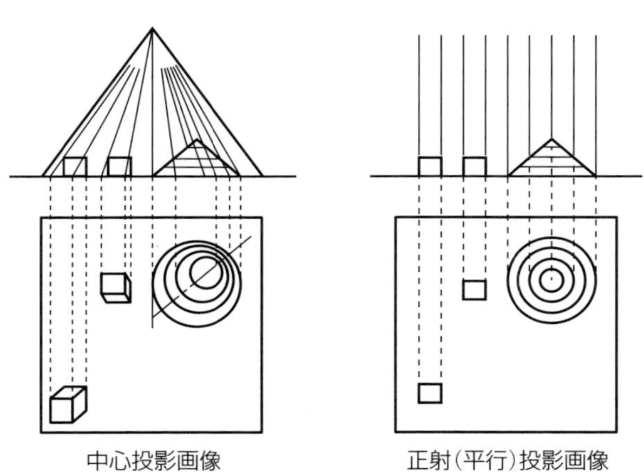

図2.1 幾何学的特徴

①中心投影画像の特徴

- 細い煙突や建物の隅角などといった鉛直な線の場合，カメラ軸の延長上にある線は1つの点として写るが，それ以外の線は線として写る。
- 一定の縮尺というものはない。カメラに近い所にある被写体は，大きく（大きな縮尺で）写真に写り，遠い所の被写体は，小さく（小さい縮尺で）写る。

②正射（平行）投影画像の特徴

- 細い煙突とか建物の隅角とかいった鉛直な線は，地図上では1つの点として表される。
- 正しい縮図になっていて，どこでも同じ縮尺に描かれている．

③空中写真と地図の特徴

〔空中写真〕

- 客観描写：モノクロであれば，白から黒までの色調差もしくはカラーによって，ありのままの状態を記録したものである。レンズとフィルム（もしくはCCD）の性能によって，科学的に取捨された現地のそのままのデータであり，生の記録である。
- 空中写真を見ることに慣れた専門家には，地図と違った貴重な情報を読み取ることができる。
- 例えば市町村界，地名，植生の季節的変化，軒下の道路，森の中の小径，地下鉄道などは写らない。また陰の部分や高層建築付近では，細部が判別困難な状況が発生する。

〔地図〕

- 主観表現：使いやすいように，また見やすいように，いろいろな記号を使って整理され，要所だけを目的に応じてデフォルメされている。現地にあるすべてのものを，一様な縮尺で描かれているわけではない。
- 使用する目的によって，同じ地域でも違った地図が作成される場合がある。
- 例えば市町村界，地名，植生の季節的変化，軒下の道路，森の中の小径，地下鉄道などもすべて描かれている。

コラム(1) CCD

CCDは，デジタルカメラに用いられているセンサである。簡単にデジタルカメラを説明すると，従来のアナログ（銀塩）カメラとの違いは，記憶面がフィルムかCCD面かの違いのみである。しかし，CCD面の形状には大きく2種類あり，ラインセンサといわれるものと，エリアセンサといわれるものに分かれる。

エリアセンサは，縦横に配列した面積をもったセンサ（レンズに投影された光を一度に電気信号に変換できる）で，ラインセンサは，1列に並んだCCDをもったセンサ（SPOT衛星などの人工衛星が採用している）である。

2.2 写真測量の基本原理

写真の像は，被写体から反射された光が，レンズ中心を直進してフィルムの平面（デジタルの場合はCCD）に投影されてできたものである。こうした原理による投影は，中心投影と呼ばれ，写真は中心投影像という。

2.2.1 ピンホールカメラと共線条件

写真測量の基本原理は，次に説明する共線条件と呼ばれる幾何学的条件に基づいている。共線条件を説明するために，**図2.2**に示すような理想的なピンホールカメラ[1]を考えることとする。

1) **ピンホールカメラ**：レンズを使わずに針穴（ピンホール）を利用したカメラである。「針穴写真機」ともいう。

カメラの外側をここでは実空間と呼び，カメラの内側を像空間と呼ぶことにする。ピンホールカメラでは，実空間に存在する任意の点Pから出た光は，針穴Oを通って，フィルム面上のpに像として記録される。この点像pの位置を求める方法，逆に点像pから点Pの位置を求める方法は，「点P，針穴O，および像pが同一直線上になければならない」という条件を利用することである。

このような条件を，写真測量では，共線条件と呼ぶ。共線条件は，解析写真測量がよりどころにしている唯一の基本的条件で，他の条件もこの共線条件の組合せによって導かれている。

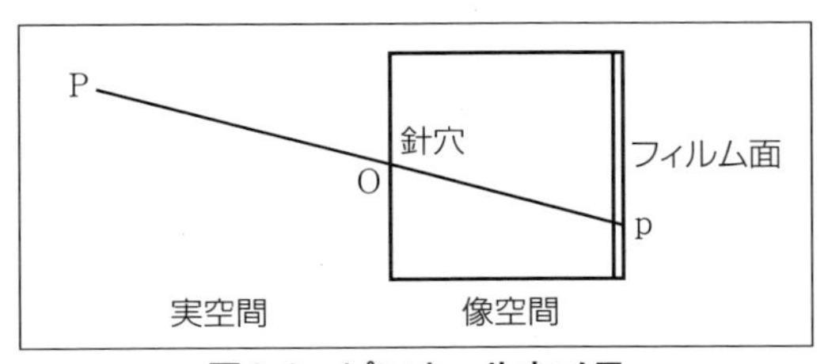

図2.2　ピンホールカメラ

2.2.2 単写真測量

写真に写された像から，被写体の3次元座標を求めるという写真測量では，基本的には共線条件式しか利用できないので，与えられる写真の数が1枚の場合と，2枚以上の場合とでは，原理的に大きな違いがある。

単写真測量は，1枚の写真から共線条件を用いて被写体の3次元座標を得る技術である。しかし，**図2.3**からもわかるように，共線条件は，像，投影中心および被写体が同一直線上になければならないという条件であるから，写真上の像の座標から，その像の実空間における3次元座標を一義的に求めることはできない。写真1枚で3次元座標を求めるには，以下の条件が必要となる。

- 求める被写体の3次元座標のうち，少なくとも1つが与えられている場合。例えば，図2.3のPのZ座標値。

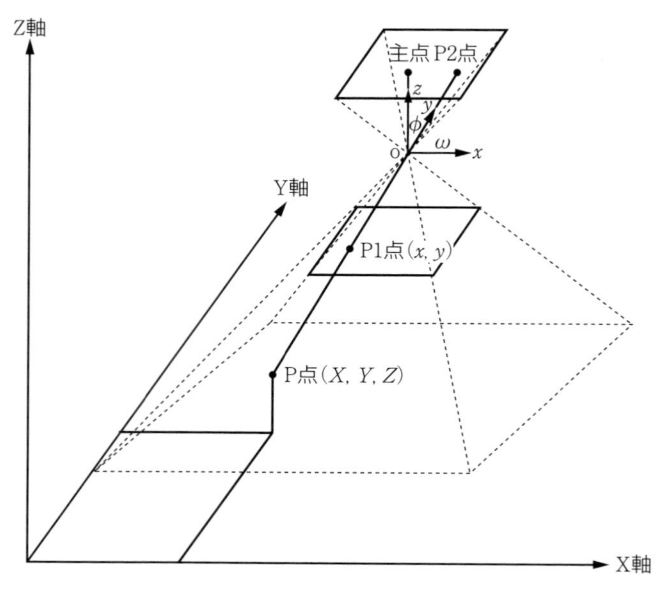

図2.3 単写真測量の原理

・求めるべき点が，幾何学的に定義された系の上にある場合。例えば，構造物(建物の壁)など。

・複数の単写真を撮影し，バンドル調整法[2]を用いて3次元座標を求める場合。

バンドルとは，日本語で光束(光の束)という意味である。この方法は，写真1枚を単位として調整する方法で，1枚の写真に写っている点は，全て投影中心に光束する場合と，複数の写真に共通して写された写真像が地上で交会する光束の場合の2種類がある。いずれも投影中心，像点，地上点の3点を結ぶ直線である。

バンドル調整法では，複数の写真に含まれる全ての光線条件を立て，これに投影中心に関する光束グループ，地上点に関する光束グループに分割して同時解を求める方法である。

図2.4に示すように，写真座標系(原点:主点[3])をxy，カメラ座標系(原点:投影中心)をxyz，地上座標系(原点：任意)をXYZとする。カメラをそれぞれz軸の正方向に対して，左まわりにκの角だけ回転し，次にy軸の正方向に対して，左まわりにϕの角だけ回転し，さらにx軸の正方向に対して，左まわりにωの角だけ回転させた傾きで写真撮影を行ったとする。このことは傾いた写真を逆に，それぞれx軸，y軸，z軸のまわりに右まわりに，ω，ϕ，κだけ順次回転させると，傾きのない写真が得られることを意味する。

投影中心を(X_0, Y_0, Z_0)，主点距離をcとし，地上の対象物Pの地上座標(X, Y, Z)を，対応する写真像の写真座標(x, y)をとすると，次の共線条件式が成り立つ。

2) **バンドル調整法**：単写真3次元計測において，写真測量の基本式である共線条件式をもとに，異なる位置から撮影した複数の画像を用いて，カメラ位置(X_0, Y_0, Z_0)，カメラの傾き(κ, ϕ, ω)と観測対象物の3次元座標(X, Y, Z)を求める手法のこと。

3) **主点**：レンズ中心から写真面に垂直に下ろした点。写真中心とは必ずしも一致しない。

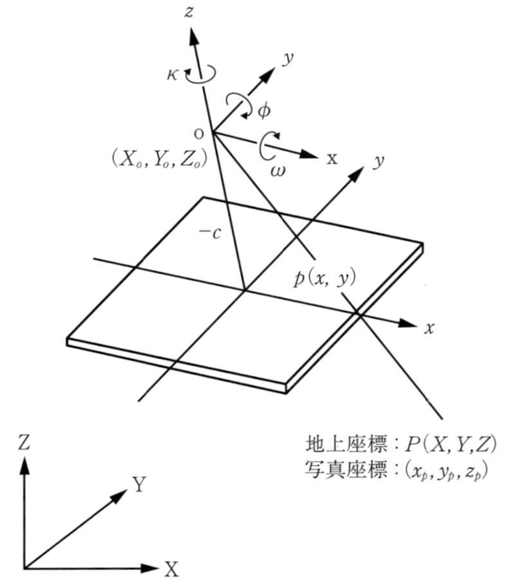

図2.4　共線条件

$$
\begin{cases}
x = -c\dfrac{a_{11}(X-X_0)+a_{12}(Y-Y_0)+a_{13}(Z-Z_0)}{a_{31}(X-X_0)+a_{32}(Y-Y_0)+a_{33}(Z-Z_0)} \\[2ex]
y = -c\dfrac{a_{21}(X-X_0)+a_{22}(Y-Y_0)+a_{23}(Z-Z_0)}{a_{31}(X-X_0)+a_{32}(Y-Y_0)+a_{33}(Z-Z_0)}
\end{cases}
$$

$$
\begin{cases}
X=(Z-Z_0)\dfrac{a_{11}x+a_{21}y-a_{31}c}{a_{13}x+a_{23}y-a_{33}c}+X_0 \\[2ex]
Y=(Z-Z_0)\dfrac{a_{12}x+a_{22}y-a_{32}c}{a_{13}x+a_{23}y-a_{33}c}+Y_0
\end{cases}
$$

ただし，

$$
\begin{bmatrix} a_{11} & a_{12} & a_{13} \\ a_{21} & a_{22} & a_{23} \\ a_{31} & a_{32} & a_{33} \end{bmatrix}
$$

$$
=\begin{bmatrix} 1 & 0 & 0 \\ 0 & \cos\omega & -\sin\omega \\ 0 & \sin\omega & \cos\omega \end{bmatrix}
\begin{bmatrix} \cos\phi & 0 & \sin\phi \\ 0 & 1 & 0 \\ -\sin\phi & 0 & \cos\phi \end{bmatrix}
\begin{bmatrix} \cos\kappa & -\sin\kappa & 0 \\ \sin\kappa & \cos\kappa & 0 \\ 0 & 0 & 1 \end{bmatrix}
$$

である。

2.3 ステレオ写真測量

ステレオ写真測量は，同一の被写体を2箇所の異なる位置から撮影して，2枚一組のステレオ写真を用いて，3次元計測する技術である。2枚以上の写真を用いる場合には，2つ以上の共線条件が得られることになる。したがって，被写体の3次元座標は，2本以上の光線の交点として決定できる。

通常，地図作成(1/500，1/1,000，1/2,500，1/10,000)を行う場合，ステレオ写真が一般的に用いられている。ステレオ写真を実体視(立体視)することで，地物の起伏や高さ情報を読み取り，描画して作成する。

ステレオ写真は，撮影方法に制約があり，ステレオとなる画像とするための撮影計画を作成する必要がある。撮影計画は，測量目的に見合った良質な写真を撮影することにより，作業を効率的かつ経済的に進めるために必要である。

2.3.1 実体視の原理

同じ場所を異なる位置から撮影した2枚の空中写真を使うと，立体模型を見るように，地形を立体的に観察することが可能となる。これを実体視または立体視という。

実体視の原理は，人の眼の遠近感が基礎となっている。遠近感は，左右の2つの眼で物を見ることで，眼に入る光線の角度が異なることから，物体までの遠近感を得る。さらに，光線の角度の大きさ，すなわち収束角の大きさは，網膜に写る像の位置のずれの量として知覚され，遠近感を生み出す。

遠近感の概念図を**図2.5**に記す。図2.5は，2つの対象物PとP′が，両眼の網膜につくる像を示している。すなわち，PおよびP′は，左眼の網膜上でそれぞれp_1，p'_1を，右眼でp_2，p'_2なる像を結ぶ。このときPおよびP′の両眼への光線のつくる収束角γおよびγ'は異なり，その差は$\Delta\gamma$である。

$$\Delta\gamma = \gamma - \gamma'$$

は，図のδ_1，δ_2により，

$$\Delta\gamma = \delta_1 - \delta_2$$

である。このδ_1，δ_2は，眼の焦点距離をfで示すと，

$$f\delta_1 = \overline{p_1 p'_1},\quad f\delta_2 = \overline{p_2 p'_2}$$

であるから，

$$\Delta\gamma = \frac{1}{f}(\overline{p_1 p'_1} - \overline{p_2 p'_2})$$

となる。

$$\overline{p_1 p'_1} = x_1,\quad \overline{p_2 p'_2} = x_2$$

は視差[1]と呼ばれ，この差，すなわち，

$$\Delta p = x_1 - x_2$$

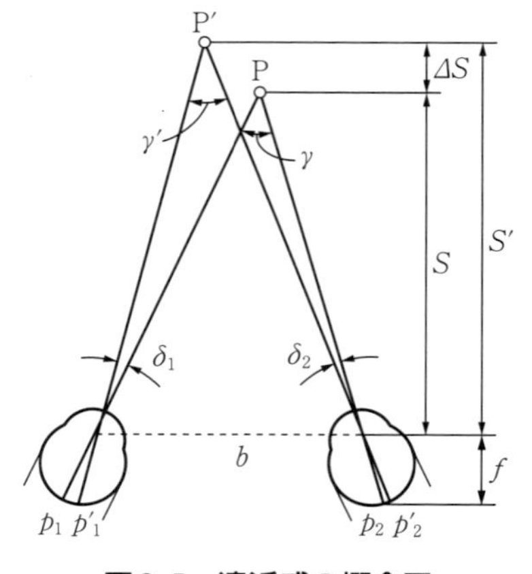

図2.5 遠近感の概念図

1) **視差**：2地点での観測地点の違いにより，対象点が見える方向が異なることをいう。その角度差。パララックス(英：parallax)ともいう。

は，視差差と呼ばれる。

対象物Pまでの距離Sは，一般に眼の間隔b（これを眼基線長といい，ほぼ65 mm）に比べて十分大きいので，対象物PとP′までの距離の差ΔSは，次のように書ける。

$$\Delta S = S - S' = \frac{b}{\gamma} - \frac{b}{\gamma'} = b\left(\frac{1}{\gamma} - \frac{1}{\gamma - \Delta\gamma}\right) = \frac{-\Delta\gamma}{\gamma^2\left(1 - \frac{\Delta\gamma}{\gamma}\right)} b \fallingdotseq \frac{\Delta\gamma}{\gamma^2} b = \frac{S^2}{b}\Delta\gamma$$

これに視差差Δpと収束角の差$\Delta\gamma$との関係を代入すると，

$$\Delta S = -\frac{S^2}{bf}\Delta p$$

が得られる。

2.3.2 空中写真の実体視

実体視の原理を基に，空中写真を用いた実体視は，**図2.6**で表現できる。

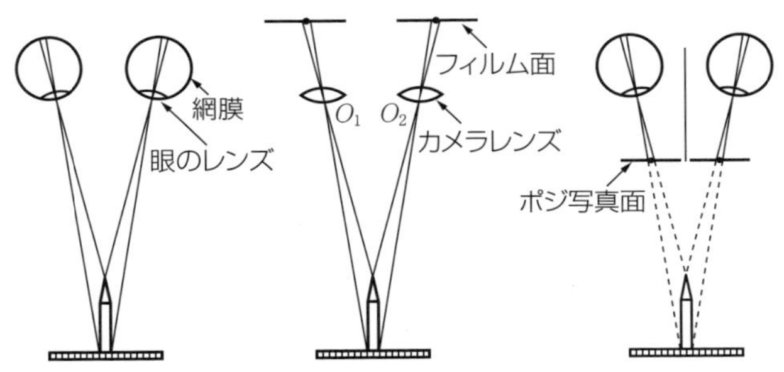

図2.6 肉眼実体視と空中写真での実体視

空中写真を用いて実体視ができる２枚の写真を，ステレオ写真もしくはステレオペア画像と呼び，ステレオペアの重複箇所をステレオモデルという。

ステレオ写真とするには，隣接する写真を重複させる必要があり，重複するよう撮影計画を立案する必要がある。重複部分をラップと呼び，撮影方向の画像間重複をオーバーラップ（**図2.7**），隣接する撮影コース間の重複をサイドラップ（**図2.8**）という。図化等に使用するために，通常は，オーバーラップは60%以上，サイドラップは30%以上の設定をする。

２枚の画像からオーバーラップ率は，写真に写る地面の範囲a，撮影主点間距離（主点基線長）をbとすると，以下の式で算出できる。

$$\text{オーバーラップ}(\%) = (a - b)/a \times 100$$

ステレオ写真における幾何学的特徴は，**図2.9**に示すとおりである。図2.9は，正確に鉛直な２枚の写真が，１つの飛行コースに沿って同じ高度より撮影されたときの関係を示している。ここで，O_1，O_2は，それぞれ写真１および写真２の投影中心である。水平な地上にある１本の煙突ABは，それぞれの写真にa_1b_1，a_2b_2と写る。この線分の飛行方向（x方向）の成分b_1c_1,

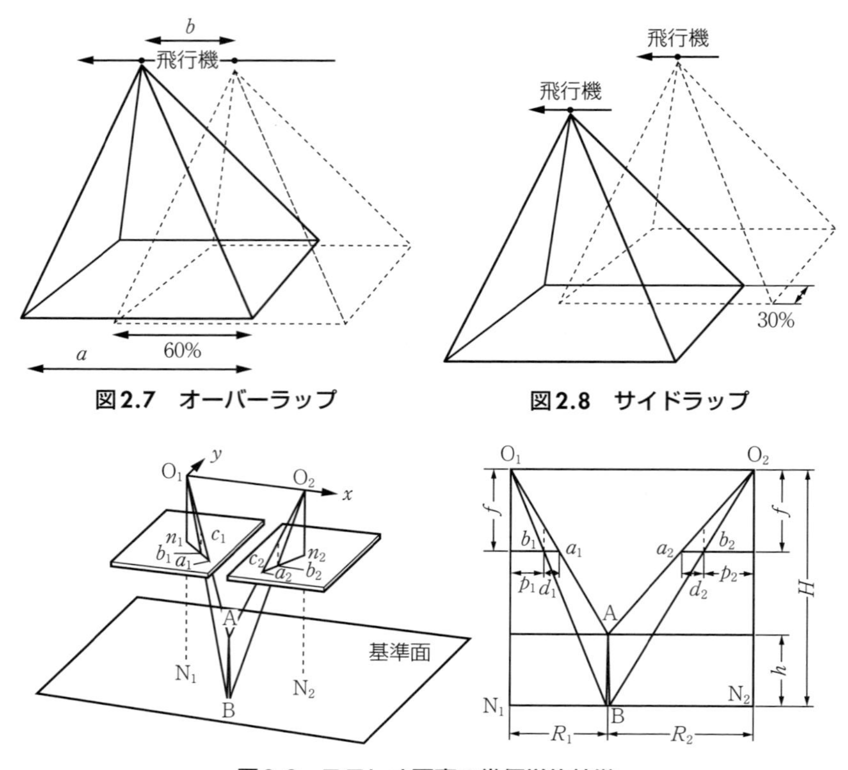

図2.7　オーバーラップ

図2.8　サイドラップ

図2.9　ステレオ写真の幾何学的特徴

b_2c_2はx視差，飛行方向に直角方向（y方向）の成分a_1c_1，a_2c_2はy視差と呼ばれる。

これらの関係式を以下に示す。

写真1について，

$$\frac{f}{H}=\frac{p_1}{R_1} \tag{2.1}$$

$$\frac{f}{H-h}=\frac{p_1+d_1}{R_1} \tag{2.2}$$

写真2について，

$$\frac{f}{H}=\frac{p_2}{R_2} \tag{2.3}$$

$$\frac{f}{H-h}=\frac{p_2+d_2}{R_2} \tag{2.4}$$

式(2.1)，(2.3)より，

$$p_1+p_2=\frac{f}{H}(R_1+R_2) \tag{2.5}$$

が得られる。ここで，$R_1+R_2=b$(基線長[2])であり，Hもfも一定であるから，左辺も一定となり，これを

$$p_1+p_2=p \tag{2.6}$$

2) **基線長**：ステレオペアの2枚の写真の投影中心を結ぶ線を基線と呼び，その長さ(距離)を基線長という。

と書く。このとき，

$$p=\frac{f}{H}b \quad \text{すなわち} \quad H=\frac{f}{p}b \tag{2.7}$$

となる。

さらに式(2.2)，(2.4)および(2.5)より，

$$d_1+d_2=(R_1+R_2)\left(\frac{f}{H-h}-\frac{f}{H}\right)$$

$$=\frac{f}{H}(R_1+R_2)\frac{f}{H-h}=\frac{p_1+p_2}{H-h}h=\frac{p}{H-h}h \tag{2.8}$$

が得られる。ここで

$$d_1+d_2=\Delta p \tag{2.9}$$

は視差差と呼ばれ，式(2.8)よりわかるように，棒の高さhは，このΔpを測定することにより，次のように求められる。

$$\Delta p=\frac{p}{H-h}h \tag{2.10}$$

$$h=\frac{\Delta p}{p+\Delta p}H \tag{2.11}$$

2.3.3 ステレオ写真測量の原理

空中写真をつなぎ合わせてシームレスな画像（オルソ画像(写真地図)と呼ぶ。2.4.6を参照）を作成したり，ステレオペア画像を図化機にセットして図化するためには，空中写真を地上座標に合わせる必要がある。それら座標の設定は，隣接する写真のステレオ部分にて標定する点（パスポイント）が必要となり，通常は6点のパスポイントの平面位置，高さを使い，さらに地上の基準点から写真上の座標を算出する。これらを空中写真測量という。

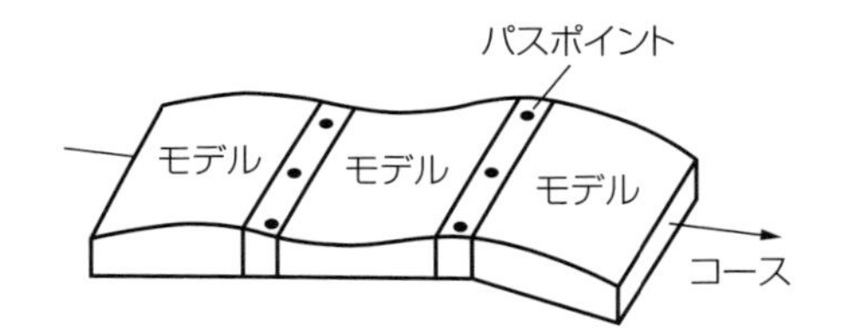

図2.10　パスポイントによる相互標定

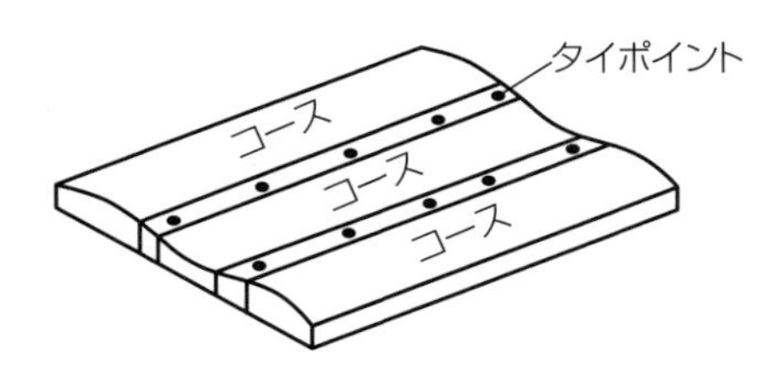

図2.11　タイポイントによる接続標定

また，隣接するコースの画像を用いて，面的に複数枚の画像を地上座標に合わせる際には，さらに，コース間をつなぎ合わせる標定点(タイポイント)を設定して，面的に地上座標を併わせたステレオモデルを作成することが可能となる。

パスポイントは，モデル間の重複部分に，写真上明瞭な地点を片側3点ずつ選ぶ点のことを指し，この点を基準としてモデルどうしをつなぎ合わせ，

モデル間の相対的位置関係を求めることを相互標定（**図2.10**）という。各コースのモデルがつながったら，サイドラップ部分に同様に，写真上明瞭な点（タイポイント）を選び，コースどうしをつなぎ合わすことを接続標定（**図2.11**）という。

ステレオ部分を用いて地上座標を決定するステレオ写真測量の原理は，次に示す式で表すことができる。

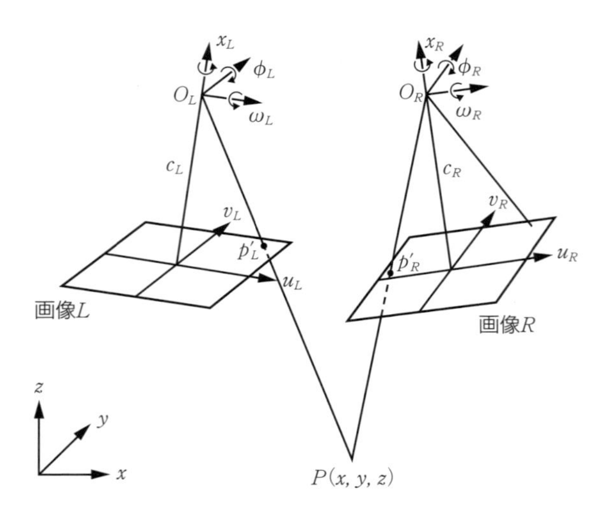

図2.12　ステレオ写真測量の原理

図2.12に示したとおり，地上の対象物Pの地上座標を$(X,\ Y,\ Z)$とする。

左側の写真Lの主点距離c_Lを，投影中心$(X_{0L},\ Y_{0L},\ Z_{0L})$，カメラの傾きを$(\omega_L,\ \phi_L,\ \kappa_L)$とし，対象物$P$の対応する写真像$p_L$の写真座標を$(x_L,\ y_L)$とすると，次の共線条件式が成り立つ。

$$\begin{cases} x_L = -c_L \dfrac{a_{11L}(X-X_{0L}) + a_{12L}(Y-Y_{0L}) + a_{13L}(Z-Z_{0L})}{a_{31L}(X-X_{0L}) + a_{32L}(Y-Y_{0L}) + a_{33L}(Z-Z_{0L})} \\ y_L = -c_L \dfrac{a_{21L}(X-X_{0L}) + a_{22L}(Y-Y_{0L}) + a_{23L}(Z-Z_{0L})}{a_{31L}(X-X_{0L}) + a_{32L}(Y-Y_{0L}) + a_{33L}(Z-Z_{0L})} \end{cases}$$

ただし，

$$\begin{bmatrix} a_{11L} & a_{12L} & a_{13L} \\ a_{21L} & a_{22L} & a_{23L} \\ a_{31L} & a_{32L} & a_{33L} \end{bmatrix}$$

$$= \begin{bmatrix} 1 & 0 & 0 \\ 0 & \cos\omega_L & -\sin\omega_L \\ 0 & \sin\omega_L & \cos\omega_L \end{bmatrix} \begin{bmatrix} \cos\phi_L & 0 & \sin\phi_L \\ 0 & 1 & 0 \\ -\sin\phi_L & 0 & \cos\phi_L \end{bmatrix} \begin{bmatrix} \cos\kappa_L & -\sin\kappa_L & 0 \\ \sin\kappa_L & \cos\kappa_L & 0 \\ 0 & 0 & 1 \end{bmatrix}$$

同様に，右の写真Rの主点距離c_Rを，投影中心$(X_{0R},\ Y_{0R},\ Z_{0R})$，カメラの傾きを$(\omega_R,\ \phi_R,\ \kappa_R)$とし，対象物$P$の対応する写真像$p_R$の写真座標を$(x_R,\ y_R)$とすると，次の共線条件式が成り立つ。

$$\begin{cases} x_R = -c_R \dfrac{a_{11R}(X-X_{0R}) + a_{12R}(Y-Y_{0R}) + a_{13R}(Z-Z_{0R})}{a_{31L}(X-X_{0R}) + a_{32R}(Y-Y_{0R}) + a_{33R}(Z-Z_{0R})} \\ y_R = -c_R \dfrac{a_{21R}(X-X_{0R}) + a_{22R}(Y-Y_{0R}) + a_{23R}(Z-Z_{0R})}{a_{31R}(X-X_{0R}) + a_{32R}(Y-Y_{0R}) + a_{33R}(Z-Z_{0R})} \end{cases}$$

ただし,

$$\begin{bmatrix} a_{11R} & a_{12R} & a_{13R} \\ a_{21R} & a_{22R} & a_{23R} \\ a_{31R} & a_{32R} & a_{33R} \end{bmatrix}$$

$$= \begin{bmatrix} 1 & 0 & 0 \\ 0 & \cos\omega_R & -\sin\omega_R \\ 0 & \sin\omega_R & \cos\omega_R \end{bmatrix} \begin{bmatrix} \cos\phi_R & 0 & \sin\phi_R \\ 0 & 1 & 0 \\ -\sin\phi_R & 0 & \cos\phi_R \end{bmatrix} \begin{bmatrix} \cos\kappa_R & -\sin\kappa_R & 0 \\ \sin\kappa_R & \cos\kappa_R & 0 \\ 0 & 0 & 1 \end{bmatrix}$$

となる。

2.4 デジタル空中写真測量

近年，空中写真測量は，デジタル写真を用いた手法が主流である。航空機に空中写真測量用デジタルカメラを搭載して，デジタル写真を撮影した成果は，写真測量によるデータ処理を行い，オルソ画像の作成やステレオペア画像を用いた図化作業に利用されている。

空中写真測量用のデジタルカメラの事例として，**表2.1**にその概観とスペック等を示す。

表2.1　空中写真測量用デジタルカメラの例

メーカー	Intergraph社	 システムの概観
センサ名	DMC Ⅱ-250	
重量(kg)	67kg	
CCDセンサ	17k × 14k(パンクロ) 5.7k × 6.4k(R/G/B/NIR)	
画像サイズ	16,768 × 14,016Pixel	
CCD素子サイズ	5.6μm	
焦点距離	112mm	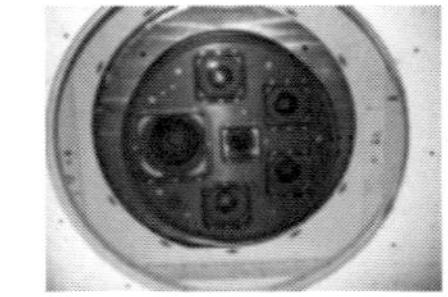 レンズ構成
画角	9.39008cm × 7.8496cm	
データ階調	14bit	
地上解像度*	3cm	
撮影幅*	約520m	

＊対地高度600mの場合

上空から撮影される空中写真の縮尺を，カメラの焦点距離と撮影高度から算出する方法は，**図2.13**に示す関係図および式で計算できる。

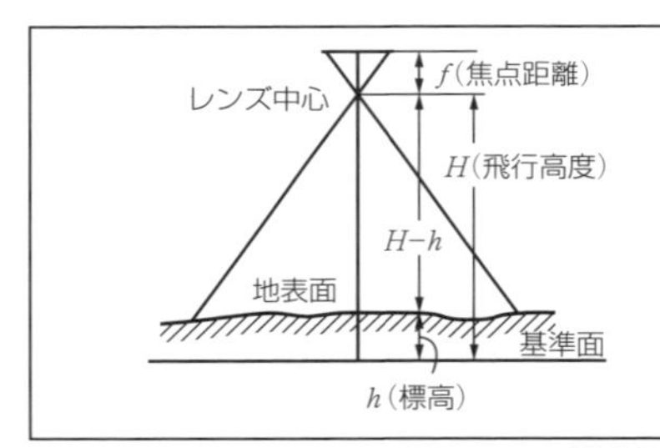

$$M=\frac{1}{m}=\frac{f}{H-h}$$

ただし，M：写真縮尺
H：飛行機の基準面からの高度
h：土地の基準面からの比高
f：レンズの焦点距離

図2.13　鉛直写真の縮尺の関係図と式

なお，地形は起伏があるため，撮影主点に対し必ずしも水平ではない。起伏がある地点での比高差を算出する場合は，次のとおりである。

図2.14は，点Oで鉛直に撮影した写真の場合を示す。点Pは地図上ではQにくるが，写真上でPはP_1の像点pに写り，Qの像点qから，$\overline{pq}=\Delta r$だけずれている。点Oの基準面Gからの高さをH，点pの

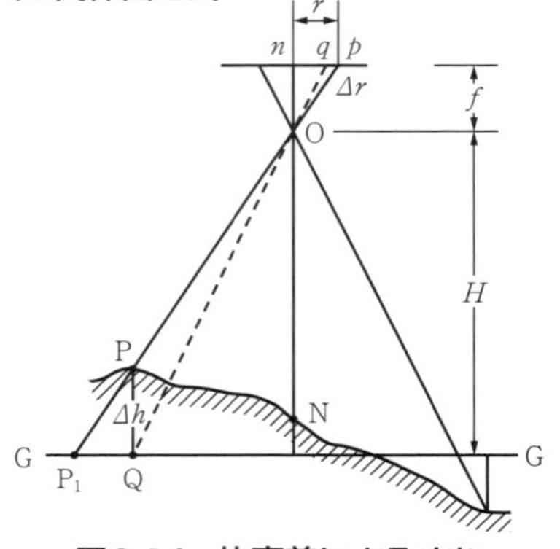

図2.14　比高差によるずれ

鉛直点Nからの距離をr，PQの比高差をΔhとすると，

$\Delta r = \frac{\Delta h}{H} r$と表現できる。

例題2.1

表2.1のスペックのカメラを用いて，地上解像度10cmでの撮影を計画する場合，対地高度と撮影幅は，およそどれくらいになるか。ただし，地上面は平坦として，表2.1の対地高度600mでのスペックを参考にすること。

［**解 説**］

対地高度600mで地上解像度3cm，撮影幅が520mなので，比計算で算出できる。

対地高度＝600m × 10cm ÷ 3cm ＝ 2,000m

撮影幅＝520m × 10cm ÷ 3cm ＝約1,730m

2.4.1　アナログからデジタル空中写真測量への変遷

現在，世の中はアナログからデジタルへと移行しており，写真測量の分野においても同様である。これまでは，アナログ写真を撮影して現像，焼付けをした密着写真と呼ばれる空中写真を，アナログ図化機にセットしてステレオ画像から地図を描いていた。1990年代前半にデジタル図化機がメーカー等から発売され，図化作業はアナログから一部デジタルへ移行した処理フローへと変わっていった。一方，空中写真測量用デジタルカメラは2000年代前半から導入が始まり，2015年までに，ほぼアナログカメラからデジタルカメラへ移行された。

特に，デジタルへの移行が加速する大きな原動力となったのは，2000年代以降，国土地理院による全国での電子基準点整備が進んだことにより，これまで撮影前に対空標識（**図2.15**）の設置が必須であった作業がなくなったことと，航空機の位置と姿勢を記録・解析するGNSS/IMU処理が普及したことによるところが大きい。

図2.15　対空標識の設置

コラム(2) フィルムからデジタルへ

空中写真用のフィルムは，複数のメーカーが製造していたが，その中でもコダック社およびAGFA社製のフィルムが主要であった。しかし，全世界的にデジタル技術へ移行するなか，コダック社は2014年10月でのフィルム注文をもって，空中写真用フィルムの製造販売を終了することとした。

一方，この時点で，国内における空中写真用フィルムの現像所は，減少の一途をたどり，札幌，東京，大阪の3箇所のみで処理対応可能な状況となっていた。2014年度をもって，ほぼ日本国内において，アナログ空中写真撮影および現像処理を終了する形となった。

2.4.2 アナログからデジタルへ写真処理フローの違い

アナログカメラからデジタルカメラへ移行する過程において，空中写真測量の撮影から地形図作成における写真測量処理フローも変化した。その違いを**図2.16**に示す。

アナログからデジタルへ移行したことで，作業手法や効率が変化した。主に変化した作業について，**表2.2**に整理する。

表2.2 アナログからデジタルへ移行したことで変化した事項

作業名称	アナログ手法	デジタル手法
撮 影	・撮影士が設定したオーバーラップ分を，目視で確認しながらシャッターを押して撮影。	・撮影計画データをセットして，撮影開始箇所から撮影開始ボタンを押して，あとは自動撮影。 ・オペレータは，撮影エラーがないかの確認をする。
地上基準点の設置	・対空標識を設置，撮影後は回収，処理する。	・電子基準点を使用する。 ・現地作業はなし。
空中三角測量(空三)	・2枚のポジフィルムにパスポイント，タイポイント等の点を，点刻機という機械を用いて穴を開け印を付ける。	・パスコン上に空中写真をセットして，標定箇所をマウスで押さえて位置を確定する。
図 化	・図化機で地物を判読，描画して，連動するプロッターにて記録する。	・デジタル図化機で描画，媒体に記録する。 ・間違えた箇所は，修正する地物を選択，消去して再描画が可能。
編 集	・図化機で描画した素図を記号化し，項目ごとに色鉛筆などで下書きをする。	・ライン，ポリゴンなど地物の特徴に合わせた編集が可能。 ・属性の付与が可能。

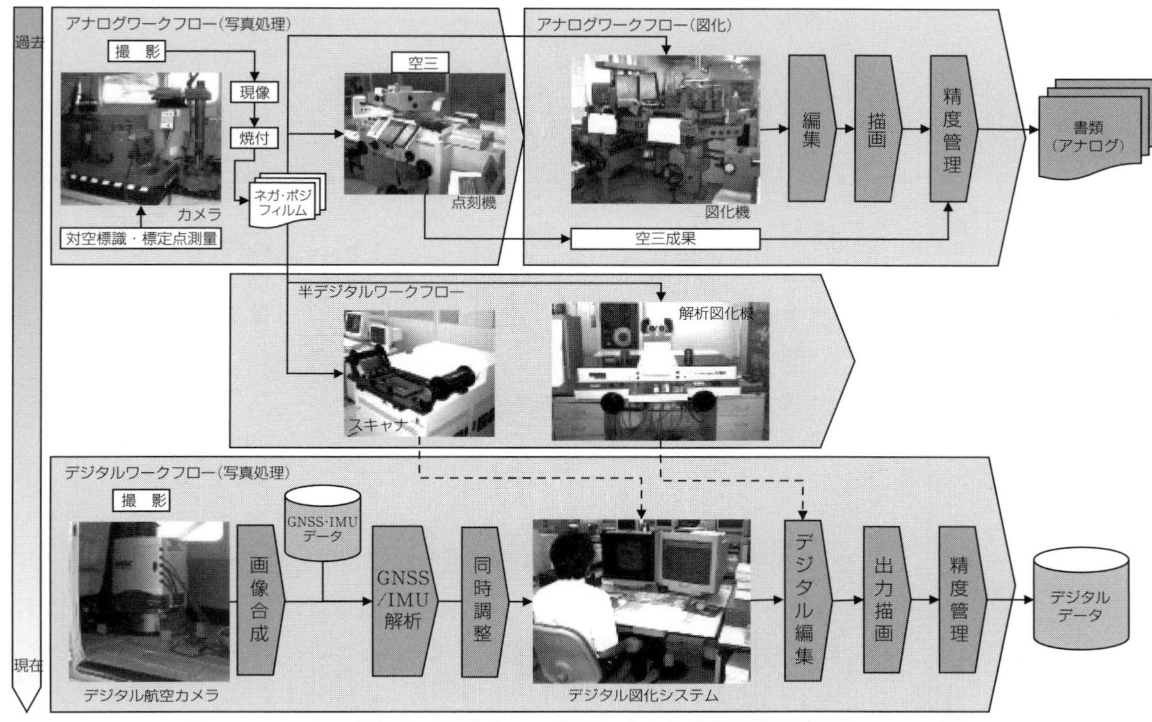

図2.16 アナログからデジタルへの移行にともなう写真測量処理フローの違い

コラム(3) 空中写真撮影関連の歴史

1839年：フランスで写真の発明
1851年：地上測量用カメラの発明(乾板カメラ)
1889年：ライト兄弟が航空機発明
1914年：第一次大戦中に写真測量実用化
1921年：図化機が日本に初導入(航空フィルムカメラを活用)
1923年：関東大震災直後略集成写真図作成
1930年：樺太林相調査図作成
1952年：日本国内での空中写真撮影の自由化（民間によるアナログ航空撮影の開始）
1957年：測量法制定
1960年代：高度成長期による全国的な地形データ(地図)整備
1980年頃から：アナログ・デジタル変換の始まり(デジタル移行期の始まり)
1995年頃：デジタル写真測量システムが登場
2000年頃：POS(Positionand Orientation System)が導入，アナログ航空撮影にも適用
2003年：国内にデジタル航空カメラが導入，その後，デジタル撮影に移行

例題2.2

アナログからデジタルにフローが変わったことで，対空標識の設置がなくなるなど，現地作業の効率化といったメリットがありました。その他に，どのようなメリットが考えられるでしょうか。

［**解 説**］

フィルム処理(現像，スキャニング等)がなくなり，撮影後，すぐにデジタル処理の対応が可能になったため，コスト，作業能率の向上につながった。その他，デジタル処理なので，アナログのスキャニングの際のゴミの混入，写り込みがなくなり，高精細な画像となった。また，これまで現像処理後は，現像液を廃棄する必要があったが，不要となったことで環境にも優しくなったといえる。

2.4.3 デジタル航空カメラを用いた写真測量の作業フロー

撮影から空中三角測量等のデータ処理を踏まえて図化，編集するまでの作業フローは，フルデジタル処理へと現在は移行されている。フルデジタル処理の作業フローを**図2.17**に示す。

撮影後のデジタルデータは，航空カメラごとのバイナリーデータである，一般ユーザーが画像として取扱いができるようになるためには，画像合成等の画像処理をした後のデータとなる。また，航空機のGNSSの位置情報と電子基準点データを用いたGNSS/IMU処理を実施した時点で，地上座標系を有する画像データとなる。

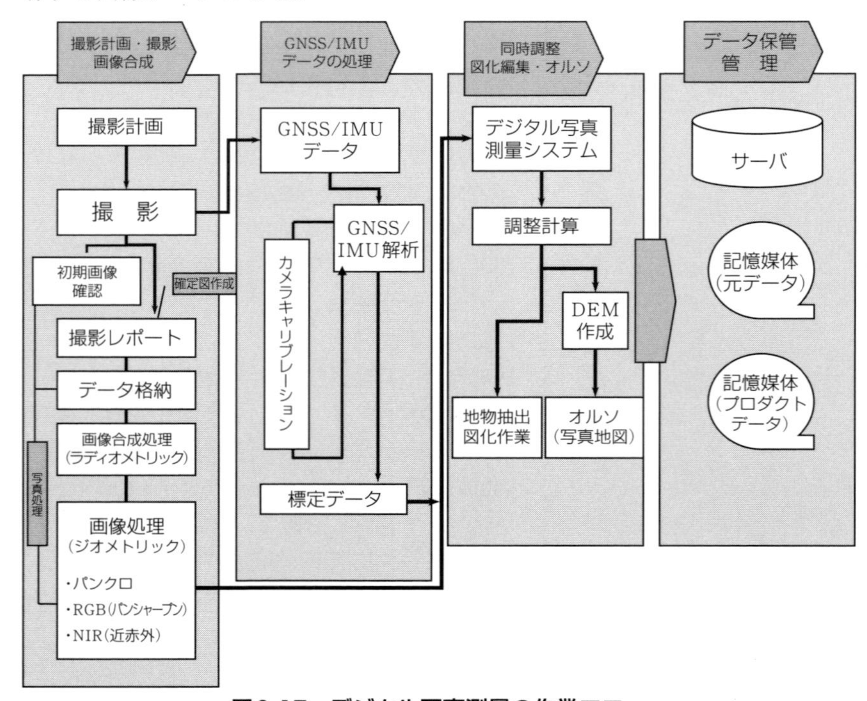

図2.17 デジタル写真測量の作業フロー

2.4.4 撮影計画，撮影，画像合成

本節では，前節のフルデジタル処理において，撮影計画から画像処理までの，ユーザーが地上座標を有した画像として扱えるまでの作業についての説明および留意点等について解説する。

(1) 撮影計画

デジタル撮影の概念図は，**図2.18**に示すとおりである。

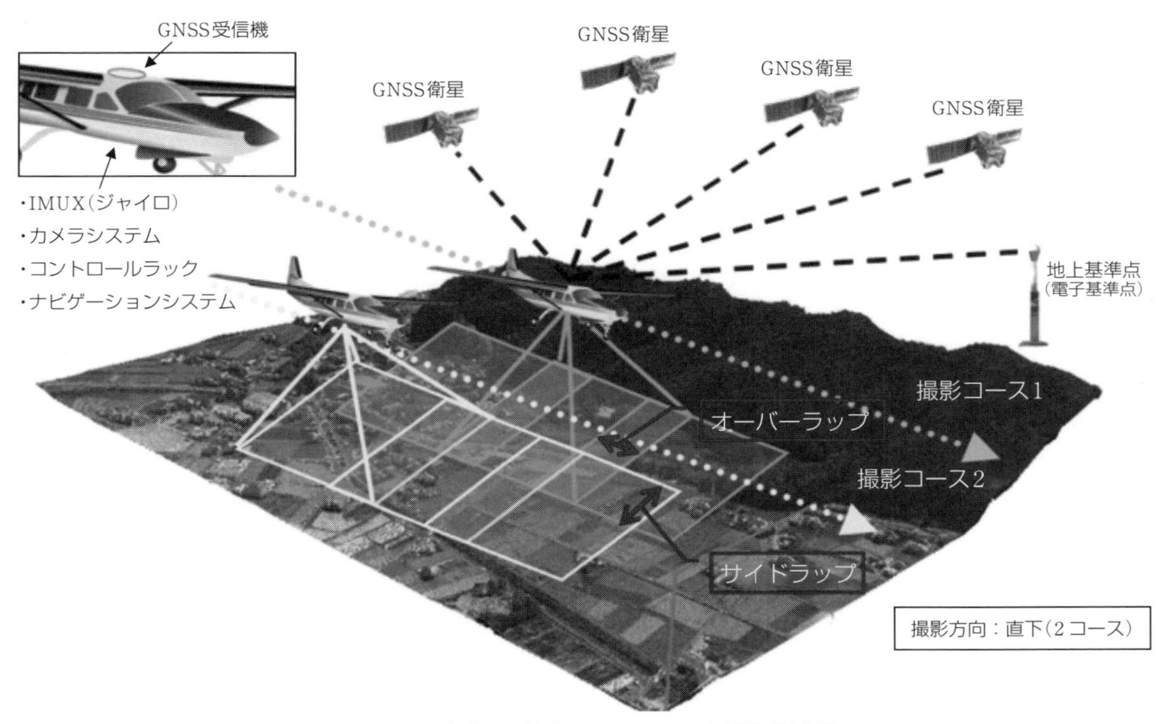

図2.18 デジタル航空カメラを用いた撮影概念図

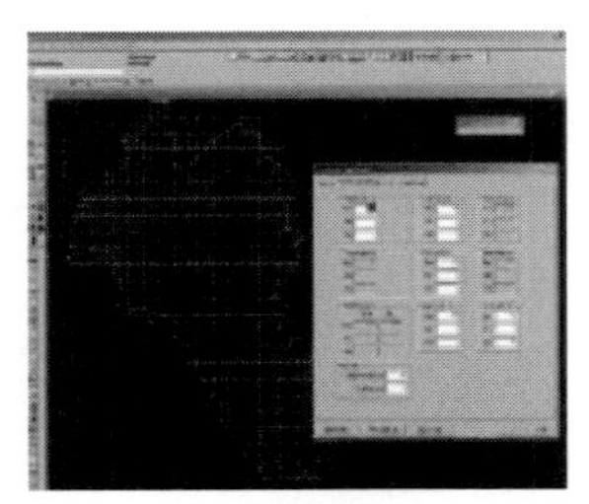

図2.19 撮影計画ソフトでの撮影計画

1) 国土地理院HP：http：//www.gsi.go.jp/KOUKYOU/index.html参照

撮影計画では，撮影範囲に対して撮影諸元（撮影縮尺もしくは解像度，サイドラップ，オーバーラップ）の設定をして，撮影計画ソフトを用いて撮影計画図を作成する(**図2.19**)。なお, サイドラップ, オーバーラップの計画は, 地形起伏に応じた調整が必要となり，国土地理院が発行している50mメッシュDEM等を使用して，ラップ切れのないよう計画，確認することが重要である(**図2.20**)。

公共測量において，空中写真撮影した成果を利用する場合は，撮影計画から撮影，解析，写真の点検まで細かく，公共測量作業規程の準則[1]に記されている。

アナログ撮影からデジタル撮影に変わる中で，撮影に関しては，撮影縮尺で表していた定義は，デジタルでは地上画素寸法に置き換わっている。例えば，地図情報レベル500で，オーバーラップを60%のアナログとデジタル撮影との撮影縮尺は，**表2.3**となる。

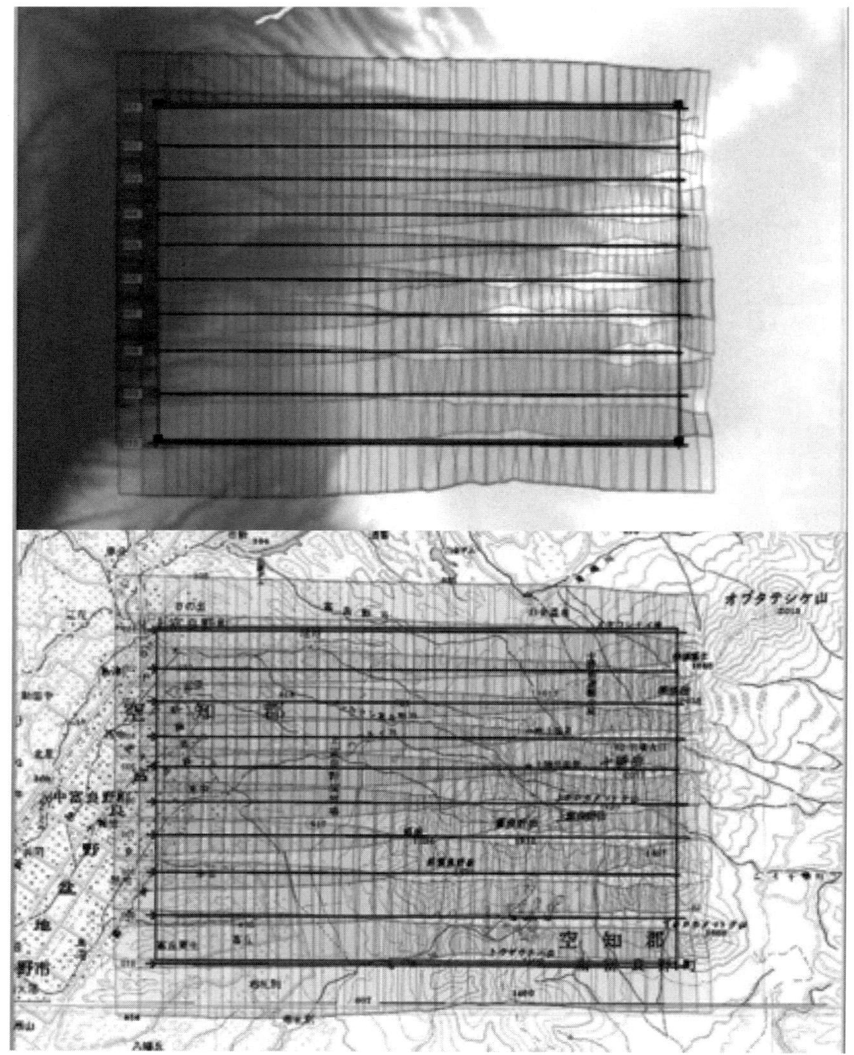

図2.20　DEMを用いた撮影計画（上図）と撮影計画図（下図）

表2.3　オーバーラップ60%での撮影諸元

カメラ	焦点距離	画郭	素子寸法	基線高度比※
アナログ（フィルム）	150 mm	23 cm × 23 cm	−	0.6
DMC Ⅱ-250	112 mm	7.9 cm × 9.4 cm	5.6 μm	0.28

※基線高度比（B/H：遠近感）＝撮影基線長（B）/撮影高度（H）＝写真上基線長/焦点距離

表2.4　地図情報レベル別のアナログとデジタルの撮影縮尺と地上画素寸法の関係

地図情報レベル	アナログ（フィルム）	デジタル（式中のL：素子寸法【μm】）	
	撮影縮尺	撮影縮尺	地上画素寸法（mm）
500	1/3,000〜1/4,000	90 mm × 2 × 基線高度比/L〜 120 mm × 2 × 基線高度比/L	90 mm × 2 × 基線高度比〜 120 mm × 2 × 基線高度比
1000	1/6,000〜1/8,000	180 mm × 2 × 基線高度比/L〜 240 mm × 2 × 基線高度比/L	180 mm × 2 × 基線高度比〜 240 mm × 2 × 基線高度比
2500	1/10,000〜1/12,500	300 mm × 2 × 基線高度比/L〜 375 mm × 2 × 基線高度比/L	300 mm × 2 × 基線高度比〜 375 mm × 2 × 基線高度比

例題2.3

表2.4で地図情報レベル500のデジタル撮影を，表2.3の機材（DMC Ⅱ-250）で実施した場合の撮影縮尺と地上画素寸法はいくらになるか。

［**解 説**］

表2.4のデジタルの撮影縮尺と地上画素寸法の式を用いて計算する。基線高度比と素子寸法は，表2.3のDMC Ⅱ-250の数値を用いる。

①撮影縮尺：90 mm × 2 × 0.28 ÷ 0.0056 = 9,000

120 mm × 2 × 0.28 ÷ 0.0056 = 12,000

となり，DMC Ⅱ-250の機材を用いて，オーバーラップ60%，地図情報レベル500の撮影縮尺は，縮尺1/9,000～1/12,000で撮影を行うこととなる。

②地上画素寸法：90 mm × 2 × 0.28 = 50.4 mm

120 mm × 2 × 0.28 = 67.2 mm

となり，その時の地上画素寸法は，1画素が50.4 mm～67.2 mmの間の写真となる。

コラム(4) 起伏のある箇所での撮影計画

空中写真撮影において，通常，オーバーラップ（OL）は60%，サイドラップ（SL）は30%であるが，起伏のある地形箇所では，ラップ率が変わり，撮影成果の制限値として，OLは53%以上，SLは10%以上を確保しなければならない(作業規定の準則)。

(2) 撮影の実施と画像確認

撮影計画のデータを機体の撮影機材にセットアップして撮影に臨む(**図2.21**)。撮影にあたっては，パイロット，撮影士（オペレータ）とで撮影機体に搭乗して実施する。

図2.21 撮影機体(セスナ208)

現状，撮影計画に不備がなければ，上空にて撮影機体を計画した撮影コースにのせて飛行すれば，撮影予定地点でシャッターが自動で切られる自動撮影にて実施することが可能となっている。ただし，上空での気流の状態によっては，機体が左右に流されコースから逸脱するなど，ラップが確保されているか等は撮影後の確認が重要である。

撮影後，画像合成による画像化処理を実施して画像の確認をする。なお，画像確認は，オーバーラップ，サイドラップ，航跡のずれ，解像度，画像の回転角(ω, ϕ, κ)が許容範囲内かを定量的に確認することと，画像にブレがないか，ハレーションが生じていないか，雲や雲影の有無など，目視による確認を実施する。**図2.22～24**にチェック画像のサンプルを表示する。

画像の確認は，上記のほかに，以下のような点について確認する。

・工場の煙突などからの煙の有無
・霧や積雪の有無
・ケラレの有無（画像周囲が暗くなる）

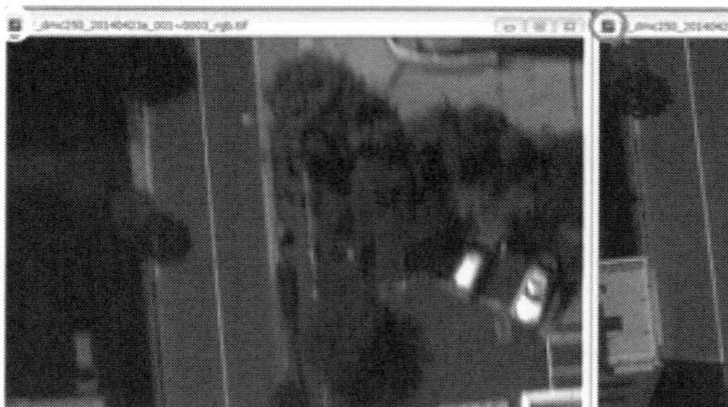

図2.22　画像のブレの確認

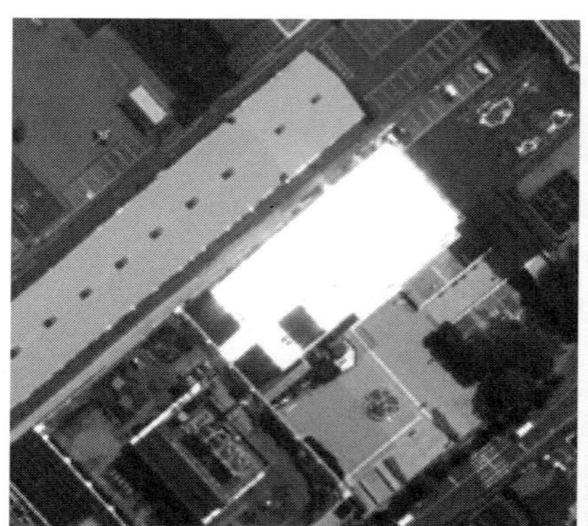

図2.23　ハレーションの確認

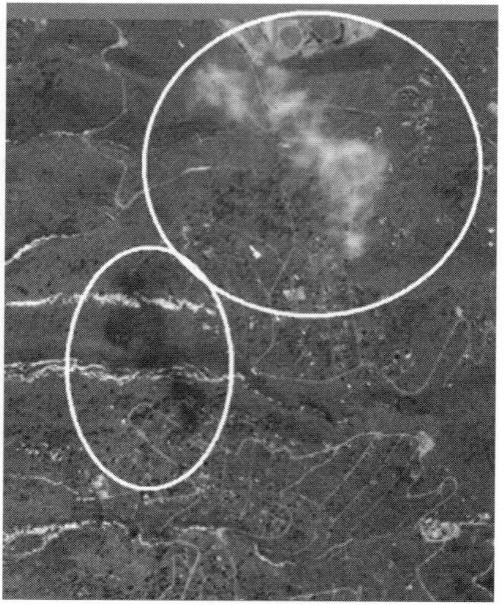

図2.24　雲と雲影の確認

コラム（5）緊急時の撮影体制

災害時などの緊急撮影では，災害現場上空に自衛隊や報道ヘリ，他社の撮影機体が複数，飛行する状況となる。その場合，航空管制の指示により，現場上空での進入コース方向（例えば，東から西方面を基本とするなど）の指定がなされる場合がある。

また，上空での接近を回避するために，パイロットの横に見張り員を搭乗させて安全を確保するなど，上空の込み具合を鑑みて対応する（固定翼機は機長は左座席，副操縦士や見張り員は右座席に配置する）。

2.4.5　GNSS/IMUデータ処理

2) Innartial Measurement Unit

GNSS/IMU[2]データ処理は，受信したGNSSデータと測定したIMUデータを用い，移動体撮影，計測においてプラットフォームの位置と姿勢を再現する重要な処理である。軍事向け技術の民用への転用により，航空機，車両等，移動体に搭載したセンサの空間位置と姿勢データを正確かつ効率良く算出する処理である。

GNSS/IMU解析の機器を**図2.25**に，解説を**図2.26**に示す。GNSS(GPS)は，1 Hz(1 地点/秒)での位置情報を取得する。またIMUは，200 Hz(200回/秒)での位置・姿勢状態の取得ができる。IMUでの位置姿勢データは，誤差が蓄積するデータのドリフトを起こす特性がある。そこで，GNSS/IMU解析では，IMUのデータに一定間隔ごとでのGNSSの位置情報と結合，修正することで，ドリフトの修正，高精度の位置，姿勢情報とする処理，解析を行っている。

図2.25　GNSS/IMU解析機器

GNSS/IMU解析が完了すると，自動でのオルソ（画像地図）の作成や，図化のための標定計算（同時調整：2.4.6参照）を行うことで位置正確度の向上，ステレオペア画像からの地物抽出が可能となる。

■GNSSの場合
■1 Hzの位置データ取得
■110 knot＝約60 m間隔の位置データ
■IMUの場合
■最高200 Hzまでのデータ取得
■110 knot＝0.3 m間隔の位置・姿勢データ

IMUとの結合処理
による航跡補正

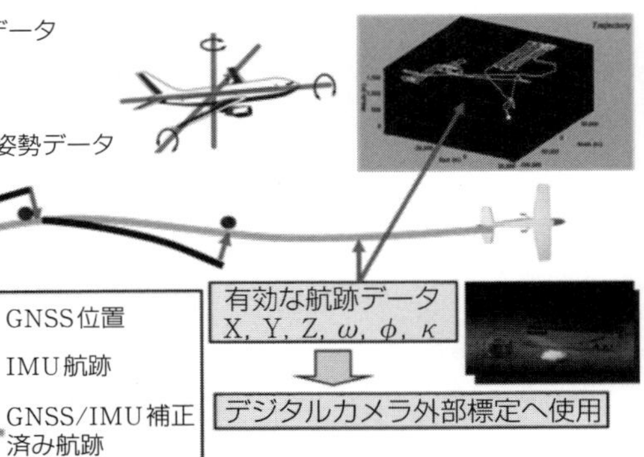

図2.26　GNSS/IMU解析の解説図

2.4.6　同時調整・オルソ画像・図化編集

(1) 同時調整

3) **同時調整**：アナログ写真を用いる際の空中三角測量と同意義。航空機にGNSSとIMU（慣性計測装置）を搭載して，航空機の姿勢と位置を常時観測し，地上との位置関係を撮影後，自動計算(GNSS/IMU解析）にて算出して地上標定点との整合処理を実施する。

同時調整[3]は，デジタル図化機を用いて，パスポイントやタイポイントなど基準点での写真座標を測定して，GNSS/IMU解析から得られた外部標定要素を取り込み調整計算する作業のことである。同時調整による位置正確度が，その後のオルソ画像作成および図化作業の精度と関係するので重要な作業である。

(2) オルソ画像（写真地図）

デジタルオルソは，数値化した空中写真の各画素を外部標定要素（撮影時のカメラ＝航空機の位置と傾き）と数値地形モデルを用いて，正射影の位置に再配列したデジタル画像である。

デジタル航空カメラを用いて撮影したデジタル画像の場合は，GNSS/IMU解析および同時調整の後，再配列を正射変換といい，空中写真の中心投影や標高による水平位置のずれを数値地形モデルを用いて補正したものである(**図2.27**)。

デジタルオルソは，正射投影変換によって，位置情報を保持した画像データであり，地図(地形図)と整合していることから，写真そのものでも地図としての利用ができ，写真地図とも呼ばれる。地形図と重ねたオルソ画像の例を，**図2.28**に示す。

地形や地図と整合したデジタルオルソ画像を用いることで，3次元表示が容易に行え，3次元表示による説明等にも活用できる(**図2.29**)。

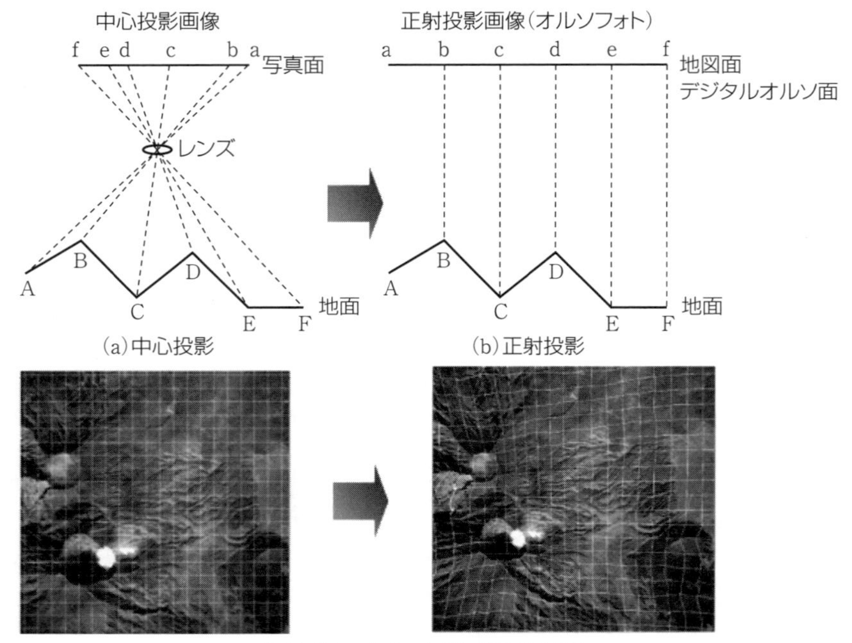

図2.27　オルソ画像(写真地図)

(3) 図化による地物抽出と編集・点検

同時調整が完了したそれぞれの画像は，重なり合う箇所がステレオペア画像となり，図化機により実体視して地物の抽出を行う(**図2.30**)。

なお，地物の抽出後，データ編集，属性付加等は，地理情報標準に準拠してデータクラス図[4]を作成して，さらにデータチェック，論理検査を実施する(**図2.31**)。

図化による地物抽出後に，データおよび属性編集，論理チェックの例を**図2.32**に示し，3次元図化による地物取得からの建物モデル作成事例を**図2.33**に示す。

4) **データクラス図**：地理情報標準(JPGIS)に準拠して，空間データの表し方，他の地物との関係を示した図をUMLクラス図と呼ぶ。

図2.28　地図を重ねたオルソ画像

図2.29　オルソ画像を用いた3次元表示

図2.30　デジタル図化機

図2.31　編集機による編集作業

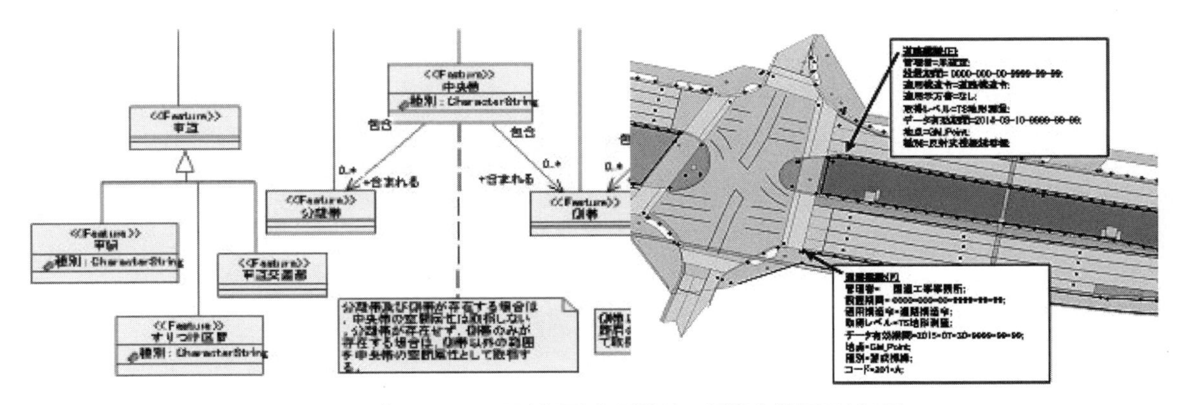

図2.32　データクラス図(左図)と属性他，編集作業画面(右図)

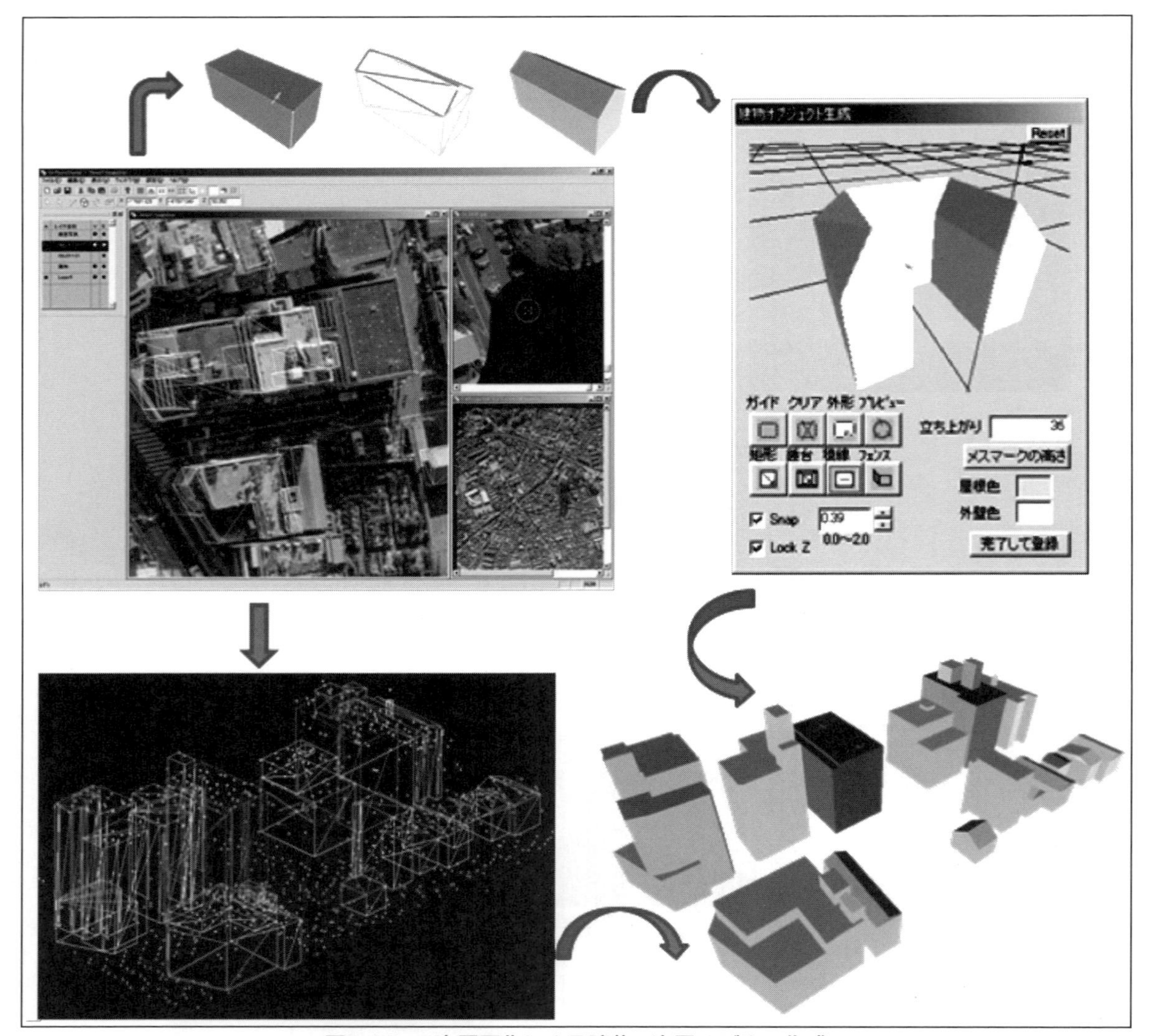

図2.33　3次元図化による建物3次元モデルの作成

2.4.7　データ保管・管理

撮影元データから各種処理，解析されたデータ，画像，図化成果等，多種にわたるデジタルデータが生成される。使用する航空カメラのサイズ等によるが，画像合成された画像１枚だけでも数百100bytesの容量となり，プロジェクトごとに各工程でのデジタルデータをハードディスクやサーバで管理する必要がある。

2.5 航空レーザ測量

航空レーザ測量とは，航空機にレーザ測距装置，GNSS，IMU等を搭載して，上空から地上に向けてレーザを照射，地上からの反射波の時間差から距離を算出する計測方法である。航空機に搭載するレーザシステムを総称して，航空機LIDAR[1]とも呼ばれる。

1) Light Detection and Ranging

本システムを用いた測量は，上空の照射地点からレーザ光が反射した地物間の距離が計測できることから，レーザ点群が照射された各地物の3次元位置が算出できる。

2.5.1 航空レーザ測量の概要

航空機にレーザ機材を搭載して，計測を行う概念図を**図2.34**に示す。航空レーザ測量でのレーザ点群取得後のチェック，水部ポリゴン作成やノイズ除去の際に，同時に撮影した画像も必要となり，デジタルカメラによる画像の取得も実施する。

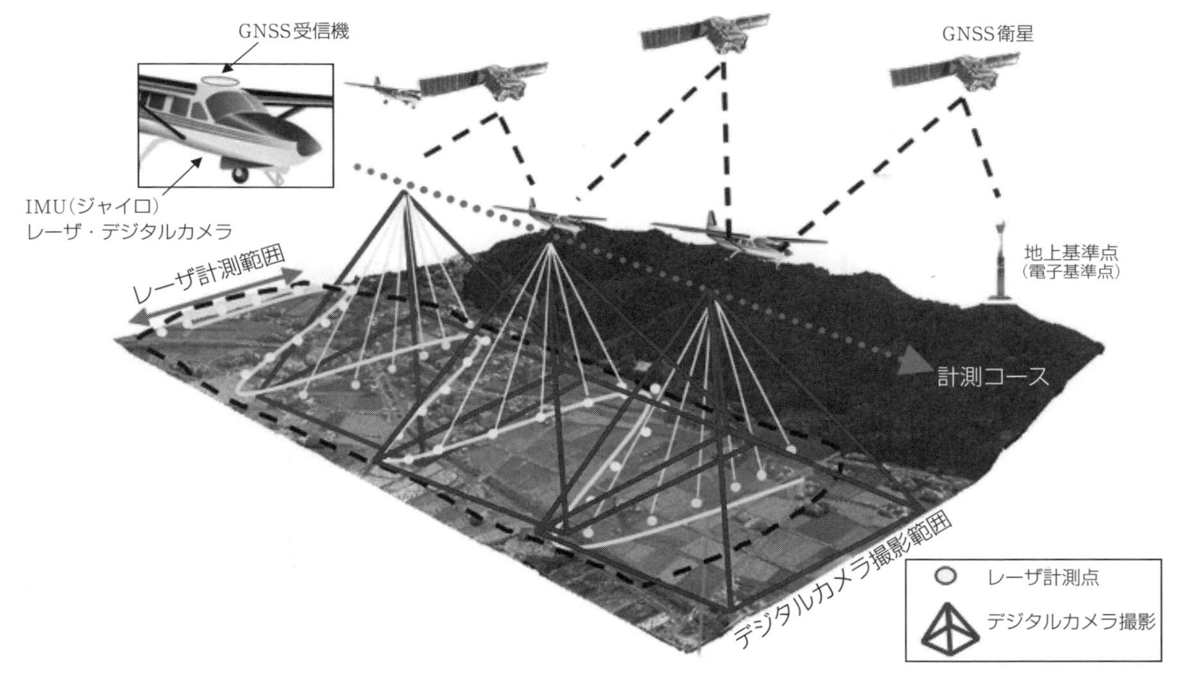

図2.34 航空レーザ測量の概念図

航空機に搭載したレーザ機材の概観を**図2.35**に示す。計測および撮影計画は，レーザ取得幅とデジタルカメラの撮影範囲を考慮して，ラップを確保した計画とする。

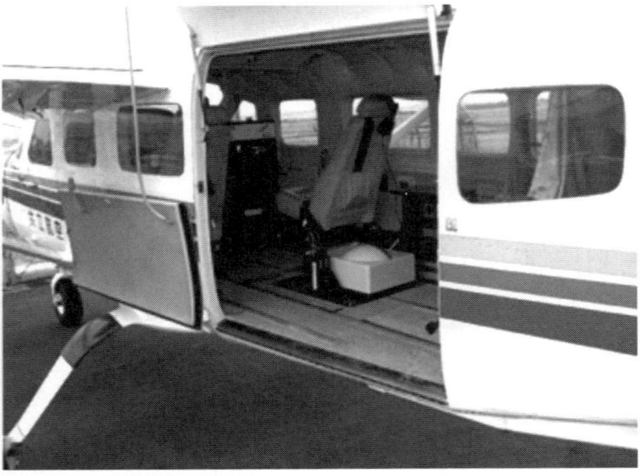

図2.35 航空機に搭載したレーザ機材の概観

航空機に搭載するレーザ機材は，複数のメーカーがあるが，その性能は2～3年ごとに向上しており，また，搭載するプラットフォーム（固定翼，回転翼）や利用用途に応じた機材選定が可能となってきている。

航空レーザ機材の事例として，**表2.5**に諸元等を記載する。

表2.5 航空レーザシステム（固定翼搭載）の例

メーカー	Leica社	システムの概観
センサー名	ALS70-HP	
重量（kg）	90kg	
レーザレンジ （最長測距離）	～3,500m	
パルス周波数（Hz） 最大値	500,000	
取得パルス	1,2,3nd/end パルス＋ Wave form data	レーザ装置
ビーム径（mrad）	0.22	
走査角（FOV）	～75°	
スキャンレート （Hz）最大値	200	
レーザ規格	Class Ⅳ	
レーザ波長	近赤外線（1,064nm）	
反射強度／波形記録	取得可／有	
デジタルカメラ	9k×7k（カラーデジカメ）	制御・記録装置

コラム(6) 航空レーザシステムの性能

2000年代に航空レーザ測量での計測が活発となってから，パルス周波数が飛躍的に向上した。2000年頃のパルス周波数は，15kHz程度であったが，2015年現在では，1MHzの機材も登場している。15年間で約70倍，パルス発射能力が飛躍的に向上している。

航空機に搭載するプラットフォームの違いにより，取得できるレーザ点群の特徴が異なる。固定翼と回転翼に搭載する場合の比較を**図2.36**に，対地高度の違いによるレーザ計測条件の違いを**表2.6**に示す。

対地高度を高くフライトする固定翼は，広範囲のレーザ計測を実施する際に効率良く計測できる。一方，対地高度が低い回転翼は，フライト時間は固定翼より短くなるが，レーザのフットプリント[2]は小さくなり，樹木の葉間などレーザ光が地面まで透過しやすく，また，詳細地形データが必要な場合は飛行速度を落としての計測での対応が可能である。そして，回転翼は雲の下でのフライトが可能であれば，航空レーザ計測は実施できることから，固定翼より計測頻度を上げられるメリットがある。

2) **フットプリント**：レーザ光は照射距離に応じて広がる。地上に照射された箇所でのビーム径による形状のこと。

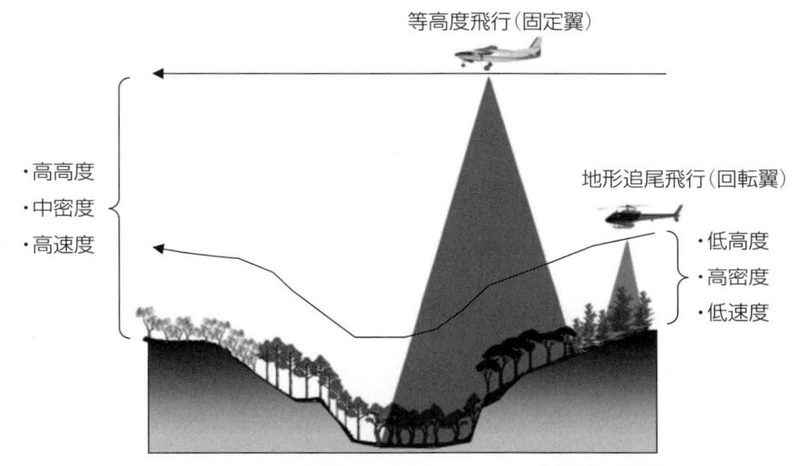

図2.36　固定翼と回転翼でのレーザ計測の比較

表2.6　対地高度による計測条件の相違

項　目	対地高度が低い場合	対地高度が高い場合	備　考
レーザ反射強度	◎	○	同一機材で比較した場合
標高精度	◎	○	
水平位置精度	◎	○	
天候障害（雲）の影響	◎	○	機体より下に雲がなければ計測可能
地形高低差による隣接するコース間の計測漏れ	起きにくい	起きやすくなる	対地高度に対する高低差が小さければ，計測漏れは起きにくい。
フットプリント（地表面でのビーム径）	小さくなる	大きくなる	位置・高さ精度は，フットプリントが小さいほうが好ましい。
アイセーフ	危険性は増す（アイセーフ高度以下は計測不可）	危険性は減る	減衰器でレーザを減衰させて対策をとる機種では該当しない。
計測可能高度	最低安全高度以下は不可	レーザ到達限界以上は計測不可	その他，空域の飛行高度制限もある。
機材運用	環境温度：高い 気圧：高い	環境温度：低い 気圧：低い	
地上のスキャン幅	狭い	広い	機材設定値を固定して比較した場合
地上の計測点間隔	狭い	広い	
同時搭載デジタルカメラの地上解像度	◎	○	逆に撮影範囲は，高いほうが広くなる。

2.5.2 航空レーザ測量の作業フロー

航空レーザ測量により取得された点群データおよびデジタル画像を用いて，地形データ作成（メッシュデータ）までの作業は，作業規定の準則にて，精度管理を含めて規定されている。その作業フローを図2.37に示す。

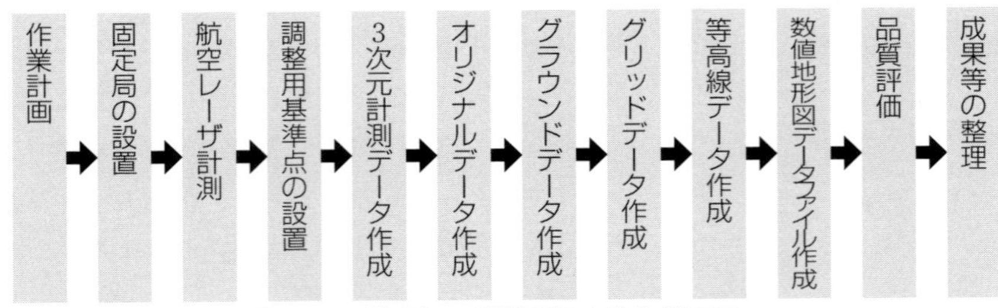

図2.37 航空レーザ測量による作業フロー

全体作業フローのうち，計測した3次元点群データ（ランダム点群データ）を，一般ユーザーが利用できるデータ形式（オリジナルデータ）にまで処理する工程は重要である。全体作業フローの各工程内での作業を細分した詳細フローを図2.38に示す。

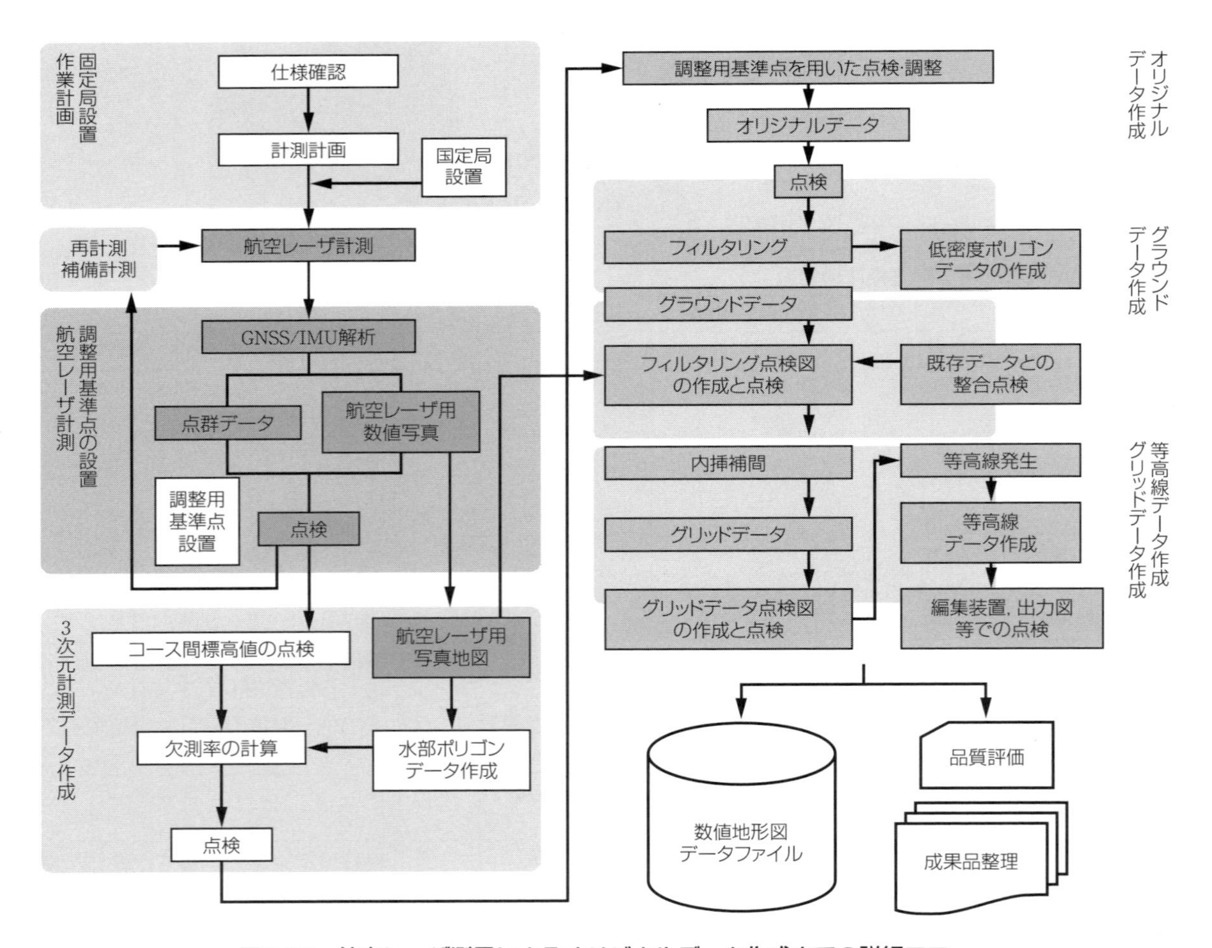

図2.38 航空レーザ測量によるオリジナルデータ作成までの詳細フロー

また，全体フローにおける各作業工程の要点を**表2.7**に整理する。なお，各作業内容の詳細については，公共測量作業規定の準則を参照いただきたい。

表2.7　航空レーザ測量の各作業フローにおける作業内容の要点

作業項目	中項目	内　容
作業計画	仕様確認	GNSS衛星の配置確認を行い，仕様に基づく地上点密度間隔でのレーザ計測計画を立案する。
固定局の設置	電子基準点の選定 もしくは 固定局の設置	航空機に搭載したレーザ測距装置の位置を，キネマティックGNSS測量にて算出するための地上固定局を選定する。固定局設置は，基本的に計測対象地域内の基線距離が50 kmを超えないよう選定する。
航空レーザ計測	レーザ計測	GNSSアンテナは，機体の上部に固定し，GNSS観測データを1秒以下で取得でき，2周波で搬送波位相の観測ができること。 GNSS/IMUは，規定された性能を有すること。
	空中写真撮影	航空レーザと同時期に撮影することを標準として，地上画素寸法は1 m以下であること。
調整用基準点の設置	調整用基準点設置	作業地域の面積(km^2)を25で割った値に1を足した点数を標準とする。
3次元計測データ作成	コース間調整 ノイズ除去等 標高検証	航空レーザ計測データとGNSS/IMUデータの解析により，コース単位の3次元座標点群データを作成し，調整用基準点と比較，標高検証を実施して作成する。
オリジナルデータ作成	欠測率チェック 標高点検（タイポイント，地区間検証含む）	3次元計測データから，調整用基準点成果を用いて点検・調整した3次元座標データ(ランダム点群データ)を作成する。
グラウンドデータ作成	フィルタリング	オリジナルデータから，フィルタリング処理により地表面の3次元座標データ（ランダム点群データ）を作成する。フィルタリングの対象とする標準の地物項目は，規定されている。
グリッドデータ作成	内挿処理	グラウンドデータから，内挿補間により格子(メッシュ)状の標高データを作成する。
等高線データ作成	等高線の自動生成	グラウンドデータもしくはグリッドデータから，等高線を自動発生によりデータを作成する。
数値地形図データファイル作成	媒体への記録	製品仕様書に基づき，各種数値地形図データファイルを記録，格納する。
品質評価		製品仕様書で規定するデータ品質評価を実施する。
成果等の整理		数値地形図データファイル，作業記録，品質評価表および精度管理表，メタデータ，その他資料等を整理する。

2.5.3　航空レーザ測量の成果を用いた利活用

(1) オリジナルデータとDEMデータの比較

航空レーザ計測から得られる成果として，最も多く活用されるデータの一つとして，フィルタリング後のグリッドデータ（DEM）があげられる。山間部および住宅地でのオリジナルデータと，フィルタリングのグリッドデータの事例を**図2.39**に示す。

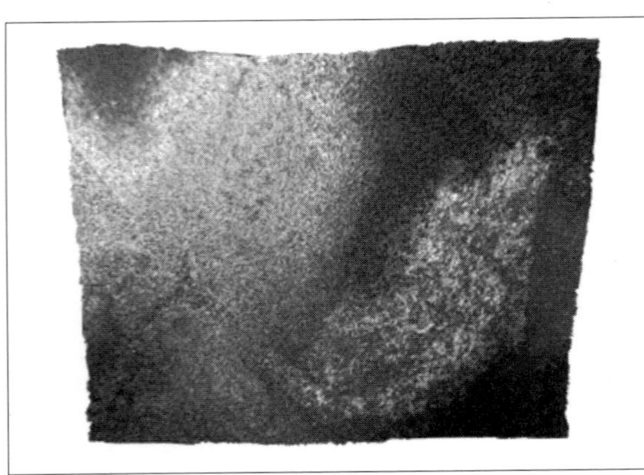	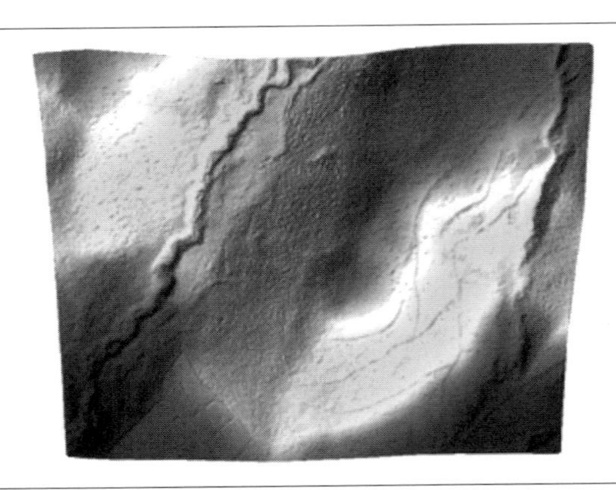
山間部のオリジナルデータ	山間部のフィルタリング後のグリッドデータ
	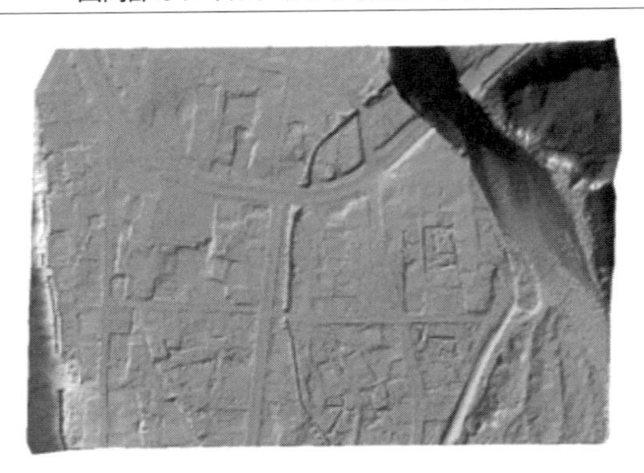
住宅地のオリジナルデータ	住宅地のフィルタリング後のグリッドデータ

図2.39　オリジナルデータを用いてフィルタリング処理後のグリッドデータの例

図2.39より，建物，樹木，その他構造物等がフィルタリングにより除去され，地盤の詳細が抽出されていることがわかる，また，山間部でのオリジナルデータでは，樹木下の林道，河道は判読できないが，グリッドデータからはそれぞれ表現されていることがわかる。

(2) 森林分野での活用例

航空レーザデータから，樹木の樹上と地形データの双方のデータ取得が可能である。オリジナルデータから樹木の樹高を抽出し，フィルタリング後のグリッドデータから地形データを作成して，差分を計算することで樹高が算出される。また，同時に撮影した空中写真から樹種の分類，判読を実施することで，樹種区分図が作成できる。これらのデータをマッチングさせることで，森林域のバイオマス量の推定に利用できる。**図2.40**に航空レーザデータを用いた森林域でのバイオマス調査の活用事例を示す。

近年，航空レーザのレーザパルスの照射および解析方法も進化している。通常，航空レーザの反射パルス波を記録して，地面に照射されたと考えられる点群以外をフィルタリング処理してグラウンドデータを作成するが，レーザ光の反射強度を受信できる機材もある。

レーザが照射され反射する強度は，樹木やアスファルトなど，地物によって異なることから，地面で照射された波形を抽出することで，地盤面を抽出することができて，特に樹木箇所での地表面抽出精度向上に今後，期待されている。これら反射強度が取得解析できるレーザ解析のことを波形記録解析(Wave Form Analysis)[3]という。

3) **波形記録解析**：航空レーザの地上からの反射波は，これまではパルス信号として受信，処理されていた。特に樹木などでは，ファーストパルスは葉で反射したデータ，さらに葉間を抜けて樹木下に透過したレーザ光の反射パルスをセカンドパルス…，ラストパルスとして記録，解析していた。Wave Form解析では，地上からの反射を反射強度の波形として受信，記録できることから，地盤面を波形形状や閾値を設定することで，既存手法と比較して，地盤面の抽出精度を向上させることが期待されるデータ取得方法である。

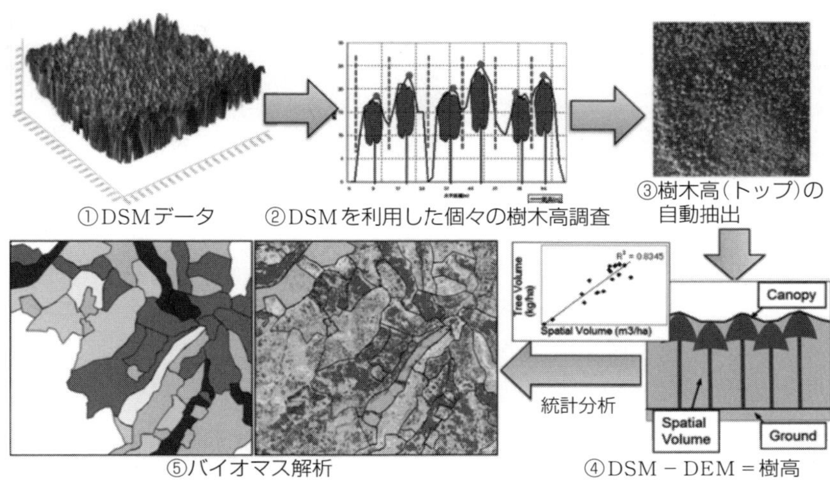

図2.40　オリジナルデータ(DSM)とフィルタリング処理後のグリッドデータ(DEM)を用いたバイオマス解析の事例

(3) シミュレーションでの活用例

津波シミュレーションに詳細な地形データを用いて解析し，動画等で表現する際に，航空レーザデータを用いる場合がある。

通常，レーザデータのフィルタリングは，地表面以外のデータを除去してグラウンドデータが作成される。しかし，津波シミュレーション等で利用する地形データは，堤防や土盛り構造物など，水の流れの障害となる地物を含めた地形データである必要がある。そこで，オリジナルデータから，シミュレーションに必要な地物を残すフィルタリングを実施して地形データを作成するなど，利用目的に応じた作業が必要となる。

また，航空レーザデータは，ランダム点群の集合データであり，必ずしも必要な箇所にレーザが照射される保証はなく，堤防などの線状構造物のエッジは抽出できない。そこで，同時に撮影した空中写真を用いて，線状構造物のエッジのラインをデジタル図化機で図化して，航空レーザ点群データにラインデータを組み合わせて，内挿処理することで線状構造物を再現した地形データが作成できる。ここで，デジタル図化機でエッジ箇所のラインを抽出した3次元ラインデータをブレイクラインという。

航空レーザデータおよび空中写真を用いて作成した地形データを活用した，津波シミュレーションの活用事例を**図2.41**に示す。

▼地形の標高分布

航空レーザ計測により，
地形の標高分布を取得

▼構造物データの取得

防潮堤・水門・堤防を構造物データとして3次元で取得

▼地形の標高分布と構造物データの合成

詳細地形により起伏や微妙な高低差を自由なメッシュサイズで表現
構造物（防波堤など）のブレイクラインと詳細メッシュにより，
再現性の高い地形モデルが作成

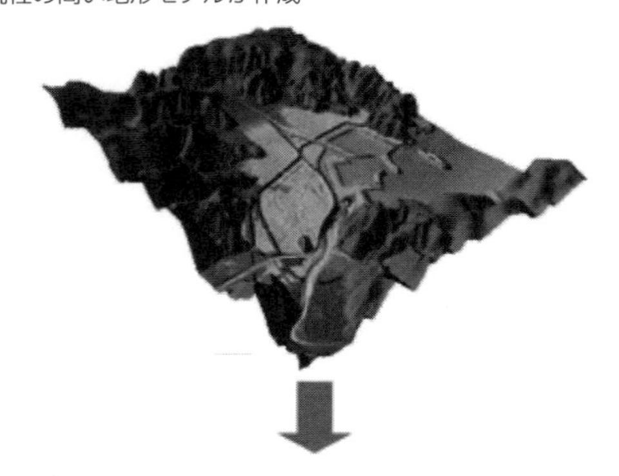

▼津波シミュレーション

高精度3次元地形モデルを活用して，津波の伝播や遡上シミュレーションの精度を高めることが可能

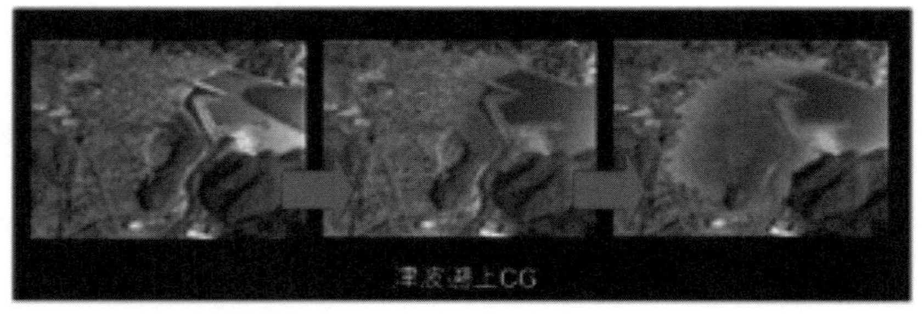

図2.41　グリッドデータ（DEM）と構造物を3次元図化にて取得したモデルを融合した津波シミュレーション用データ作成事例

02 演習問題

【1】次のa～eの文は，空中写真測量の特徴について述べたものである。明らかに**間違っている組合せ**はどれか。次の中から選べ。（測量士・測量士補国家試験より）

a. 現地測量に比べて，広域な範囲の測量に適している。
b. 空中写真に写る地物の形状，大きさ，色調，模様などから，土地利用の状況を知ることができる。
c. 他の条件が同一ならば，撮影高度が高いほど，一枚の空中写真に写る地上の範囲は狭くなる。
d. 高塔や高層建物は，空中写真の鉛直点を中心として放射状に倒れこむように写る。
e. 起伏のある土地を撮影した場合でも，一枚の空中写真の中では地上画素寸法は一定である。

① a, c　② a, d　③ b, d　④ b, e　⑤ c, e

解答　⑤

［**解 説**］

空中写真測量では，航空機で撮影を行うため広範囲な測量に適しており，撮影高度が高ければ撮影範囲が広くなり，低ければ撮影範囲は狭くなる。空中写真では，地物の形状，大きさ，色調，模様などを判読することで土地利用の状況を知ることができる。また，空中写真は，中心投影画像であることから，地物が放射状に倒れこむように写っており，地物の高さなどを計測できる。撮影高度が一定であっても，高低差があれば地上画素寸法は変わる。標高が高い地点は，低い地点に比べて，地上画素寸法は小さくなる。

【2】焦点距離15cm，画郭の大きさ23cm×23cmの航空カメラを用いて，平坦な土地の高度鉛直密着写真を撮影した。この密着写真上で，主点基線長を測定したところ90mmであった。この場合，隣接写真との重複度（オーバーラップ）はいくらか。

解答　61%

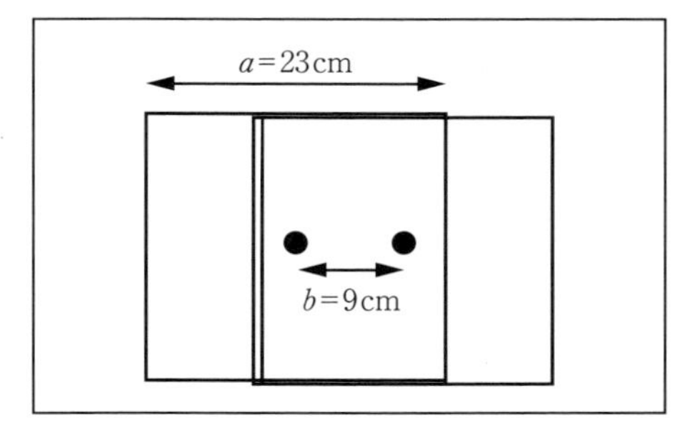

［**解 説**］

2.3.2のオーバーラップの概念図にあるとおり，隣接する写真の配置を右図のように記すことで，主点基線長のずれからの面積と全体面積の比計算をすればよい。よって，

オーバーラップ(%)＝(主点基線長分のラップしていない面積)÷(全体面積)×100

$$= \frac{a-b}{a} \times 100$$

$$= \frac{23-9}{23} \times 100 = 60.87 \fallingdotseq 61\%$$

【３】 画面距離10cm，画面の大きさ20,000画素×13,000画素，撮像面での素子寸法5μmのデジタル航空カメラを用いて鉛直空中写真を撮影した。撮影基準面での地上画素寸法を20cmとした場合，撮影高度はいくらか。**最も近いもの**を選べ。ただし，撮影基準面の標高は，0mとする。

（測量士・測量士補国家試験より）

①3,200m　②3,600m　③4,000m　④4,400m　⑤4,800m

解答　③

［解 説］

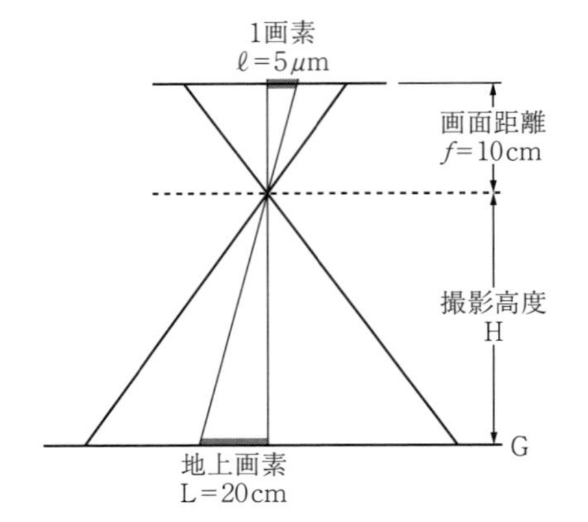

図より

$$\frac{\ell}{L} = \frac{f}{H}$$

が成り立つ。

$$H = \frac{L \times f}{\ell} = \frac{0.2 \times 0.1}{0.000005} = 4{,}000\,\text{m}$$

【４】 高さ120mの高塔の鉛直写真を撮影したとき，塔の基部が中心から90mmのところに写った。また塔の影の長さは10mmであった。撮影高度はいくらか。次の中から選べ。

①1,050　②1,200　③1,330　④1,500　⑤1,650

解答　②

［解 説］

2.4で解説した図2.13，図2.14と，

$\Delta r = \dfrac{\Delta h}{H} r$ の計算式より算出できる。

右図のP点が，高塔の頂部なので，

$\Delta h = 120\,\text{m}$, $\Delta r = 10\,\text{mm}$, $r = 90\,\text{mm} + 10\,\text{mm}$ であるから，

$$\Delta h = \frac{H}{r}\Delta r \Rightarrow H = \Delta h \times \frac{r}{\Delta r} = 120\,\text{m} \times \frac{90\,\text{mm} + 10\,\text{mm}}{10\,\text{mm}}$$

$$= 1{,}200\,\text{m}$$

【５】画面距離15cm，画面の大きさ23cm×23cm，オーバーラップ60%で1/10,000の空中写真を撮影して，写真に写っている高塔の高さを視差測定かんで測るとき，視差差の精度を±0.05mmとすると，高さの精度はいくらになるか。下記から選べ。
※視差測定かんは，視差を目盛りで測定する機器である。
①±70cm　②±80cm　③±90cm　④±100cm　⑤±110cm

解答　②

［**解 説**］
図2.9のステレオ写真の幾何学的特徴での視差の計算式(2.10)より，高塔の高さ(ΔH)は，$\Delta h = H/B \times \Delta p$で求められる。
撮影高度 $H = 0.15\,\mathrm{m} \times 10{,}000 = 1{,}500\,\mathrm{m}$
基線長 $B = 230\,\mathrm{mm} \times (1 - 60/100) = 92\,\mathrm{mm}$
Δp：$\pm 0.05\,\mathrm{mm}$
であるから，
$\Delta h = 1{,}500\,\mathrm{m}/92\,\mathrm{mm} \times 0.05\,\mathrm{mm} = 0.815\,\mathrm{m} \fallingdotseq \pm 80\,\mathrm{cm}$

【６】下表の諸元のデジタルカメラを用いて，地図情報レベル1,000でオーバーラップ60%の撮影を実施したい。公共測量作業規程の準則に準じて撮影する場合，撮影縮尺と地上画素寸法はいくらか。

オーバーラップ60%での撮影諸元

カメラ	焦点距離	画郭	素子寸法	基線高度比
DMC	120mm	9.6cm×16.8cm	12μm	0.32

［**解 説**］
撮影縮尺：180mm × 2 × 0.32 ÷ 0.012=9,600
240mm × 2 × 0.32 ÷ 0.012=12,800
となり，DMCの機材を用いてオーバーラップ60%にて，地図情報レベル100の撮影縮尺は，縮尺：1/9,600～1/12,800で撮影を行うこととなる。
地上画素寸法　180mm × 2 × 0.32=115.2mm
240mm × 2 × 0.32=153.6mm
地上画素寸法は，1画素が115.2mm～153.6mmとなる。

【７】次の文は，公共測量における航空レーザ測量について述べたものである。明らかに**間違っているもの**はどれか。次の中から選べ。（測量士・測量士補国家試験より）

①航空レーザ測量は，航空機からレーザパレスを下向きに照射し，地表面や地物に反射して戻ってきたレーザパルスを解析し，地形を計測する測量方法である。
②航空レーザ測量システムは，レーザ測距装置，GNSS/IMU装置，解析ソフトウエアなどにより構成されている。
③航空レーザ測量では，空中写真撮影と同様に，データ取得時に雲の影響を受ける。
④航空レーザ測量では，GNSS/IMU装置を用いるため，計測の点検及び調整を行うための基準点を必要としない。
⑤グラウンドデータとは，取得したレーザ測距データから，地表面以外のデータを取り除くフィルタリング処理を行い作成した，地表面の三次元データである。

解答　④

［解 説］
航空レーザ測量は，航空機から地上の高さをレーザにより直接計測する方法であり，レーザ測距・GNSS・IMUの3つの計測値を組み合わせることで，地上の座標（x, y），高さ（z）を求めている。レーザ測距装置は，レーザスキャナとも呼ばれ，航空機からレーザ光を発射して地表から反射して戻ってくる時間差を調べて距離を決定する装置である。GNSS受信機は，地上の電子基準点を用いて「連続キネマティック測量」を行うことで，航空機の位置（x, y, z）を特定する。IMUは，飛行機の姿勢や加速度を測る装置で，レーザパルスの発射方向の特定に利用する。レーザ光は建物や樹木にも反射するので，地表面のデータが必要な場合はフィルタリングを行う。レーザ計測点の高さは1cm単位で記録されるが，高さの精度は±15cm程度，水平方向の位置精度は，±1m程度といわれている。

03 地図編集

地図編集とは，既成の地図データを基に，基準点測量成果や空中写真，各種資料やデータ等の編集資料を参考にして，新しい地図を作成することである。本章では地図の分類や地図編集の方法，それらの基礎となる投影法および座標系，特にわが国の国土基本図や地形図に用いられる，平面直角座標系とUTM座標系について理解することを目標とする。

3.1 座標系

地球上での位置を数値(座標)により表現するためには，その基準となる座標系を決定し，地球との位置関係を定義しなければならない。地球の曲率を考慮して行う測地学的測量で用いられる基本的な座標系（測地座標系）として，地理座標系および3次元直交座標系(地心直交座標系)がある。

3.1.1 地理座標系による位置の表現

地理座標系は，地球上の位置を緯度･経度を用いて表現する座標系である。地球の自転軸と地球表面との交点を極といい，北極と南極を結ぶ線を地軸，地球の中心で地軸と直交する平面を赤道面と呼ぶ。また，この赤道面が地球表面を切ってできる線を赤道といい，赤道面に平行な平面によって地球表面にできる線が平行圏(緯線)，地軸を含む平面によって地球表面にできる線が子午線(経線)であり，両者は互いに直交する。

経度の基準は，英国グリニッジ天文台を通る子午線であり，これを本初子午線(ほんしょしごせん)といい，経度0°とすることが，1884年にアメリカ・ワシントンで開催された万国子午線会議において，国際的に合意された。すなわち，子午線を基準に東回りを東経，西回りを西経と呼び，位置を測定しようとする任意の地点を含む子午線までの角度として定義され，それぞれ最大180°までとなる。

また，緯度の基準は赤道であり，これを緯度0°として南北方向にそれぞれ最大90°までとなる。任意の地点の緯度は，地球楕円体上でその地点にたてた法線が，赤道面となす角度として定義される(**図3.1**)。

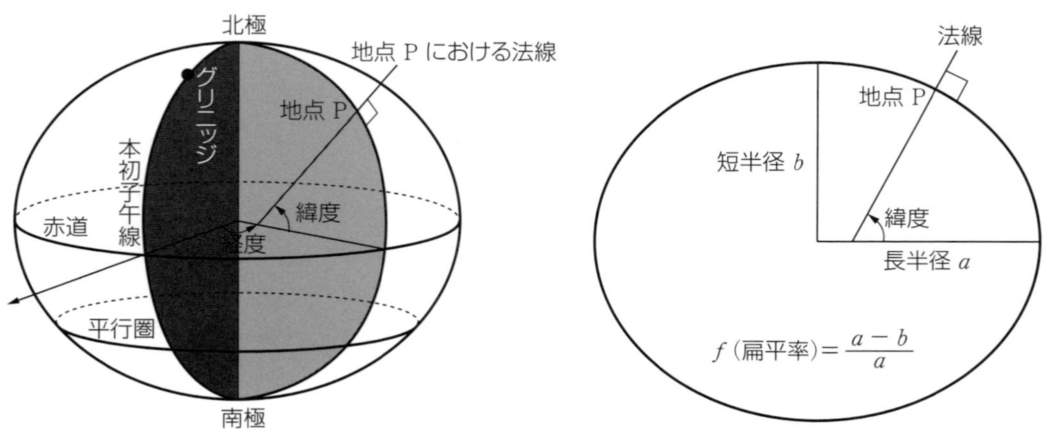

図3.1 地理座標系

3.1.2 地球楕円体による地球のモデル化

地球表面に経線・緯線を引く場合，実際の地球は山や谷，海洋など複雑な形状をしており困難であるため，モデル化した地球を作り，その表面で引くことになる。

はじめに海水面を陸地にまで延長したと仮定した場合に，地球全体を覆う仮想的な海水面を地球の形と想定し，これをジオイドと呼ぶ。ジオイドは北極と南極を結ぶ地軸を短軸として，その周りに回転させてできる扁平な回転楕円体で近似できるので，地球を扁平な回転楕円体を用いてモデル化し，地球楕円体と呼ぶ。

地球楕円体の特徴は，長半径と扁平率により表される。長半径は赤道半径に等しく地球の大きさを示し，扁平率は楕円としての形状を示す。楕円体の長半径をa，短半径をbとすると，扁平率(f)は，$f=(a-b)/a$となり，おおむね地球楕円体の扁平率は1/300である。

表3.1に示すように，歴史的にさまざまな地球楕円体が発表され，国により採用される楕円体も異なっていたが，今日では国際測地学・地球物理学連合において，国際的に合意されたGRS80楕円体（Geodetic Reference System 1980 ellipsoid）を採用する国が多くなっている。

日本では，ドイツの数学者ベッセル（Bessel）が1841年に提案したベッセル楕円体を長らく採用していたが，2001年の測量法改正により，2002年4月以降GRS80楕円体を採用している。

また，米国がGPS（Global Positioning System）の運行管理のために用いているWGS84楕円体（World Geodetic System 1984 ellipsoid）は，GRS80楕円体と比べて，扁平率がわずかに異なるが，実用上，両者は同一と考えて差し支えない。

表3.1 主な地球楕円体

回転楕円体名	年	長半径a(m)	扁平率
ベッセル	1841	6,377,397.155	1/299.1528128
クラーク	1880	6,378,249.145	1/293.465
ヘルマート	1906	6,378,200	1/298.3
ヘイフォード	1909	6,378,388	1/297.00
クラソフスキー	1943	6,378,245	1/298.3
GRS80	1980	6,378,137	1/298.257222101
WGS84	1984	6,378,137	1/298.257223563

3.1.3　日本測地系と世界測地系

地球楕円体上の緯度・経度が，現実の地球の緯度・経度と対応し，地球との位置関係が定義された測量の基準となる地球楕円体を準拠楕円体という。また，地球楕円体の大きさや形状，地球楕円体と現実の地球との位置関係を定義したものを測地系といい，日本測地系や世界測地系がある。

(1) 日本測地系

日本測地系（Tokyo Datum）は，1884（明治17）年から2002（平成14）年3月末まで日本で運用された測地系である。東京都港区麻布台にある日本経緯度原点において，明治時代に行われた天体観測を基に，ベッセル楕円体と地球との位置関係を定義した日本独自の測地系である。

当時は，準拠楕円体と地球との位置関係を定義するためには，最初に経緯度原点のような特定の地点で，天文測量により正確な緯度・経度を測定し，この地点で同じ緯度・経度の地球楕円体上の点を一致させた。

次に，この地点で，北の方向を天文測量により決定し，地球楕円体の短軸と地球の自転軸が平行になるようにした。これらは旧来の測地系の定め方であり，2001年6月の測量法改正（2002年4月施行）以降は，次に示す世界測地系に基づき測量が行われている。

(2) 世界測地系

2001年の測量法改正により，準拠楕円体としてGRS80楕円体を採用することとなり，このGRS80楕円体と地球との位置関係を定めたものが，国際地球基準座標系ITRF（International Terrestrial Reference Frame）である。ITRFは，国際組織IERS（International Earth Rotation Service）により，VLBI（Very Long Baseline Interferometry）やGPSなどの宇宙測地技術を用いて構築された基準座標系であり，常時最新のデータを用いて更新されている。

わが国では測量法改正により，1994年の観測値を基にしたITRF94を今後の基準座標系とすることが決められた。このようにGRS80楕円体とITRF94に基づいて定められた新しい測地系を，世界測地系または日本測地系2000（Japan Geodetic Datum 2000）と呼んでいる。

測量法改正前の日本測地系と，改正後の世界測地系（日本測地系2000）を比較すると，地域差があるが，東京付近では約450mのずれ（緯度が約+12″，経度が約－12″）が生じる。

一方，GPSの運行管理に用いられるWGS84楕円体が，GRS80楕円体とほぼ同一であることは前述したが，このWGS80楕円体を準拠楕円体として用いたものがWGS84座標系である。

WGS84座標系は，GPSの運行のために米国が独自に構築し維持管理している座標系であり，また海上や航空分野においては世界的にITRFではなく，WGS84座標系が採用されている。当初，両者の間には相違があったが，その後WGS84座標系は幾度かの改定を重ねることにより，現在では実用上同一とみなしてよい。

3.1.4　3次元直交座標系(地心直交座標系)

地理座標系では，地表面上の位置を表す方法として，準拠楕円体上での緯度・経度を用いたが，世界測地系で基本となる測地座標系は，地球の中心(重心)を原点とする3次元直交座標系(地心(ちしん)直交座標系)である。

3次元直交座標系(**図3.2**)では，X軸を地球の重心(原点)から本初子午線方向へ向かう楕円体の長軸方向，Y軸を赤道面上でX軸と直交する東経90°方向，Z軸を地軸(短軸)に沿う北方向に定義している。人工衛星の軌道計算を行う場合などは，この3次元直交座標系が便利であるが，地表面上での実際の測量業務では，緯度・経度を用いる場合が多い。

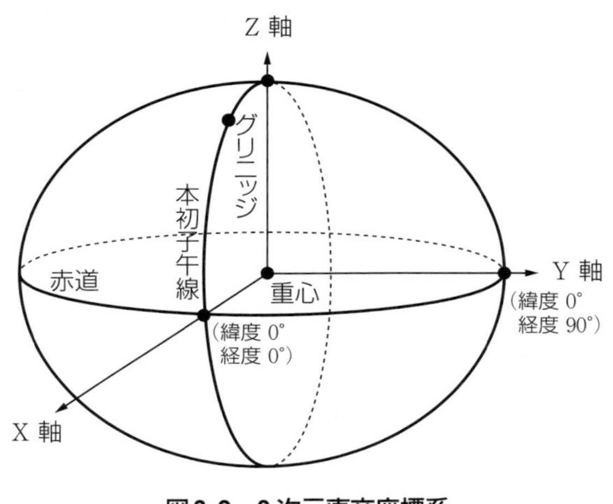

図3.2　3次元直交座標系

3.1.5　高さの表現

地表面上の任意の地点における高さあるいは標高は，ジオイド面からの鉛直方向の距離を示している。**図3.3**に標高とジオイド高(こう)，楕円体高(だえんたいこう)の関係を示す。

(1) ジオイドと平均海面

ジオイドは，地球重力の等重力面(重力に直交する面)であり，全地球を覆う平均海面と一致するものと考えてよいが，実際は地球内部の不均質性のため，重力は場所によりわずかな差があり，ジオイド面も局部的には複雑な起伏をもっている。また，現実の海面も潮流の影響などで，ジオイドとは一致しない部分もあるが，日本では東京湾平均海面がジオイドに一致すると仮定して，標高の基準面としている。

東京湾平均海面は，T.P.(Tokyo Pail)と呼ばれ，東京の霊岸島水位観測所における満潮位と干潮位の平均値であり，この地点が標高0mになる。

一方，河川や港湾などの公共工事では，東京湾平均海面ではなく，近傍の水面を高さの基準とすることが多い。河川航路の確保や洪水対策を目的とすることから，それぞれの河川の運用計画上の最低水位を原点とするほうが便利であり，例えば荒川の河川工事のために定義された荒川工事基準面は，霊岸島水位観測所の最低水位を基準とし，A.P.（Arakawa Pail：荒川工事基準面）と略称される。その他，O.P.(Osaka Pail：大阪湾工事基準面)やY.P.(Yedogawa Pail：江戸川工事基準面)などがある。

表3.2　主な河川の基準面

河　川　名	基準面	東京湾平均海面との関係
北上川	K.P.	－0.8745m
鳴瀬川	S.P.	－0.0873m
利根川	Y.P.	－0.8402m
荒川，中川，多摩川	A.P.	－1.1344m
淀　川	O.P.	－1.3000m
吉野川	A.P.	－0.8333m
渡　川	T.P.W	＋0.1130m

(2) 楕円体高とジオイド高

準拠楕円体は，地球の形に近似する曲面であるが，局所的に複雑な起伏をもつジオイドと完全に一致するわけではない。そこで，準拠楕円体表面からジオイドまでの鉛直方向の距離をジオイド高と呼び，準拠楕円体から地表の測点までの鉛直方向の距離を楕円体高という。

(3) 標高

標高は，一般的にジオイド（東京湾平均海面）からの鉛直方向の高さをいう。すなわち標高は，楕円体高からジオイド高を引いたものである。GNSSで観測される高さは楕円体高であり，標高を求めるためにはジオイド高が必要である。日本におけるジオイド高の分布は，国土地理院が決定し，基本測量成果として公開している。

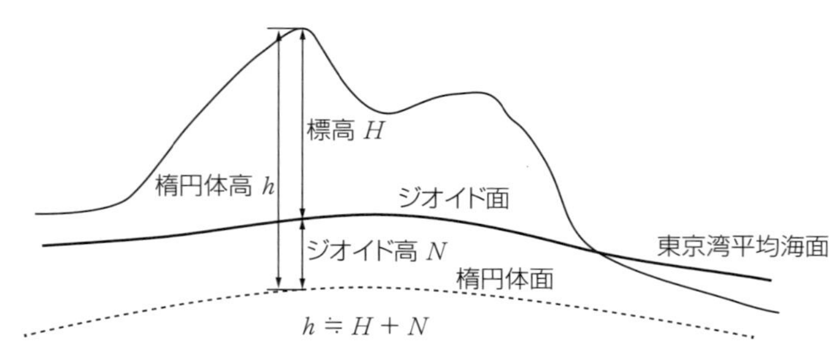

図3.3　標高・ジオイド高・楕円体高の関係

3.2 地図投影法

地上での測量結果は，地球楕円体の曲面上に地形や地物として表現され，これを一定の決まりのもとで，平面である地図に展開することを地図投影という。地図投影の種類は，地球，投影面（地図），投影中心の３者の位置関係により決定される。

3.2.1 投影のひずみによる分類

曲面の図形を完全に正しく平面に展開することは不可能であり，距離，面積，角度のいずれかに誤差が生じる。これらの誤差を同時になくすことはできないが，どれか1つ，または2つを正しく表すことは可能であり，関係性の正しさにより，正角（せいかく）図法，正距（せいきょ）図法，正積（せいせき）図法に分けられる。

(A) 正角図法

球面上で交わる二直線の交角が，地図上でも正しく表現される。地図上の任意の狭い範囲で，方位と形は正しく表される。

(B) 正距図法

地図上で特定の１点または２点から全ての地点への距離，経線方向の距離，緯線方向の距離が地図上で正しく表される。

(C) 正積図法

球面上の任意の面積が，地図上で正しく表現される。

3.2.2 投影面の形状による分類

投影面は，平面，円錐曲面，円柱曲面があり，円錐曲面および円柱曲面は，母線で切り開けば平面となる。このような投影面の形状により，方位図法，円錐図法，円筒図法に分けられる。

(1) 方位図法

地球を直接平面に投影する図法であり，投影面と地球の接点が1箇所（通常は極）である。経線は極から放射する直線群，緯線は極を中心とする同心円となり，極を含む高緯度付近でのひずみが小さくなる。

また，地球を平面に投影するための視点を投影中心と呼び，投影中心の位置により，心射（しんしゃ）図法（投影中心は地球の中心），平射（へいしゃ）図法（投影中心は投影面と反対側の地表），外射（がいしゃ）図法（投影中心は地球の外側），正射（せいしゃ）図法（投影中心は無限遠）に分けられる（**図3.4**）。

(2) 円錐図法

円錐図法は，地球に円錐をかぶせ，それに地球表面を投影した後，展開することにより平面の地図を作成する。投影の中心は地球の中心に置かれ，地球と円錐は中緯度の緯線で接するため，方位図法に比べて中緯度付近での投影のひずみを小さくできる。経線は円錐頂点から放射する直線群で，緯線は円錐頂点を中心とする同心円で表現される。

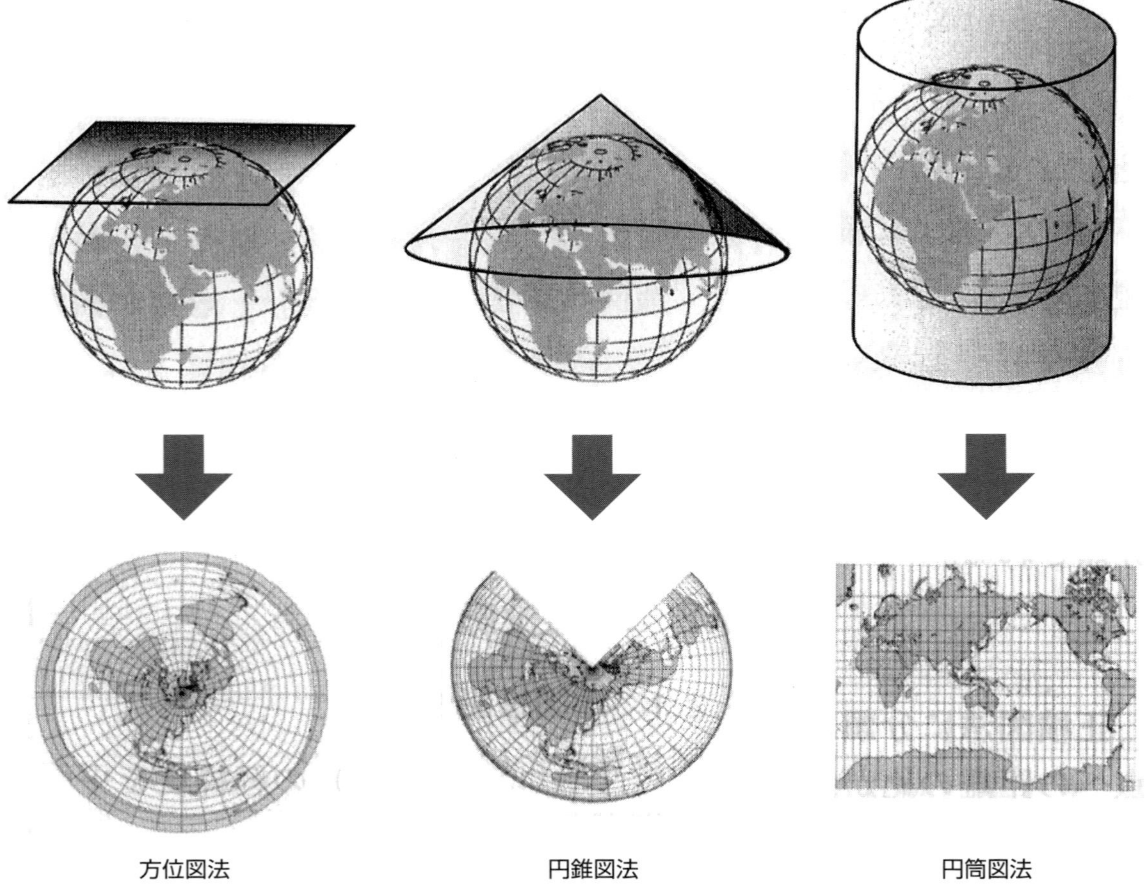

図3.4　図法の概念

(3) 円筒図法

円筒図法は，地球に円筒をかぶせ，それに投影した後，展開して平面の地図とする。投影の中心は地球の中心に置かれ，地球と円筒は赤道で接するため，赤道付近での投影によるひずみはないが，高緯度になるとひずみが拡大する。全ての経線は赤道に対して垂直となり，全ての緯線は赤道に対して平行な直線となる。

また，円筒図法の中でも，円筒を横にして経線と接するようにかぶせる方法を，横円筒図法と呼ぶ（**図3.5**）。横円筒図法では，円筒に接する経線付近でのひずみを小さくすることができる。

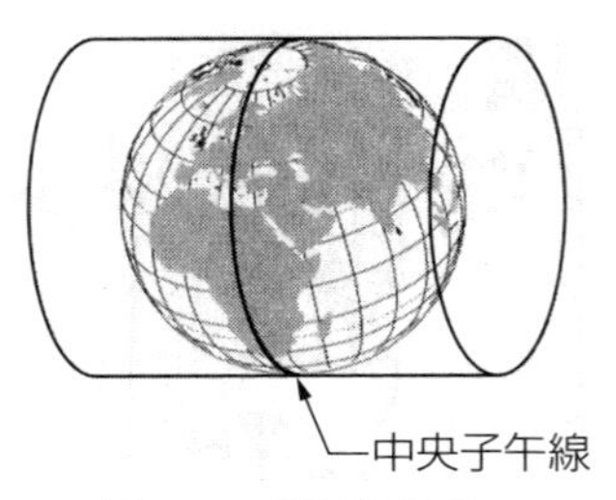

図3.5　横円筒図法

3.3 UTM座標系と平面直角座標系

表3.3に示すように，保持する図形的な性質と経緯線の形状の組合せにより，多様な投影法が存在する。

メルカトル図法は，心射の円筒図法に正角の条件を付加したものであり，海図や航路用地図として使用されてきた。赤道上の距離は地上と等しく（正距），緯線の距離は高緯度になるにつれ増大し，極で無限大となる。

このメルカトル図法を横円筒図法に適用したものが，横メルカトル図法である。その一種として，ガウス・クリューゲル図法（ガウスの等角投影法：Gauss-Kruger projection）がある。これは，地球楕円体から直接，横円筒面に投影するもので，正角図法であり，中央子午線が直線で正距の性質をもつ。また，東西方向の範囲をある程度狭くとれば，距離のひずみが小さく，地図上で距離や角度を測定するのに適しており，大・中縮尺の地図に多く用いられている。

投影法としてガウス・クリューゲル図法を用い，適用条件を変えるとUTM座標系や平面直角座標系となる。

3.3.1 UTM座標系（ユニバーサル横メルカトル座標系）

地球上の北緯84°～南緯80°の範囲を対象として，6°ごとの経度帯（座標帯）に60分割し，それぞれの座標帯ごとにガウス・クリューゲル図法で投影する方法である。

各座標帯の中央の経線を中央子午線と呼び，この中央子午線と赤道の交点を原点とし，東向きに横軸（E軸），北向きに縦軸（N軸）をとる。原点の座標値は，北半球で（N=0m，E=500,000m），南半球で（N=10,000,000m，E=500,000m）となる。原点座標値を（0,0）としないのは，適用範囲内において座標値に負号（－）が現れないようにするためである。また，各中央子午線における縮尺係数[1]を0.9996とし，東西に180km離れた地点で縮尺係数が1,270km離れた地点で1.0004となる。ここで，縮尺係数とは投影面上の距離（平面距離）と，これに対応する球面上の距離（球面距離）の比である（コラム参照）。

1）縮尺係数については，コラムを参照。

横円筒図法では，中央子午線から東西方向に離れるほど，ひずみが大きく

表3.3 代表的な図法

	方位図法	円錐図法	円筒図法
正距図法	正距方位図法 心射図法 正射図法 外射図法	正距円錐図法	正距円筒図法 ゴール図法 ミラー図法 心射円筒図法
正角図法	平射図法	ランベルト正角円錐図法	メルカトル図法 ガウス・クリューゲル図法
正積図法	ランベルト正積方位図法	アルベルス正積円錐図法 ランベルト正積円錐図法	ランベルト正積円筒図法 ベールマン図法

なるが，UTM座標系では，一つの座標帯の中で距離のひずみが－4/10,000から+6/10,000程度に収まるように設計されている（**図3.6**）。

各座標帯の番号は，西経180°～174°を第1帯とし，東回りに順に第60帯（東経174°～180°）まで区分する。日本は，第51帯から第56帯に位置する。

このUTM座標系は，国土地理院発行の1/25,000および1/50,000地形図，1/200,000地勢図に利用されている。UTM座標系の経線･緯線は曲線となり，図郭の形は不等辺四角形である。

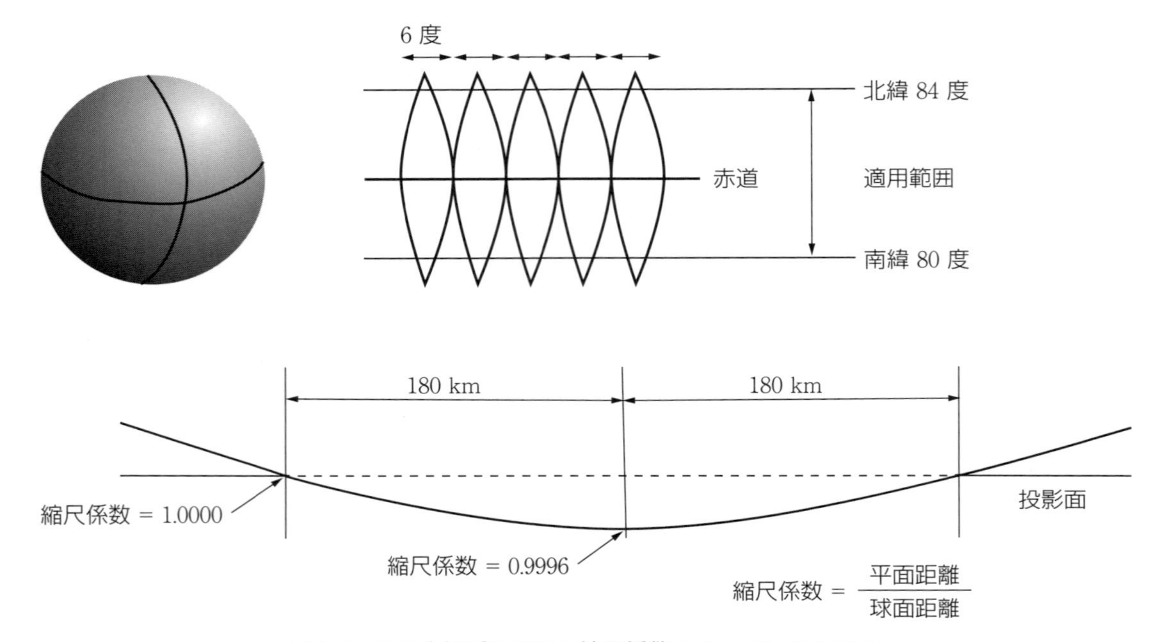

図3.6　UTM座標系における縮尺係数（有川・太田，2007を改変）

コラム(1) 縮尺係数

図3.6および図3.8に示すように，UTM座標や平面直角座標で得る距離を平面距離とし，これを球面上の距離に換算したものが球面距離である。縮尺係数は，これら平面距離と球面距離の比で表される（縮尺係数＝平面距離／球面距離）。

例えば，平面直角座標系では，その座標原点を通る子午線（X軸）上の縮尺係数を，0.9999（平面距離のほうが短い）とし，原点から東西約90 km付近で，1.0000（平面距離と球面距離が等しい），原点から東西約130 km付近で，1.0001（平面距離のほうが長い）となる。

このように平面直角座標系において，19に区分された各座標系は，球面と平面の長さの差が，1/10,000を越えないように設置されている。

3.3.2　平面直角座標系(19座標系)

平面直角座標系は，19座標系とも呼ばれ，日本全国を19の座標系に分け，座標系ごとにガウス・クリューゲル図法で投影する方法である(**図3.7**)。

それぞれの座標系に設定される原点の座標値を（0 m, 0 m）とし，東向きに横軸としてY軸，北向きに縦軸としてX軸をとる（数学座標におけるX軸，Y軸の設定と異なることに注意)。座標原点を通る中央子午線における縮尺係数を0.9999とし，東西方向に約90 km離れた地点で縮尺係数が1となる(**図3.8**)。

一つの座標系の中で距離のひずみが－1/10,000から+1/10,000程度に収まるように，座標原点から東西方向に約130 kmまでを適用範囲としている。1/10,000程度の距離のひずみを許容すれば，曲面の地球を平面として取り扱うことができるので，比較的狭い範囲で行う測量に適しており，日本では1/2,500・1/5,000国土基本図のように，縮尺が1/10,000より大きい地図の作成に用いられている。

表3.4に，UTM座標系と平面直角座標系の特徴を示す。

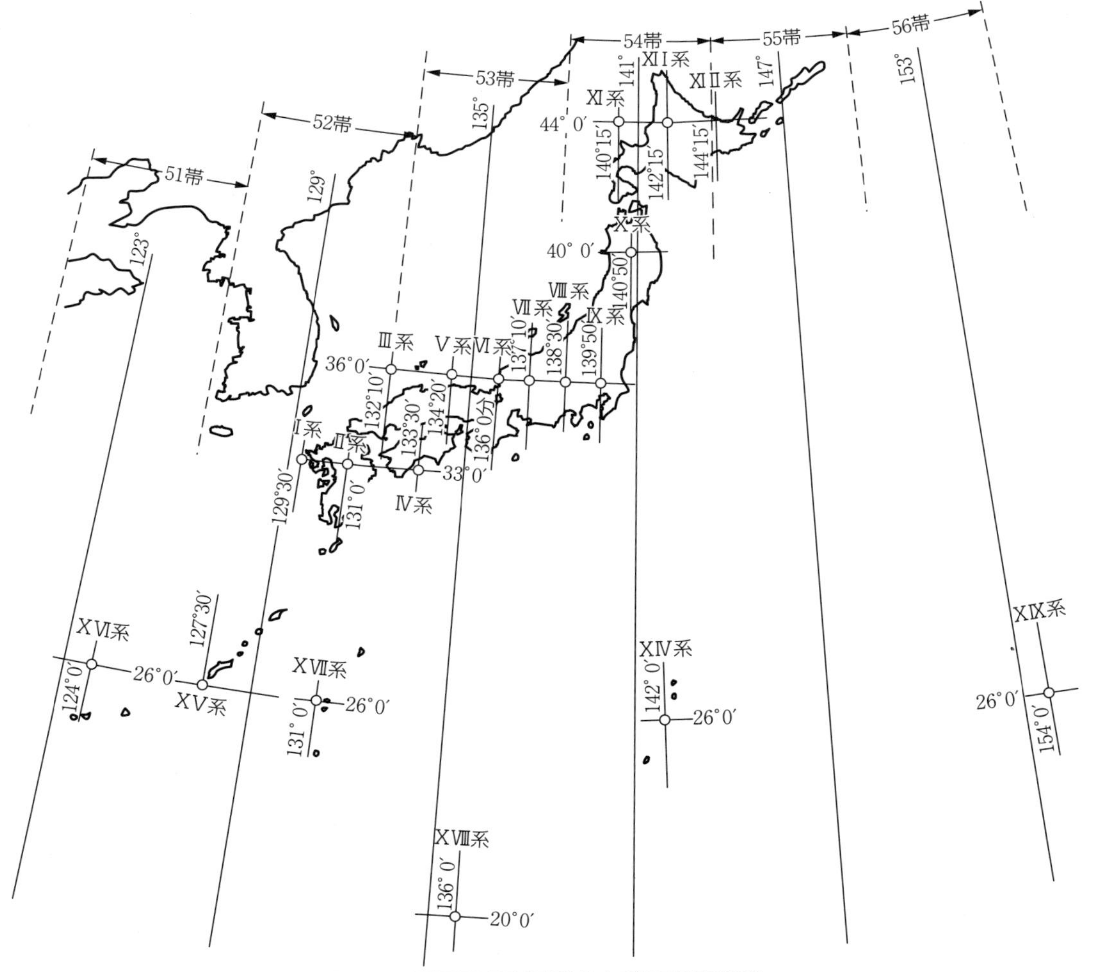

図3.7　平面直角座標系およびUTM座標系

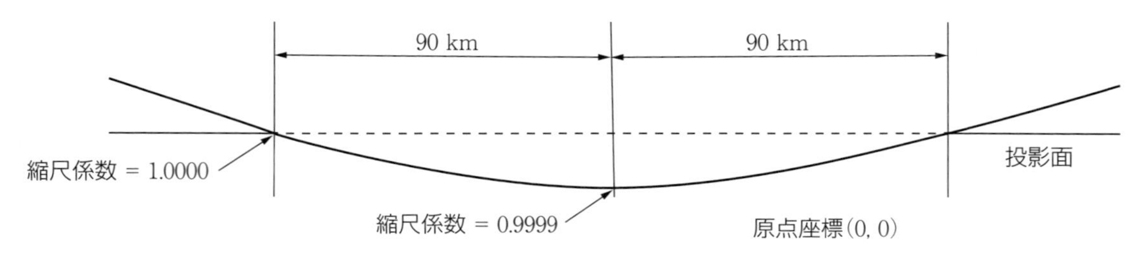

図 3.8　平面直角座標系における縮尺係数

表 3.4　UTM 座標系と平面直角座標系の特徴

	UTM 座標系	平面直角座標系
図法名	ガウス・クリューゲル図法	ガウス・クリューゲル図法
投影範囲	経度180° を基準に，東回りに経度差6° ごとに60の経度帯（ゾーン）に分割	行政区域を基準に，日本全土を19の座標系に分割
適用範囲	北緯84° から南緯80° の範囲 1/10,000以下の中縮尺に適する 1/25,000，1/50,000地形図など	日本全域（各座標系ごとに適用） 1/5,000以上の大縮尺に適する 1/2,500，1/5,000国土基本図など
座標の原点	各経度帯の中央経線と赤道との交点を原点とする 北半球では，縦軸方向をN，横軸方向をE 原点の座標：N=0 m，E=500,000 m	座標系ごとに原点を規定 縦軸方向をX軸（北を＋，南を－） 横軸方向をY軸（東を＋，西を－） 原点の座標：X=0 m，Y=0 m
縮尺係数	中央経線上で0.9996，横軸方向に約180 km離れた地点で1.0000	X軸上で0.9999，X軸より横軸方向に約90 km離れた地点で1.0000
距離誤差	－4/10,000 ～ +6/10,000	－1/10,000 ～ +1/10,000
図郭線の表示	緯度および経度による表示	原点からの距離による表示
図葉の区画の形	不等辺四角形	長方形

コラム(2) 基準点成果表

基準点とは，測量の基準となる座標が与えられている点であり，国土地理院が設置する三角点，地方公共団体が設置する公共基準点，GNSS衛星からの電波を連続して受信し，位置情報を観測する電子基準点などがある。

基準点成果表は，国土地理院が実施した基準点測量や水準測量の結果を一覧表にまとめたものである。広範囲の基準点測量を行う場合など，既設の基準点の成果を利用することにより，後続の測量作業が容易になり，信頼できる成果を得ることができる。基準点成果表には，次の項目が記載されている。(1)平面直角座標系の系番号，(2)基準点の名称や等級，(3)基準点の地理学的経緯度（B：北緯，L：東経），(4)平面直角座標系において当該基準点の属する系でのX座標値とY座標値，(5)基準点の真北方向角（当該基準点を通り座標原点のX軸に平行な軸を基準とした子午線方向（真北方向）への方向角），(6)標高（東京湾の平均海面を基準にした高さ），(7)ジオイド高（準拠楕円体面を基準にしたジオイド面の高さ），(8)柱石長（ちゅうせきちょう）（永久標識を設置した場合の柱石または金属標の長さ），(9)各視準点の名称，(10)当該基準点から各視準点までの平均方向角，(11)当該基準点から各視準点までの準拠楕円体面上の球面距離，(12)縮尺係数（球面距離に縮尺係数を乗ずることにより平面直角座標系上の平面距離を算出）

3.4 地図の分類

一般的に地図とは，測量等の方法で，建物や道路，行政界などの地球上の事象を平面である紙などに表現した図面であり，利用目的，作成方法，縮尺などにより分類できる。

3.4.1 利用目的による分類

地図は，その利用目的から一般図，主題図，特殊図に分けられる。

(1) 一般図

多目的に利用できるよう作成された地図で，ある地域の河川，道路，鉄道，建物，植生，等高線など，地表面の状況を特定の内容に偏ることなく表現した地図。国土地理院発行の地形図や地勢図，地方公共団体が作成する都市計画基図などが代表的な一般図である。

(2) 主題図

特定のテーマ(主題)について詳細に作成された地図であり，一般図を基図(ベースマップ)として，色彩や地図記号などを用いて作成される。

国土地理院や自治体などで作成される土地利用図，土地条件図，地質図，土壌図，植生図，動植物分布図，地籍図，ハザードマップ，各種統計地図のほか，主に民間企業などで作成される道路地図，観光マップなど，非常に多くの種類がある。

(3) 特殊図

一般図および主題図のいずれにも分類しにくい地図であり，触地図（点字地図：手で触れて理解する地図），立体図，鳥瞰(ちょうかん)図などがある。

3.4.2 作成方法による分類

地図は，その作成方法から，実測図と編集図に分けられる。

(1) 実測図

現地での地形測量や水準測量，また空中写真を用いた写真測量など，測量機器を使用して地表面の状況を観測し，一定の投影法，縮尺，図式に従い作成された地図である。代表的な実測図として地籍図，1/2,500国土基本図，1/2,500都市計画基図，1/25,000地形図などがある。

(2) 編集図

実測図を基図（ベースマップ）として，その他の資料，現地調査結果を加味して，新たに編集により作成された地図である。1/5,000国土基本図，1/200,000地勢図，1/50,000地形図，旅行ガイドマップなど多くの種類がある。

3.4.3 縮尺による分類

地図はその縮尺により，大縮尺図，中縮尺図，小縮尺図に分けられる。この分類に明確な基準はないが，おおむね1/10,000より大きい縮尺の地図を大縮尺図，1/10,000～1/100,000の縮尺を中縮尺図，1/100,000より小さい縮尺の地図を小縮尺図と呼ぶ。ここで縮尺の大小とは，分子を1として，分母の小さいものを大縮尺，分母の大きいものを小縮尺という。

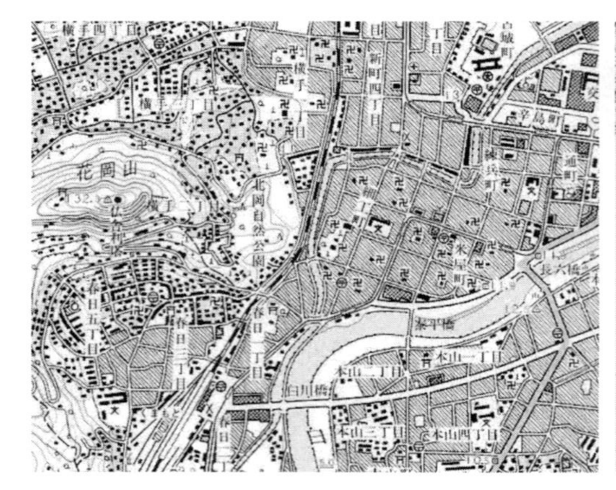

1：25,000 地形図

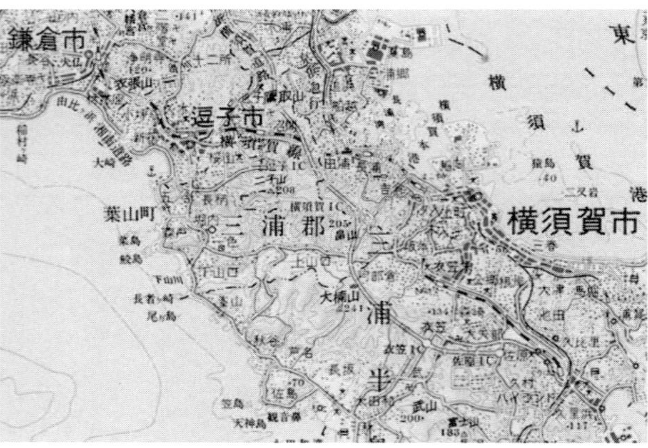

1：200,000 地勢図

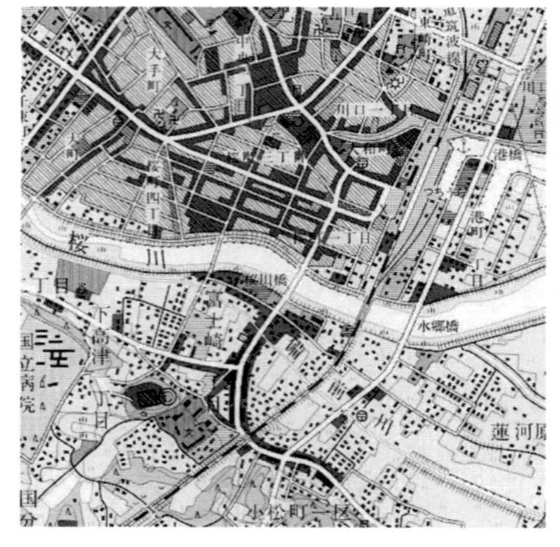

1：25,000 土地利用図

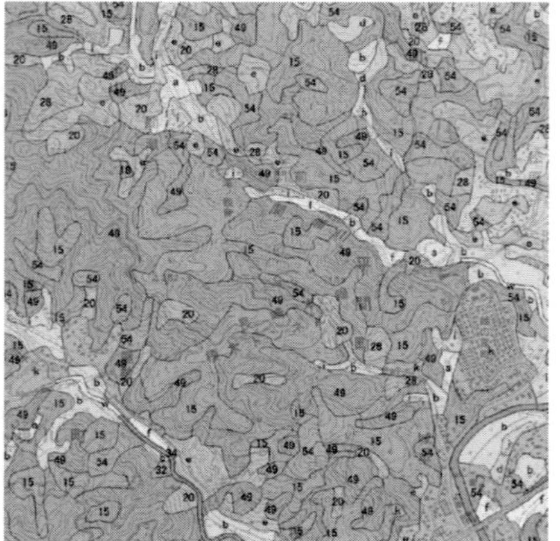

1：25,000 植生図

図3.9　地図の種類（国土地理院および環境省HPより）

3.5 地図編集

地図を作成する方法として，現地測量や写真測量により作成された実測図（基図）をもとに，関係する各種地図・資料や空中写真等を活用して編集し，新たな地図を作成する方法を地図編集と呼び，作成された地図を編集図という。

3.5.1 地図編集計画

地図編集における計画段階では，その利用目的と整備範囲を明確にした上で，地図の縮尺や地図投影法，図式を決める。また，原寸方式や拡大方式等の作成方法を決定し，具体的な作業工程を決める。それにともない人員，使用機器，材料などを算定し，経費の積算を行う。

3.5.2 基図と編集資料

地図編集により新たに作成される地図の基になる既成地図を基図という。

基図は，新たに作成される編集図よりも大縮尺の地図であること，作成する地域全体をカバーしており，内容が新しく，編集図に表示するための十分な情報と必要な精度を有することが必要である。したがって，基図としては公共測量や基本測量により整備された，1/2,500，1/5,000都市計画図などが利用される。

また，基図作成年次以降の地図情報を補完したり，編集図として必要な情報を追加するための資料として，基準点測量成果や空中写真，地図および各種資料が使われ，これらを編集資料と呼ぶ。編集資料は基図よりも作成年次が新しく，大縮尺であり，十分な精度を有することが必要である。

3.5.3 拡大方式と縮小方式

例えば, 1/25,000地形図（基図）から編集作業により1/50,000地形図（編集図）を作成する場合，作業方式として，拡大方式と縮小方式がある。

拡大方式は，1/25,000地形図上で，1/50,000地形図として必要な項目を選択し，図式の2倍の大きさと線の太さで，縮尺に応じた取捨選択や転位，総合表示を行いながら編集素図を描き，これを1/2に縮小して編集原図とするものである。

一方，縮小方式は，最初に1/25,000地形図を1/2に縮小して1/50,000とした上で，その図上で1/50,000地形図図式の原寸で編集作業を行う方法である。

以前はポリエステルのフィルム上で編集作業を行い，フィルムから印刷原稿を作成していたが，現在では数値地形図データを基図として，コンピュータのディスプレイ上で編集作業が行われている。

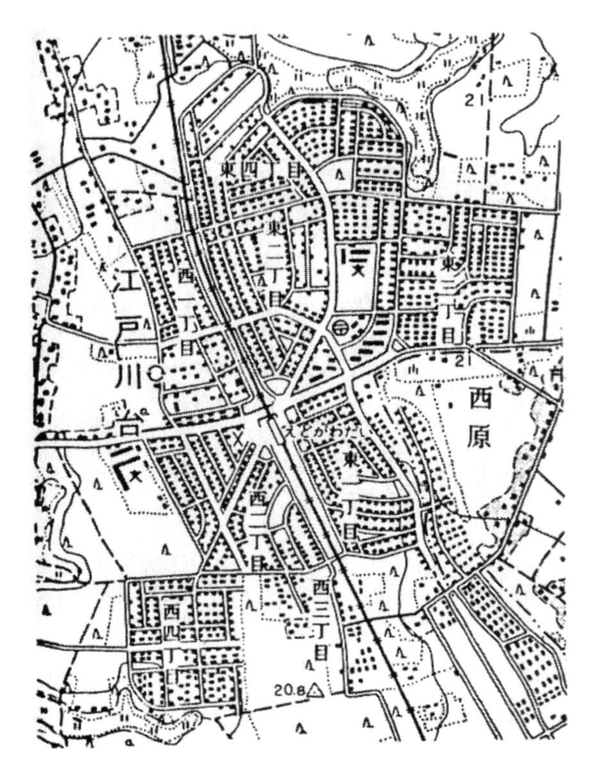

1：25,000 基図

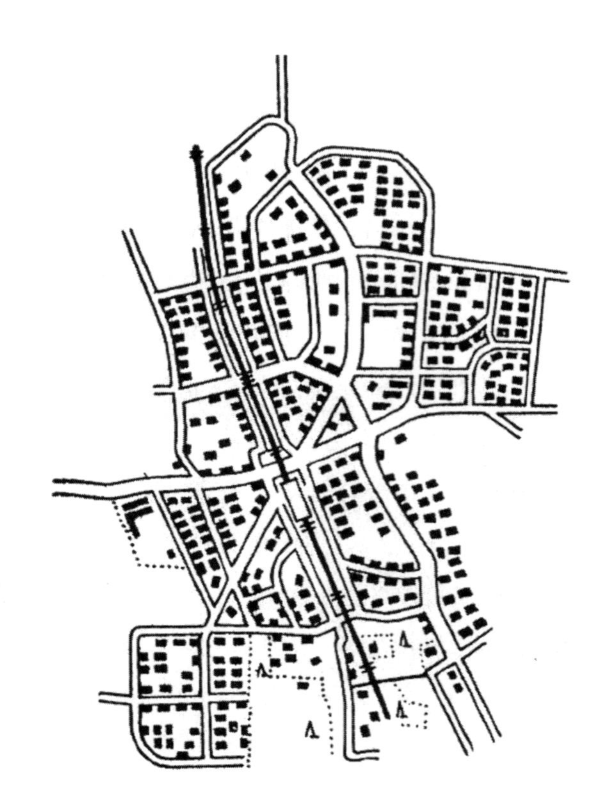

編集素図（未完）

図3.10　基図と拡大方式による編集素図

3.5.4　地図編集の描画順序

地図編集を行う場合，地図の精度保持や作業効率の点から，編集描画にあたっては基準点（電子基準点・三角点・水準点など）を最優先し，次に自然の骨格地物，人工の骨格地物，建物などの順序に従う。描画の順序は，原則として次のとおりである。

基準点 → 自然的骨格地物（河川・海岸線・湖沼など）→ 人工的骨格地物（道路・鉄道など）→ 建物・諸記号 → 地形（等高線など）→ 行政界 → 植生界・植生記号

3.5.5　地図編集の手法

地図編集においては，小縮尺の地図になるほど，地物や地形などの表示対象物を実際の形や線幅で表示することが困難になるため，地図情報の取捨選択・総合表示・転位などの地図編集の手法を用いることが必要になる。

(1) 取捨選択

基図を編集し，さらに小縮尺の地図を作成する場合，同一面積に表示できる情報量は少なくなるため，地図の内容や目的，縮尺等に応じて重要度の高い地図情報を選択して表示しなければならない。これを地図編集における取捨選択と呼ぶ。取捨選択では，重要度の高い対象物，地域的な特徴をもち，また永続性の高い対象物を省略しないように注意しなければならない。

(2) 総合表示(総描)

地図の縮尺が小さくなるにつれ，地物や地形などを基図のとおり正確に描写することが困難になる。その場合に，形状を適宜簡略化し理解しやすいように表示する手法を総合表示(総描)という。その際には，地形や地物の形状の特徴を損なわないように,また現状の形状と相似性を保つように総描する。

例えば，市街地などで建物が密集している場合は，いくつかの建物をまとめて１つの建物として表示したり，密集した建物の外周を線で囲み，中は平行斜線を描き建物の密集地であることを示す場合などである。

(3) 転位

地図は，縮尺が小さくなるにつれ，実際の形状を縮小して地図上に表現することが困難になるため，地図記号を用いて地表面上の地物を表現することになる。しかし，このような地図記号を用いたとしても，実際の形状よりも地図記号のほうが大きく，地図記号どうしも重なり合うなどして，表現が困難な場合がある。その際には，地形や地物の重要度に応じて，それらを必要最小限の移動距離で移動させる必要が生じる。これを地図編集における転位という。

1/25,000・1/50,000地形図では，最大限，図上1.2mm，通例0.5mm以内の転位が許されている。転位を行う際は，河川や湖沼などの自然物と，鉄道や道路などの人工物が接するときは，自然物を真位置に表示し，人工物を転位する。また道路や河川，鉄道などの有形線と等高線や行政界などの無形線が近接する場合は，原則として有形線を真位置に表示し，無形線を転位する。また基準点(電子基準点，三角点等)は，原則として転位してはならない。

3.5.6 図式および図式規定

地図を製作する場合は，その目的や縮尺に応じて，地表面の状態を記号や約束ごとを用いて表現することになり，その記号や約束ごとを図式および図式規定という。

図式規定は，地図の縮尺に応じて表示する内容や表示基準が定められている。特に小縮尺地図では，地上の地物をそのまま縮尺して描画することができない場合があり，一定の大きさ以下のものは，状況に応じて記号化したり取捨選択するなどの工夫がなされている。

例えば，国土地理院の平成25年1/25,000地形図図式（表示基準）では，道路の表示について，幅員19.5m以上の道路を「真幅道路」といい，図上幅0.1mm単位で縮尺化して表示すること，また幅員19.5m未満の道路を「記号道路」と呼び，幅員に応じた一定の記号で表示することが記されている。

河川の表示では，川幅が1.0m未満の「1条河川」と1.0m以上の「2条河川」に区分され，1条河川は河川中心線により，2条河川は水涯線(すいがいせん)により表示する。

また，陸部の地形は，等高線その他の記号により表示される。等高線のうち「主曲線」は，平均海面から起算して10mごとの等高線（線幅0.08mm）であり，「計曲線」は50mごとの等高線（線幅0.15mm）で，主曲線より太く示される。また主曲線の間を5mまたは2.5mの間隔で表示する破線は「補助曲線」と呼ばれ，緩傾斜地や複雑な地形を示す地域等で補助として表示するものである。

その他，鉄道や建物等，植生，特定地区，境界等，注記などの表示項目について様式が定められている。これらの詳細については，国土地理院の1/25,000地形図図式適用規定，1/50,000地形図図式適用規定，国土基本図図式適用規定などを参照していただきたい。なお参考のため，章末に1/25,000地形図の主な地図記号を掲載している。

コラム（3）等高線の種類

等高線は，高さの等しい地点を結んだ線であり，土地の高低差や起伏を表現することができる。地形図の等高線は，計曲線，主曲線，補助曲線等から構成され，等高線による表示が困難な崖（がけ）・岩などは，記号により表現される。1/25,000地形図の場合，主曲線の間隔は10mで，5本目ごとに太線の計曲線で表示する。さらに，緩傾斜地や複雑な地形を表現するために，主曲線の1/2（5m）あるいは1/4（2.5m）間隔の補助曲線（細破線や点線）を用いる。

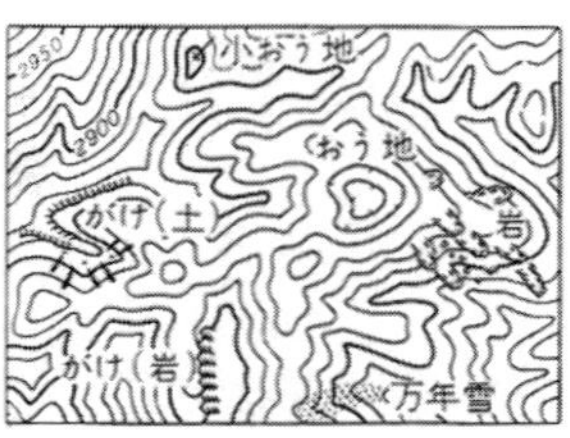

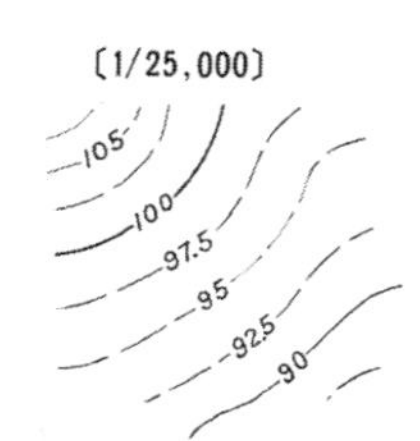

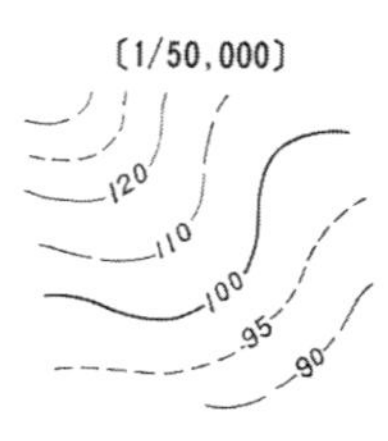

等高線の例

国土基本図および地形図の等高線間隔

縮尺／種類	主曲線	計曲線	補助曲線（間曲線）	特殊補助曲線
1/2,500	2m	10m	1m	0.5m
1/5,000	5m	25m	2.5m	1.25m
1/25,000	10m	50m	5m	2.5m
1/50,000	20m	100m	10m	5m

3.5.7 デジタルマッピングと既成図の数値図化

地形や地物等に関する地図情報を，位置と形状を示す座標データおよびその内容を表す属性データとして，コンピュータ上で扱うことができるデジタル形式で表現したものを数値地形図といい，数値地形図を作成および修正する手法として，デジタルマッピング，既成図数値化や数値地形図修正がある。

(1) デジタルマッピング(DM)

空中写真測量等によって地形や地物等に関する地図情報をデジタル形式で取得した上で，現地補備作業等を加え，コンピュータの処理技術により数値地形図を作成する作業であり，地形図等の原図作成も含まれる。

(2) 既成図数値化(MD)と数値地形図修正

国土基本図や都市計画図等，すでに作成されている大縮尺の地図を，デジタイザやスキャナ等の機器を用いてデジタル化し，数値地形図を作成する作業を，既成図数値化(マップデジタイズ)という。

デジタイザを用いる場合は，専用テーブルの上に紙製の地図を固定し，描かれている地物や境界線をトレースし，座標を読み取っていく。取得されるデジタルデータは，ベクタ形式のデータである。

スキャナを用いる場合は，画像データへ変換されるため，ラスタ形式のデータが取得されるが，ラスタ・ベクタ変換によりベクタ形式のデータへ変換できる(データ形式については，「4.7 GISデータの構造」を参照)。

また，作成された数値地形図は，経年変化部分を修正し，最新の状態を維持することが望ましく，この更新作業を数値地形図修正という。

コラム(4) 断面図の作成と傾斜の算出

地形図上で，2点間の傾斜や起伏を把握する場合，等高線から断面図を作成すると理解しやすい。断面図を作成する手順は，次のとおりである。

(1) 地形図上で，断面図を作成したいルート上に直線(A, B)を引く。
(2) 標高を縦軸にとり，直線ABと平行に横線を引く。
(3) 直線ABと等高線の交点から，同じ標高の横線まで，垂線を下ろし，交点を求める。
(4) 交点をなめらかな曲線で結ぶと，断面図ができる。

曲線ルートの場合は，いくつかの直線部に分けることにより，同様の方法で作成できる。また，平行線の間隔を地形図と同じ縮尺にすると，実際よりも緩やかな傾斜に見える場合が多いので，起伏の少ない場所では3～5倍，起伏の大きい場所でも2～3倍に縮尺を誇張するとよい。

また，点Cと点Dの傾斜を求める場合，等高線および断面図より，標高差h=200 mであることがわかる。

次に，図上でCD間の水平距離をk，縮尺を$1/M$とすると，実距離$L_1=M\times k$となり，傾斜およびCD間の斜距離L_2は，次のとおりである。

傾斜：$\tan\theta=h/L_1$　　斜距離：$L_2=\sqrt{L_1^2+h^2}$

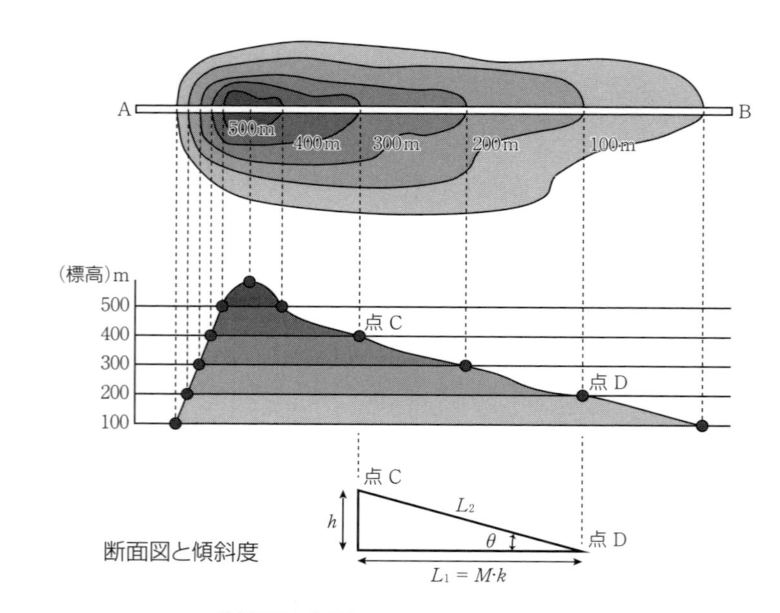

断面図と傾斜度 (国土地理院HPより改変)

03 演習問題

【１】次の文は，わが国で一般に用いられている座標系について述べたものである。**正しい**ものはどれか。

①平面直角座標系では，日本全国を19の区域に分けて定義され，各座標系の原点は，全て同じ緯度上にある。

②平面直角座標系におけるＹ軸は，座標系原点において子午線に一致する軸であり，真北方向を正とする。

③平面直角座標系とUTM座標系は，どちらも投影法としてはガウス・クリューゲル図法を適用しているが，原点のとり方や縮尺係数は異なる。

④UTM座標系では，地球全体を経度差12°ごとの南北に長い経度帯に分割している。

⑤UTM座標系では，各経度帯における座標系の原点は，中央経線と赤道の交点であり，その縮尺係数は0.9999である。

解答　③

［**解説**］

①平面直角座標系では，日本全国を19の区域に分け，それぞれの区域ごとに原点を設けており，全て同じ緯度上ではない。

②平面直角座標系では，原点の座標値を（0, 0），子午線に一致する軸をＸ軸として，真北方向を正とする。また，Ｙ軸はＸ軸と直交する軸で真東方向を正とする。

③正しい

④UTM図法（ユニバーサル横メルカトル図法）に基づくUTM座標系では，地球全体を6°ごとの経度帯(全体で60帯)に分割している。

⑤UTM座標系の原点における縮尺係数は，0.9996であり，原点から東西方向に約180km離れた地点で1.0000となる。また平面直角座標系では，原点における縮尺係数は，0.9999であり，原点から東西方向に約90km離れた地点で1.0000となる。

【２】次図は，国土地理院が提供する地理院地図（電子国土Web）を，一部改変したものである。この図の内容について述べた文章のうち，明らかに**間違っている**ものはどれか。

①老人ホームから病院までの水平距離は，約1,100mである。

②緯度36° 10′ 50″，経度140° 5′ 16″の地点には寺院がある。

③山頂にある標高129.1mの三角点と老人ホームの標高差は，約100mである。

④城跡から老人ホームは，視通できない。

⑤標高28.9mの三角点と，老人ホーム，病院を結んでできる三角形の面積は，約0.3km^{2}である。

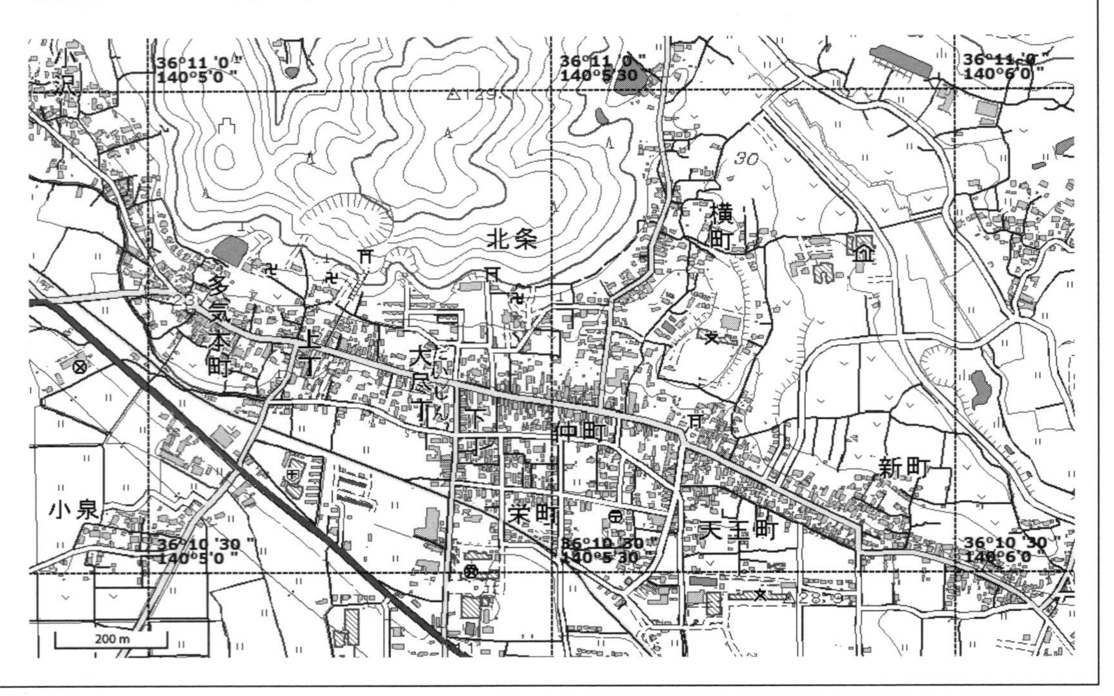

解答　②

［解説］

①図上で測定した老人ホームから病院までの水平距離をkとすると，縮尺（$1/M$）が与えられていれば，実距離は$k \cdot M$となるが，この問題では縮尺目盛りのみが与えられているため，縮尺目盛り（200m）の図上での長さをSとすると，実距離Lは比例計算により，$L=200 \times k/S=1{,}100$mとなり，正解。

②問題の地点は，緯度36° 10′ 30″から36° 11′ 0″，経度140° 5′ 0″から140° 5′ 30″で囲まれた，左側の図郭中に位置する。

図郭の経度差は，140° 5′ 30″ − 140° 5′ 0″ =30″

図郭左辺から問題の地点までの経度差は，140° 5′ 16″ − 140° 5′ 0″ =16″

したがって，図郭左辺から右辺までの図上距離をLとすると，問題の地点は，左辺から$L \times 16/30=0.53 \cdot L$の距離にある。

また図郭の緯度差は，36° 11′ 0″ − 36° 10′ 30″ =30″

図郭下辺から問題の地点までの緯度差は，36° 10′ 50″ − 36° 10′ 30″ =20″

したがって，図郭下辺から上辺までの図上距離をHとすると，問題の地点は，下辺から$H \times 20/30 = 0.67 \cdot H$の距離にある。

$(0.53 \cdot L, 0.67 \cdot H)$の地点にあるのは神社であり，②は誤り。

③老人ホームのある地点の標高は，等高線より30mであり，標高差は129.1 − 30=99.1mで，正解。

④城跡から老人ホームまで引いた直線が視通線となる。城跡の標高は約80mであるが，視通線上の城跡の前方には，標高約120mの山頂があるため，老人ホームを見ることはできない。正解。

⑤ ①の結果より，老人ホームから病院までの実距離は1,100mであった。同様に，三角点から下ろした垂線の図上距離と縮尺目盛りによる比例計算により，垂線の実距離は約533mである。したがって，実面積は(1,100 × 533)/2=293,150m^2=0.29km^2となり，正解。

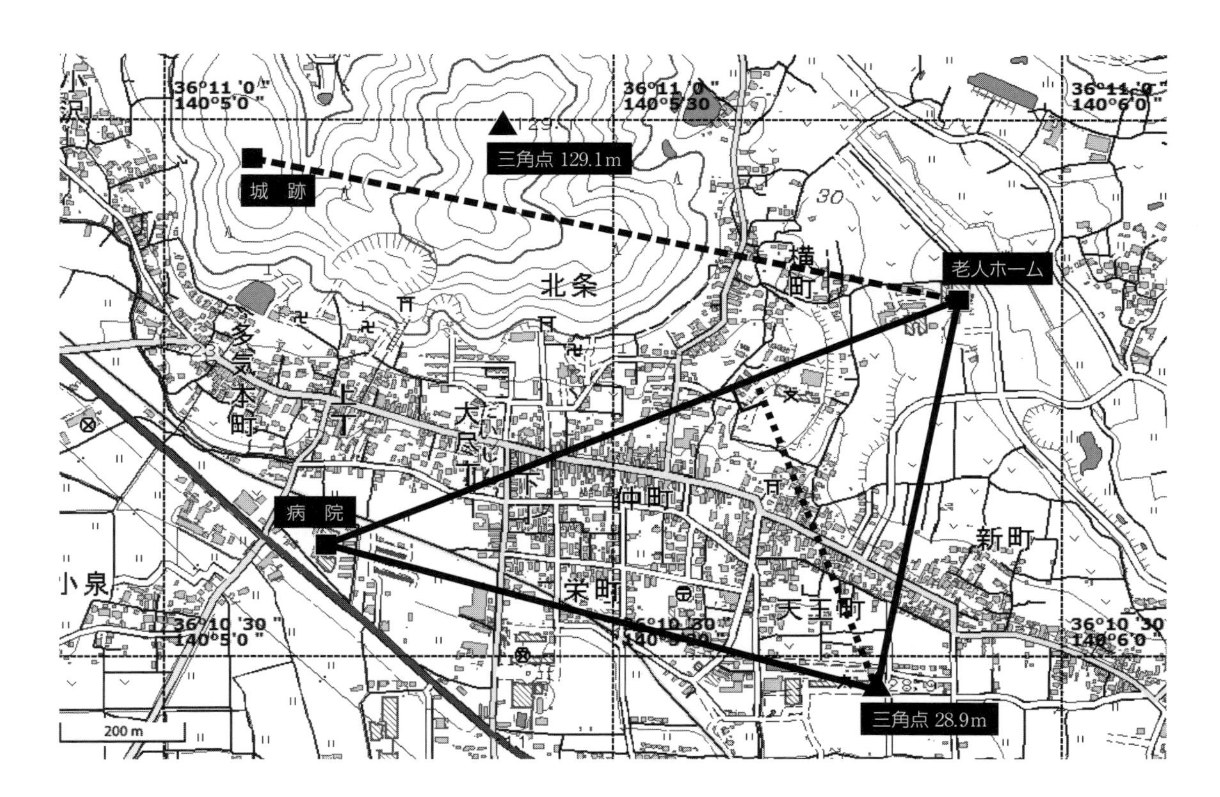

【３】下図は，国土地理院が提供する地理院地図（電子国土Web）を，一部改変したものである。図中の「箱根ロープウェイ」の「桃源台駅」から「姥子駅」を経由し「大涌谷駅」までのロープウェイの経路に沿った標高断面図として，**最も適当なもの**を選びなさい。ただし，標高断面図における高さは，約５倍に強調されている。また，「桃源台駅」と「姥子駅」を直線で結んだ場合の傾斜角を求めなさい。

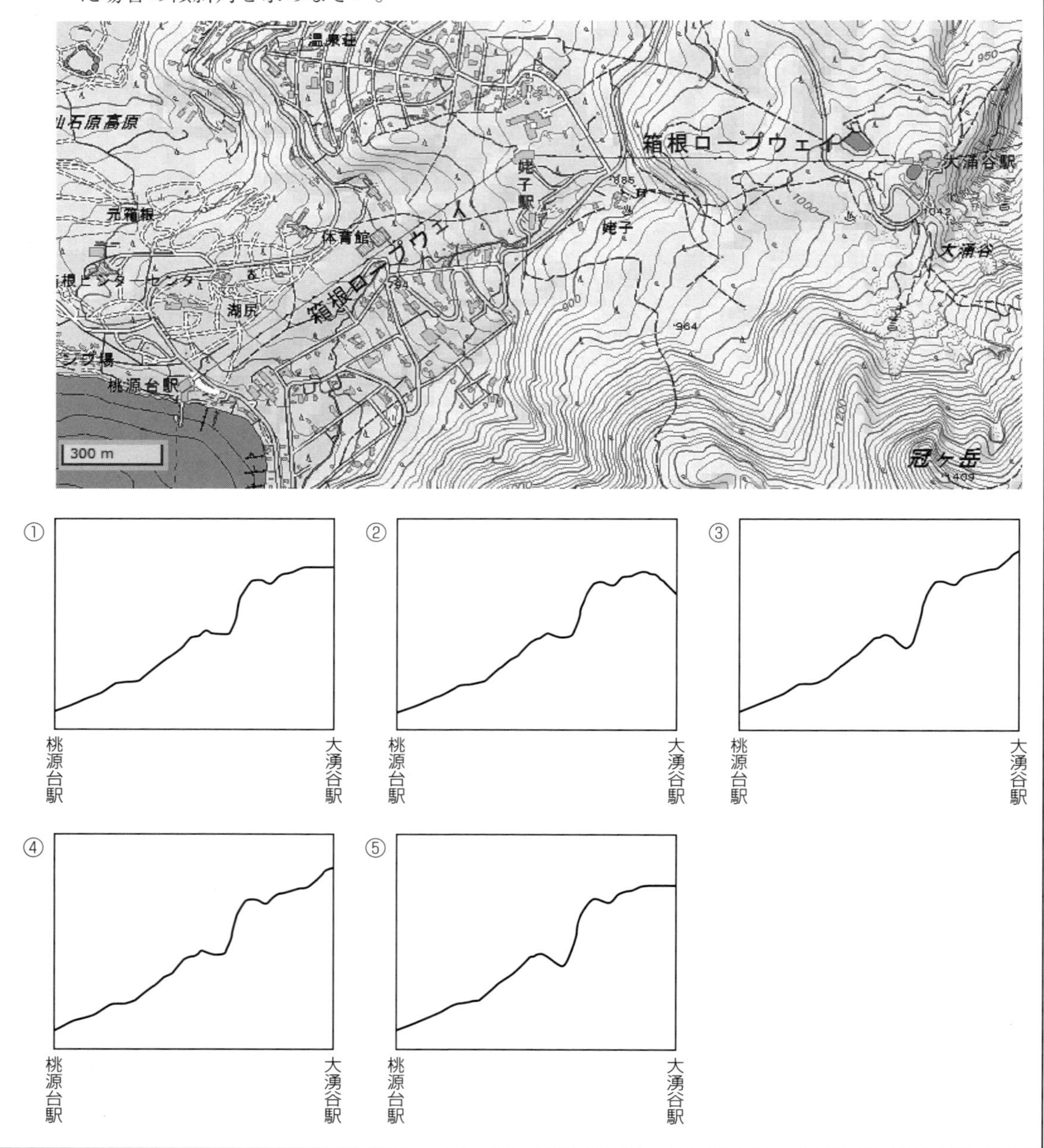

解答　標高断面図：④　　傾斜角：6°

［**解説**］

「コラム（4）断面図の作成と傾斜の算出」の方法により，ロープウェイと等高線の交点の標高および各駅の標高を読み取り，標高断面図を作成すると，次のとおりであり，図④が正解である。

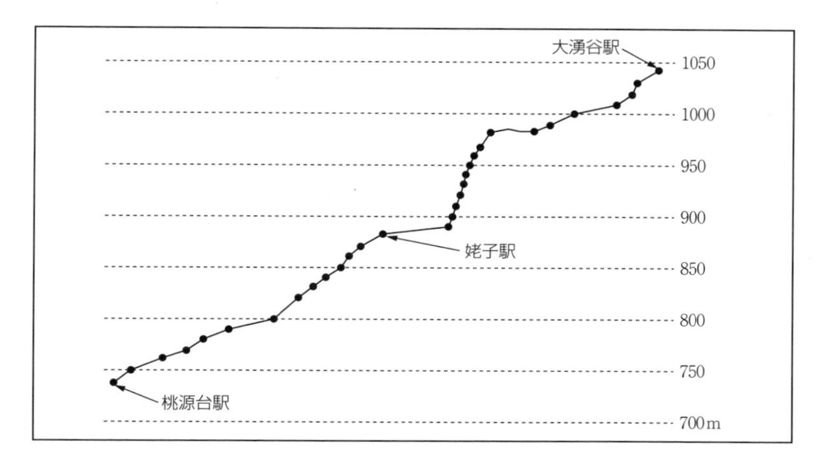

また，正確な標高断面図を作成しなくとも，設問の5つの図の相違点と地形図を見比べることにより，正解を導くことができる。

まず，姥子駅の東側は，地形図より等高線の間隔が広く平坦な地形であることから，図③および図⑤は間違いである。さらに大涌谷駅の西側の形状に着目すると，山頂へ向けて上がっていることから，図④が正解であることがわかる。

また，「桃源台駅」から「姥子駅」への傾斜角については，桃源台駅の標高が740m，姥子駅が880mであるので，標高差は140mである。

次に，図上で測定した両駅間の水平距離をk，縮尺目盛り(300m)の図上での長さをSとすると，両駅間の実距離Lは，比例計算により，$L=300\times k/S$となり，1,300mである。

したがって，傾斜角をθとすると，$\tan\theta=140/1{,}300=0.1077$であり，関数表から傾斜角は，およそ6°である。

【４】次の文は，地図編集の原則について述べたものである。明らかに**間違っている**ものはどれか。

①編集の基となる地図は，新たに作成する地図の縮尺より大きく，かつ最新のものを利用する。
②編集描画の順序は，三角点，等高線，河川，道路，建物の順である。
③水部と道路が近接する場合は，水部を優先して表示し，道路を転位する。
④取捨選択は，編集図の目的を考慮して行い，重要度の高い対象物を省略することのないようにする。
⑤山間部の細かい屈曲のある等高線は，地形の特徴を考慮して総合表示する。

解答　②

［**解説**］

編集描画の順序は原則として，1.電子基準点・三角点，2.自然骨格地物（海岸線・水涯線等），3.人工骨格地物(道路・鉄道等)，4.建物・構造物等の人工物，5.地形(等高線)，6.行政界，7.植生界・植生記号，の順であり，②は誤り。

【参考資料】1/25,000地形図 記号
·124.7
·125
4.5
電子基準点
標高点
岸高
1条河川
空間の水路
−125−
+6.0
三角点
水面標高
比高
水涯線
かれ川
·27
水準点
水深
地下の水路
流水方向
真幅道路
徒歩道
建設中の道路
トンネル
4車線以上道路
10m〜25m街路
分離帯(幅0.2mm以下)
雪覆い等
2車線道路
3m〜10m街路
分離帯(幅0.3mm以上)
庭園路
1車線道路
国道等
石段
軽車道
有料道路
道路橋
独立建物(小)
総描建物(小)
町村役場
森林管理署
警察署
高等学校
図書館
独立建物(大)
総描建物(大)
官公署
気象台
交番
(大)
(短大)
(専)
大学
神社
中高層建物
中高層建築街
裁判所
消防署
郵便局
病院
寺院
建物類似の構築物
市役所
税務署
保健所
小・中学校
博物館
老人ホーム
植生界
桑畑
果樹園
広葉樹林
竹林
ハイマツ地
荒地
田
畑
茶畑
その他の樹木畑
針葉樹林
ヤシ科樹林
笹地
(国土地理院ホームページより作成)

04

地理情報システム

GIS（地理情報システム）とは，Geographic Information Systemsの略であり，地理空間情報を取得し，それらをデータベース化し，統合，管理，分析，可視化，共有化し，あるいは空間的意思決定を支援する，コンピュータベースのシステムまたはソフトウェアを意味している。

本章では，地理情報システムの基礎として，その仕組みと歴史，実用に際しての機能と技術について理解することを目標とする。

4.1 地理空間情報

地球上に存在するものの多くは，緯度・経度，住所，地名などで，その空間的位置や範囲を示すことができる。これらの空間的位置や範囲に関する情報(位置情報)に付随して，それらの内容や状態を示す情報(属性情報)を合わせて地理情報と呼ぶ。地表面の土地利用の状態や家屋の分布，行政単位ごとの人口密度，また地図に表現されている地物などは全て，位置情報と属性情報をもつ地理情報である。

このように，主に地表面に位置する2次元的な情報とその属性情報を地理情報と呼ぶのに対して，地表面から離れた大気や宇宙空間，地下空間など3次元空間を対象とするとき，空間情報と呼ばれる。

しかし，実質的には厳密に区分されて使用されることはなく，特に2007年5月に「地理空間情報活用推進基本法」（後述）が成立したこともあり，両者の概念を包括し、地理空間情報と呼ばれることが多くなった。

コラム(1) GISソフトウェア

情報システムとしてのGISの概念は広いが，その中心をなすのは，地理空間情報をデータベース化し，分析，統合，可視化を行う，GISソフトウェアであり，しばしばGISは，GISソフトウェアと同義で用いられる。

GISソフトウェアは，民間開発による商用製品，大学・研究機関が開発したもの，フリーソフトなど，多種多様なものがある。

商用製品としては，ArcGIS（ESRI社），MapInfo（Map Info社），SIS(informatix社)，TNTmips(MicroImages社)，SuperMap(SuperMap社)などがあり，いずれも高度な空間分析や情報管理が可能であるが，価格的には高価である。しかし多くの場合，学生や教育機関を対象に，教育研究用のアカデミックライセンスが用意されており，一定の条件下で安価に利用できる。

大学や研究機関が開発したGISでは，米国クラーク大学で開発されたIDRISI(CLARK LABS)がある。当初，ラスタデータの使用を基本に設計されたが，現在はベクタデータにも対応し，安価ながら高度な空間分析機能を有している。

フリーソフトでは，GRASS(GRASS Development Team)やQGIS(QGIS Development Team)が有名である。GRASSはもともと米軍により開発され，現在はフリーソフトとして開発が続けられている。QGISはLinux，Unix，MacOSX，Windows，Android上で動作するオープンソースのGISソフトであり，無料でありながら高額なGISソフトに近い機能や操作性を備えている。

したがって今日では，大規模な開発プロジェクトから個人ベースの研究や学習まで，それぞれの状況に応じてGISソフトを選択できる状況が整いつつあるといえる。

4.2 GISの仕組みと構成要素

GISは，ハードウェア，ソフトウェア，データから構成される。

4.2.1 ハードウェア

ハードウェアの中心をなすのはコンピュータ本体であり，これにハードディスクなどの記憶装置や，表示ディスプレイ，プリンタ，大判印刷用のプロッタなどの出力装置，さらにスキャナやデジタイザなど紙製の地図や画像，写真をデータとして取り込むための入力装置から構成される。

4.2.2 ソフトウェア

コンピュータの基本ソフトとしてのOS（オペレーティングシステム）および地理情報処理のためのアプリケーションソフトから構成される。OSはハードウェア上でアプリケーションソフトを動作させるもので，Windows，OSX（MacOS），Linuxなどが代表的である。また，GIS用のアプリケーションソフトは近年，高価な汎用GISソフトからフリーウェアまで多種多様な種類が開発され販売，提供されている。

4.2.3 データ

GISで利用されるデータは，前述の地理空間情報であり，国土地理院発行の数値地図から，民間企業作成のデータまで数多くのデジタルデータが販売されている。また，国土数値情報や基盤地図情報など，国により作成され，誰もが無料で使用できるデータが増加し，情報インフラとしてのデータ環境は，近年格段に向上している。

一方，分析を行いたい地域に対して，既存のデジタルデータが存在しない場合は，新規に作成する必要がある。これには，既存の紙製の地図や地形図をデジタイザやスキャナを用いてデジタルデータ化する方法，また航空写真や人工衛星からの画像を判読する方法，リモートセンシングや空中写真測量，航空レーザ測量，各種の地上測量による方法がある。

高性能のGISソフトウェアが開発されても，利用できる十分なデータがなければ，GISの有効性を発揮することができない。近年，地域の社会経済統計から自然環境に至るまで，多方面にわたり多様なデジタルデータが蓄積され，それらの多くがインターネットを介して，ユーザー間で共有されている。今後さらにデジタルデータの流通を促進し，異なるソフトウェア間でも相互に利用できる環境を構築するために，データの規格化や標準化が進められている。

4.3 レイヤ構造と構造化モデル

GISソフトウェアの中では，後述するベクタ形式やラスタ形式で記述され，位置情報と属性情報がリンクするリレーショナル構造を有する複数の地理空間データが，層状(レイヤ)に積み重なった地理空間が構成され，これをレイヤ構造と呼ぶ。

このレイヤ構造の中で，分析の目的に応じて，特定のデータどうしの重ね合せ(オーバレイ)が行われ，操作プログラムにより新たな地理空間データが作成される。

例えば，道路データと土地利用データのオーバレイを行うことにより，道路周辺の土地利用の傾向が明らかになる。これらは構造化モデルと呼ばれ，操作プログラムとデータの集合としてシステムが作られている。

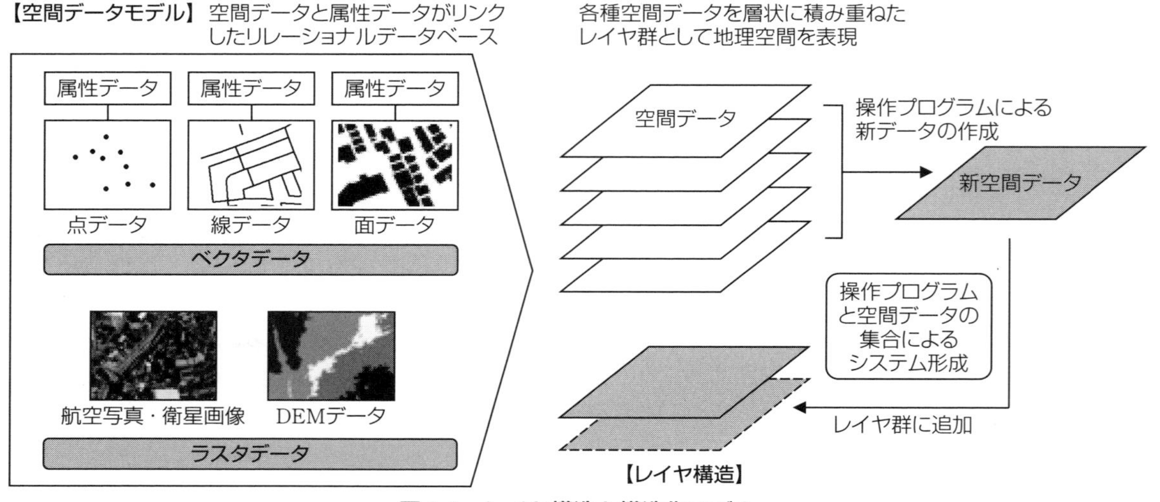

図4.1 レイヤ構造と構造化モデル

4.4 GISの歴史

1960年代初頭のカナダでは，その広大な国土の開発や土地資源管理のための地形図や土地利用図作成が急務であった。トムリンソン（R.F.Tomlinson）はそのために，コンピュータ上で地域情報を一元的に管理するシステムを実用化し，これをCGIS（Canada Geographic Information System：カナダ地理情報システム）と呼んだ。同時期，米国では1964年にハーバード大学コンピュータ・グラフィックス空間分析研究所が設立され，初期の代表的GISソフトであるSYMAPが開発され，その後，汎用性の高いベクタ型GISソフトのODYSSEYへと継承された。

1970年代に入ると，わが国でも大学や企業によるGISソフトの開発と，デジタルデータの体系的整備が開始された。国勢調査や農林業センサス，事業所統計などのデータベース化とともに，国土の自然情報から文化・社会・経済状況まで網羅した国土数値情報や，宅地利用動向調査をもとにした微細スケールの土地利用情報である細密数値情報などが開発された。

さらに1980年代に入ると，コンピュータのダウンサイジング化にともない，主に米国のGIS関連企業により多様な汎用GISソフトが開発された。1990年代以降，GPS（全地球測位システム）やリモートセンシング技術を取り込んだGISの開発が行われ，また通信技術の向上，インターネットの普及にともない，モバイルGISやWebGISも著しい進展を見せている。

特に1995年1月に発生した阪神・淡路大震災では，被災自治体が災害対応業務に直面するなか，GISにより地図と倒壊家屋や被災者などの位置情報を重ね合わせ，被災状況の把握や分析を行い，また罹災証明書の発行を支援するなど，GISの有効性が社会的に広く認知されることとなった。これにより，1995年9月には内閣官房主宰の「地理情報システム関係省庁連絡会議」が発足し，国家レベルでの基盤的データ整備としての，国土空間データ基盤整備に向けた取り組みに結びついていく。

今日では，地理空間情報は重要な社会インフラの一つであり，豊かな社会・経済を築く上で，それらを十分に活用することが必要なことから，2007年に地理空間情報活用推進基本法が施行され，衛星測位システムとの連携や，情報の整備・更新，人材育成，持続可能な国土づくりなど，さまざまな分野でGISおよび地理空間情報に対する期待が高まっている。

4.5 地理空間情報活用推進基本法

4.5.1 地理空間情報活用推進基本法の成立

わが国では，GISや地理空間データの活用に関して，国，地方公共団体，民間企業等が個々に各種サービスを展開してきたが，1995年（平成7年）に発生した阪神・淡路大震災の際の被災状況把握や復興計画策定に際して，GISの有効性や，システムの相互利用の必要性などが広く認識された。これを受け同年9月に，内閣において「地理情報システム関係省庁連絡会議」が設置され，必要な施策を講じるとともに，2002年（平成14年）の世界測地系の導入にともない，衛星測位システムの活用が推進された。これらの動きは，GISや衛星測位に関する施策の総合的かつ計画的な実施に対する期待へとつながり，2007年（平成19年）に地理空間情報活用推進基本法が成立した。

地理空間情報活用推進基本法では，その基本理念として

①情報整備，人材育成，連携体制整備などの施策の総合的・体系的な実施
②地理情報システムに係る施策，衛星測位に係る施策等が相まって地理空間情報を高度に活用できる環境の整備
③信頼性の高い衛星測位サービスを安定的に享受できる環境の整備
④国土利用や整備，国民の生命・財産の保護・利便性の向上，行政運営の効率化等に寄与する施策の実施
⑤民間事業者の能力の活用および個人の権利・利益の保証，国の安全等への配慮

があげられている。

さらに基本法の成立を受けて，誰もがいつでも，どこでも必要な地理空間情報を使い，高度な分析に基づく情報入手と活用ができる「地理空間情報高度活用社会（G空間社会）」の実現を目指し，「地理空間情報活用推進基本計画」が閣議決定された。この基本計画では，

①地理空間情報の整備と更新，活用範囲の拡大
②準天頂衛星システムの整備と利活用
③GISの社会全体における活用拡大
④地理空間情報の流通・共有・相互利用の推進
⑤東日本大震災からの復興，災害に強く持続可能な国土形成のための地理空間情報の整備・流通・活用

等が主な施策となっている。

4.5.2　基盤地図情報

(1) 基盤地図情報とは

これまで，国や地方公共団体，民間事業者などが，それぞれの目的に応じて地理空間情報の整備や地図作製を行ってきた結果，それぞれが一定の精度を有しているものの，相互に利用しようとした場合，微妙なずれが生じたり，正しく接合できないなどの問題があり，結果として地理空間情報の共有や活用の障害となっていた。

こうした事態を防ぐためには，地理空間情報の作成に関わるものが，共通の位置の基準を用いることが必要であり，基盤地図情報とは，そのような電子地図における位置の基準となる情報のことである。

基盤地図情報は，地理空間情報活用推進基本法で規定され，第２条第３項で，「地理空間情報のうち，電子地図上における地理空間情報の位置を定めるための基準となる測量の基準点，海岸線，公共施設の境界線，行政区画その他の国土交通省令で定めるものの位置情報であって電磁的方式により記録されたものをいう」と定められている。

(2) 基盤地図情報の項目と満たすべき基準

基盤地図情報の整備項目および満たすべき基準については，地理空間情報活用推進基本法で規定されている。整備項目については，国土交通省令で次の13項目が定められている。

【基盤地図情報の整備項目】

①測量の基準点，②海岸線，③公共施設の境界線(道路区域界)，④公共施設の境界線（河川区域界)，⑤行政区画の境界線及び代表点，⑥道路縁，⑦河川堤防の表法肩の法線，⑧軌道の中心線，⑨標高点，⑩水涯線，⑪建築物の外周線，⑫市町村の町若しくは字の境界線及び代表点，⑬街区の境界線及び代表点

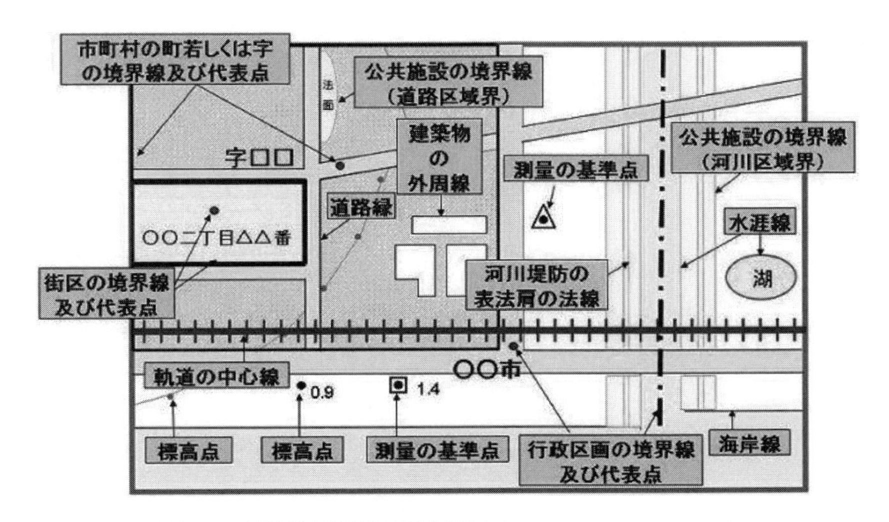

図4.2　基盤地図情報の整備項目（国土地理院ホームページより）

また，満たすべき基準は，次のとおりである。

【使用できる測量成果】

基盤地図情報の整備で使用できる測量成果は，次のいずれかである。

①測量法第4条に規定する基本測量成果

②測量法第5条に規定する公共測量成果

③水路業務法第9条第1項に規定する水路測量成果

【精度の基準】

基盤地図情報の精度の基準は，次のとおりである。

表4.1　基盤地図情報の精度基準

	平面位置の誤差	高さの誤差
都市計画区域内	2.5m以内	1.0m以内
都市計画区域外	25m以内	5.0m以内

(3) 基盤地図情報の整備および提供に関する技術上の基準

基盤地図情報の整備に当たっての技術上の基準は，地理空間情報活用推進基本法第16条第1項の規定に基づき，国土交通省告示として定められている。

また，基盤地図情報を提供しようとする場合の適合すべき規格としては，JIS X 7100シリーズの各規格やISO(国際標準化機構)19100シリーズの各規格がある。現在，基盤地図情報は，JIS X 7136の規定に基づくXML形式のデータとして，国土地理院のウェブサイトからインターネットを介して，無償で提供されている。

4.6 地理情報標準

4.6.1 地理情報標準とは

地理情報標準は，地理空間情報を異なるシステム間で相互利用する際の互換性の確保を主目的に，データの設計方法，品質，記述方法，仕様書の書き方などを定めた共通のルールのことである。その利用が進むことにより，異なる主体で整備されたデータの共用やシステム依存性が低下し，また重複投資の排除によるコスト削減などの効果が期待できる。

4.6.2 JPGIS（地理情報標準プロファイル）

地理情報標準は，ISO/TC211（国際標準化機構の地理情報に関する専門委員会）の国際標準案をもとに官民共同研究により，1999年（平成11年）3月に第1版，2002年に第2版が作成されたが，その内容を実利用に即して体系化し，日本国内における地理情報の標準としたものが，JPGIS（地理情報標準プロファイル）である。したがって，JPGISを参照することで，地理情報標準に準拠した地理空間データや製品仕様書を作成することができる。

(1) データ品質の確保とメタデータ

地理空間データを標準化することにより，一定水準以上の品質を保つことができる。JPGISでは，データの品質を評価するためのルールを定めており，その品質評価手順にしたがい品質がチェックされた後，製品として流通する。

また，流通するデータの内容や管理者，入手方法，品質など，地理空間データについて説明したデータのことを「メタデータ」と呼ぶ。メタデータは，インターネット上で地理空間情報の所在を検索する場合の索引ともなり，そ

表4.2 メタデータ項目

項　目	説　　明
識別情報	データを他のデータと区別するための情報であり，情報資源の引用，要約，目的，著作権者，状態，問合せ先に関する情報を含む。
制約情報	アクセスや利用上の制約など，データに与えられた禁止事項に関する情報。
データ品質情報	データの品質評価結果を示す。品質評価の適用範囲を示したり，元情報や作成過程などのデータの系譜，特に定められた評価結果を記入することもできる。
保守情報	データ更新の適用範囲や頻度についての情報。
参照系情報	使用されている空間及び時間参照系の記述。
配布情報	データの配布者及びデータ入手のための情報。
範囲情報	データの範囲を示すデータ型を規定し，空間及び時間範囲を記述するための規則を定める。
引用及び責任者情報	情報資源（データ集合，地物，元情報，刊行物など）の責任者についての情報や，情報資源を引用するための標準化された方法を規定している。

のような仕組みをクリアリングハウスという。したがって，メタデータを整備することにより，地理空間情報の利用促進や重複投資を避けることにつながる。

メタデータ項目としては，**表4.2**のようなものがある。

(2) 製品仕様書

製品仕様書は，地理空間データを作成，流通，利用する場合に必要となるデータの種類や内容，構造，品質などを記述した文書のことであり，JPGISに準拠して作成された地理空間データの製品仕様書は，データ作成時にはその設計書として，またデータを利用する場合はその説明書としてデータの詳細を知ることができる。製品仕様書に記載する標準的な事項としては，次の事項がある（**表4.3**）。

表4.3　製品仕様書項目

項　目	説　　明
概覧	地理空間データの概要
適用範囲	製品仕様書の適用範囲に関する情報
データ製品識別	地理空間データの名称，日付，問合せ先，地理記述
データの内容と構造	応用スキーマ及び付属する文書
参照系	地理空間データの座標系や暦に関する情報
データ品質	地理空間データに対する品質要求及び評価手順
データ製品配布	配布書式情報（符号化仕様）および配布媒体情報
メタデータ	地理空間データを説明するためのデータ
その他	データ取得や製品保守など，上記以外で必要な事項

4.7 GISデータの構造

地理空間情報をコンピュータ上で扱えるように数値化したものをデータモデルという。データモデルは，空間的な位置や幾何学的形状を示す「データ形式」と，それが何のデータであるか，そのデータの特徴を示す「属性」から構成される。データモデルは，ベクタ型，ラスタ型，TIN型に分けられる。

4.7.1 ベクタデータモデル

(1) 構造

ベクタデータモデルでは，表現しようとする対象物の位置や形状をポイント（点），ライン（線），ポリゴン（面）の3つの図形要素で定義する（**図4.3**）。

例えば，GIS上で小学校や消防署などを点形状で表示しようとする場合は，データ形式としてポイントが使われる。各ポイントは，（x，y）座標値で表される空間的位置と小学校や消防署に関する属性情報をもつ。また鉄道や道路などを線形状で表示する場合は，データ形式としてラインが使われる。ラインは，複数のポイントを線で結んだ形式である。さらに行政域や都市計画区域など，一定の範囲を表現する場合は，閉じた線分であるポリゴンが使用される。

ベクタデータモデルでは，対象物の位置や大きさ，形状を正確に表現することができ，明瞭な境界をもつ対象物の表示に適している。また，図形要素間の位置関係を示す位相構造を導入することによって，空間検索やネットワーク分析などの空間分析を行うことが可能となる。

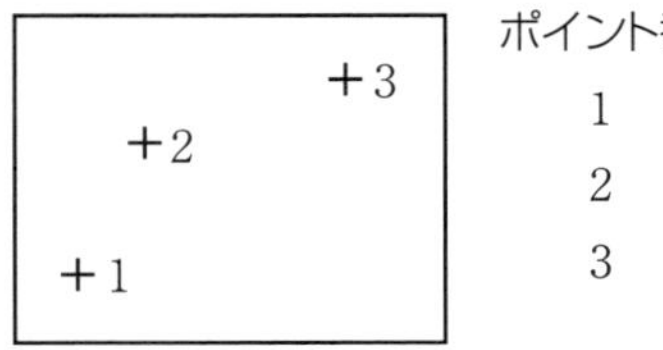

ポイント番号	(x, y)座標値
1	(1, 1)
2	(2, 3)
3	(5, 4)

ライン

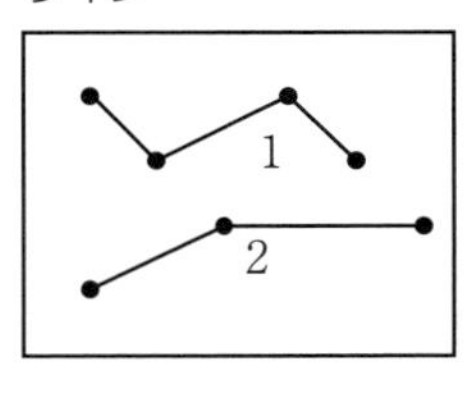

ライン番号	(x, y)座標値
1	(1, 4) (2, 3) (4, 4) (5, 3)
2	(1, 1) (3, 2) (6, 2)

ポリゴン

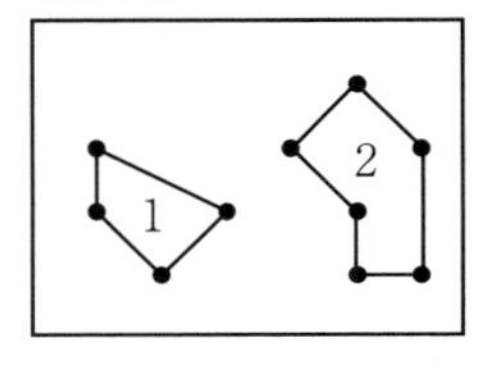

ポリゴン番号	(x, y)座標値
1	(1, 2) (1, 3) (3, 2) (2, 1) (1, 2)
2	(5, 1) (5, 2) (4, 3) (5, 4) (6, 3) (6, 1) (5, 1)

図4.3　ベクタデータモデル

位相構造をもつベクタデータモデルとしては，1960年代に米国において国勢調査データの処理用に開発されたDIME（Dual Independent Map Encoding）が最初のものであり，ラインを中心とする位相構造を有していた。

今日のGISでは，ノードと方向性をもつラインによるデータ構造であるジオリレーショナル構造が採用されている。この構造の基礎単位は，ラインの始点と終点，あるいは2本以上のラインの交点であるノード（結節点）と，始点ノードから終点ノードへの方向性をもつ線分（チェイン）である。これにより，ある線分の左右の地域（ポリゴン）を定義することが可能となり，結果として図形要素間の位置関係を定義できる（**図4.4**）。

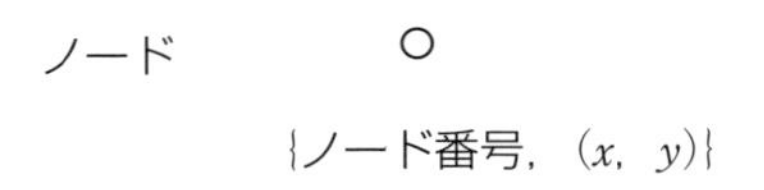

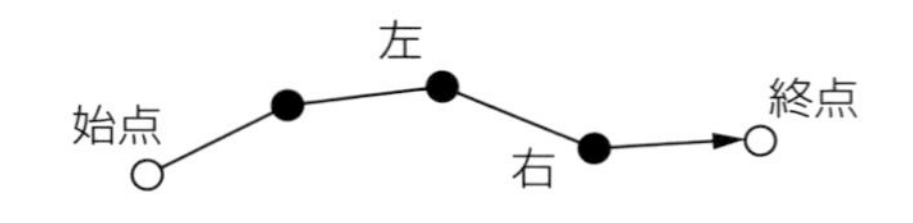

チェイン {チェイン番号，始点および終点のノード番号，左および右のポリゴン番号}

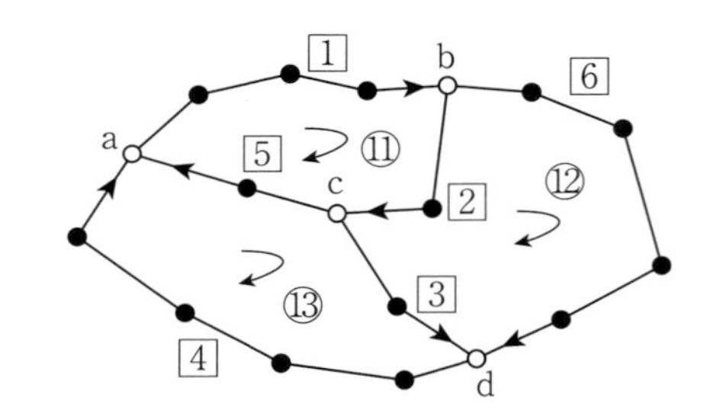

(a) ノード位相データ

ノード No.	チェイン No.
a	1，−5，−4
b	−1，−6，2
c	−2，3，5
d	−3，6，4

(c) ポリゴン位相データ

ポリゴン No.	チェイン No.
⑪	1，2，5
⑫	−2，6，−3
⑬	3，4，−5

(b) チェイン位相データ

チェイン No.	ノード 始点	終点	ポリゴン 左側	右側
1	a	b	0	⑪
2	b	c	⑫	⑪
⋮	⋮	⋮	⋮	⋮
6	b	d	0	⑫

図4.4 ベクタデータモデルの位相構造（引用文献1）

(2) 特徴

ベクタデータモデルでは，そのデータ構造に位相構造をもつことにより，図形の位置や形状，図形間の操作を正確に高速に行うことができる。図形同士のオーバレイによる結合や分解などの処理，前述のネットワーク分析や空間検索などに用いられる。また縮尺を変えても，図形の大きさや形が保たれ，正確に表示できることから，道路や鉄道，行政界など，実世界において線状で表現される地物のモデル化に適している。

4.7.2　ラスタデータモデル

(1) 構 造

ラスタデータモデルでは，対象地域を等形の区画で分割し，それぞれの区画に属性値が与えられる。各区画はセル(cell)，ピクセル(pixel)，グリッド(grid)とも呼ばれる。

形状としては，空間をすき間なく埋めつくせるものであれば，どのような形状でもよく三角形，四角形，六角形などが考えられるが，もとの図形に相似した再分割の容易さや，プログラム上での処理のしやすさの面から，一般的に矩形(四角形)が用いられる。

各区画には，属性値が付与される。例えば，標高データの場合は，浮動小数点による標高値，また土地利用データの場合は，カテゴリー化されコード化された整数値としての土地利用情報などである。

ラスタデータモデルの原点は左上隅であり，区画の並びと対応した並び順で，属性値が2次元配列で格納されるため，構造は非常に単純でプログラム開発も行いやすい。衛星画像や航空写真，スキャナで取得された画像データなども，ラスタデータの一つである。

(2) 特 徴

ラスタデータモデルは，データ構造が単純であるが，区画の大きさで示される解像度の制約があるために，表現しようとする地物に対して，区画の大きさが大きすぎる場合は，正確に表現できない場合がある。これを補うため区画サイズを小さくしすぎると，データ量が膨大になる。したがって，ベクタデータモデルと比べて，明確な境界をもつ線的な図形を表現することには適さない。

一方，標高値や大気汚染濃度，降水量など，対象地域全体にわたって連続的に変化する属性を表現する場合には，非常に有効である。

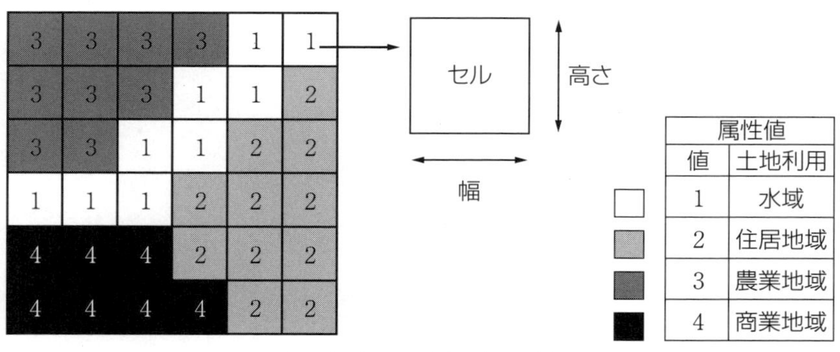

図4.5　ラスタデータモデル

4.7.3　TINデータモデル

(1) 構造

TIN（Triangulated Irregular Network）は，不規則三角網モデルと呼ばれるもので，空間にランダムに配置された点(ポイント)から，隣接し互いに重なり合わない三角形の集合を作成し平面近似を行う，ベクタ型のデータモデルである。

ランダムに配置された，各ポイントに対してボロノイ分割を行い，各辺を共有するポイントどうしを全て結ぶことにより，可能な限り等辺となる三角網(ドローネ三角網)が生成され，TINデータモデルとなる。

TINデータモデルは，各三角形と隣接する三角形および三角形を構成するノードと呼ばれる結節点(ポイント)からなる位相構造を有し，各ポイントは，x，y，zの座標値をもつ。

(2) 特徴

TINデータモデルは，地形解析で用いられる場合が多い。等高線をベクタデータ化し，標高値を与え，TINデータを作成する場合などがこれにあたる。TINデータモデルを用いて，標高，傾斜，傾斜方位，体積計算などを行うことができる。

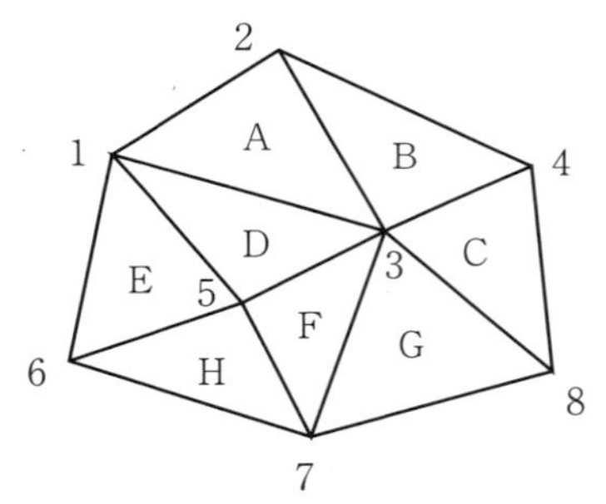

三角形	結節点リスト	隣接三角形
A	1, 2, 3	ー, B, D
B	2, 4, 3	ー, C, A
C	4, 8, 3	ー, G, B
D	1, 3, 5	A, F, E
E	1, 5, 6	D, H, ー
F	3, 7, 5	G, H, D
G	3, 8, 7	C, ー, F
H	5, 7, 6	F, ー, E

図4.6　TINデータモデル（Zeiler，1999を一部改変）

図4.7　TINモデルによる3次元表示

4.8 数値地形モデル(DTM)

地図上で，土地の高低差や地形形状を示す方法として，従来から等高線が用いられてきたが，数値地形モデル(DTM：Digital Terrain Model)は，地形を3次元座標で表現するデジタル化された地形データである。

3次元座標としては，等間隔の格子点やラスタデータの属性値として標高値をもたせたもの，あるいは任意点の緯度・経度および標高値により表現されるものなどがある。

特に地盤高を表す数値地形モデルをDEM(Digital Elevation Model)といい，データは等間隔の格子状に記録され，格子間隔が狭いほど精度が高い。また，建物や植生などの土地被覆を含めた高さを表すものをDSM(Digital Surface Model)という。これらの数値地形モデルの作成は，航空写真や衛星画像を用いた写真測量や，レーザ測量，マイクロ波センサを使った合成開口レーダー（SAR）によるほか，既存地形図の等高線データから作成する方法がある。

例えば，等高線データからDEMを作成する場合は，等高線を線データと考え，求める点の標高は，その点を挟む等高線の標高から線形内挿（ないそう）（等高線までの距離によって標高値を按分）する場合や，等高線の折れ線を辺にもつ不規則三角形網(TIN)を作成し，三角形内の標高を三角平面から内挿し，任意の格子間隔のDEMを作成する方法などがある。

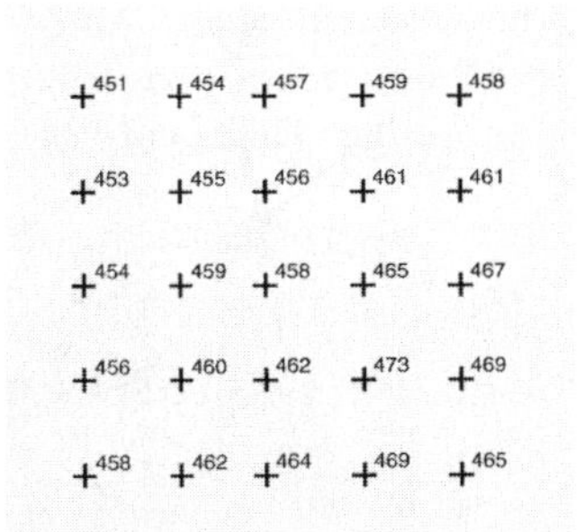

等間隔格子点による地形表現

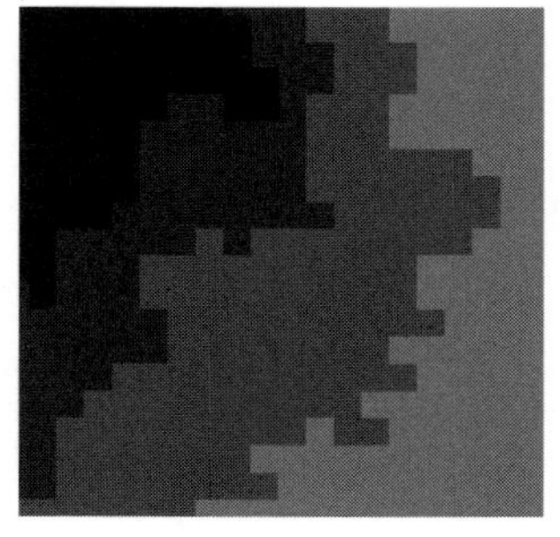
DEMの段彩表示による地形表現

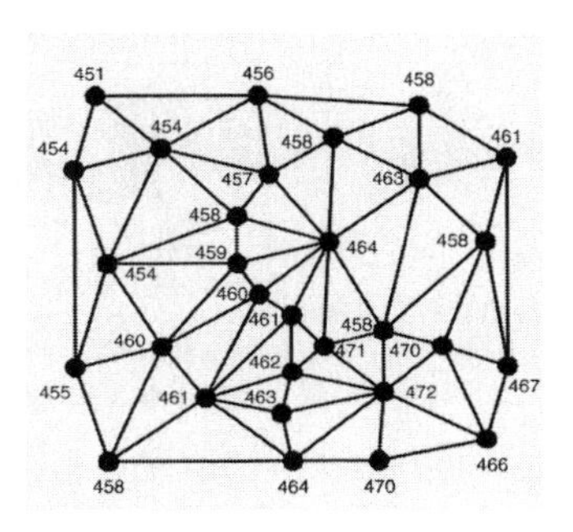

TINモデル(ランダム点配列)
による地形表現

ベクタモデル(等高線)
による地形表現

図4.8 各種データモデルによる地形表現 (Zeiler，1999に追加)

4.9 GISによる空間分析機能

GISでは，多種多様で大量のデータを層状に積み重ねたレイヤ構造が形成され，各データは層別にベクタデータモデルやラスタデータモデルとして，図形要素（空間オブジェクトや地物と呼ぶ場合もある）と属性を有している。

空間分析は，これらの膨大な地理空間情報の中から，それらの関係性や空間的な規則性を見つけるために行われ，GISの最も重要な機能の一つである。

空間分析機能としては，ポイントデータ間の距離の測定やポリゴンの面積および周長の計算などの基礎的な空間計測機能からオーバレイやバッファリングなどの機能まで多くの種類があるが，ここではその中から代表的な機能を紹介する。

4.9.1 属性検索および空間検索機能

GISで扱うデータは，図形要素とともに属性値を有している。建物データに付随する階高，築年数や構造の種類など，また行政界に付随する人口密度や世帯数，緑被率などは全て属性値である。

例えばGISでは，3階建以上の建物を簡単に検索することができるが，これは属性値のデータベースを用いた属性検索と呼ばれるものである。一方，ある建物を中心として，半径1km以内にあるコンビニエンスストアを検索する場合は，データどうしの空間的位置関係に基づく検索であり，これを空間検索という。

すなわち空間検索は，空間の位置条件に基づいて他の図形要素（地物）を選択する操作であり，代表的なものとして，内包検索，交差検索，距離検索がある。内包検索は，ある図形領域に完全に含まれる図形要素（地物）を検索するもので，交差検索はある図形要素と交差する他の図形要素（地物）の検索，また距離検索は，ある図形要素から一定距離内にある他の図形要素（地物）を検索するものである。

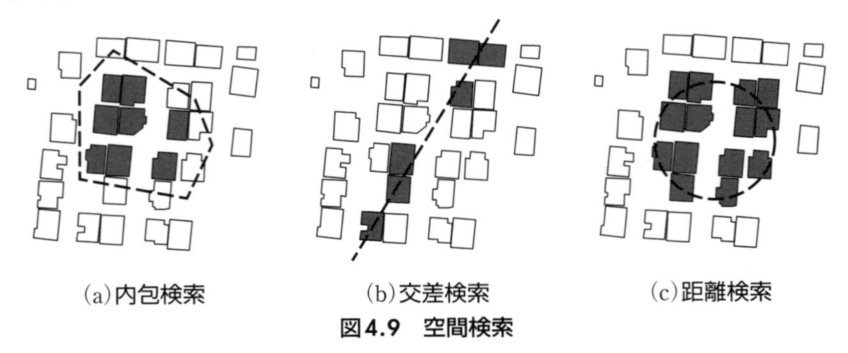

図4.9 空間検索

4.9.2 オーバレイ

オーバレイ（overlay）とは，GIS上で複数の異なるレイヤとして構成されている地理空間データを重ね合わせて，新しい地理空間データ（主題図）を作

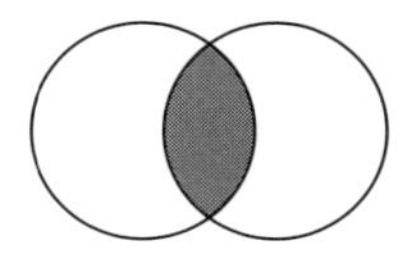

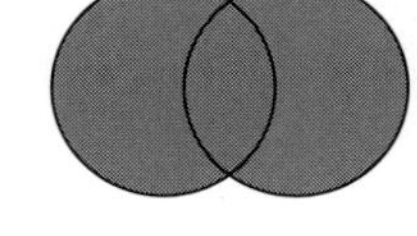

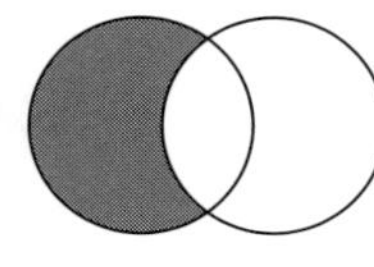

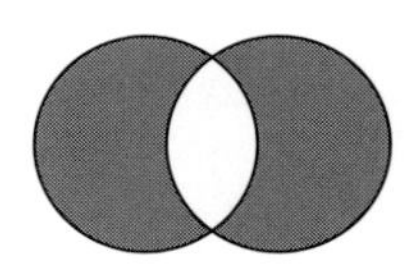

図4.10 オーバレイの概念図(論理演算)

成する操作のことである。異なるデータを重ね合わせて，データ間の因果関係を探る手法は，GISが開発される以前から，トレーシングペーパーなどを用いて主題図を作成し，透写台の上で重ねるなどして行われてきたが，視覚的に観察するだけでは限界があった。

GISでは，重ね合せの状態を視覚的に把握することは無論，ブール代数の論理演算を基礎として，論理積(AND)や論理和(OR)などの操作を複数の図形間で行うことにより，新たな主題図を作成することができる。

土地の傾斜度や地質，既存道路からの距離，現況土地利用，人口分布などのデータを重ね合わせ，開発適地を選定する場合などがこれにあたる。

4.9.3 バッファリング

バッファ(buffer)とは，地図上のある地物が周囲に影響を及ぼすと考えられる場合，その周囲に生成される緩衝域や影響圏のことであり，バッファリング(buffering)とは，対象とする地物(図形要素)に対して，その周囲に一定の距離でポリゴン領域(バッファ)を生成する操作である。対象とする図形要素は，ポイント(点)，ライン(線)，ポリゴン(面)であり，それらの周囲に生成されるバッファは，ポリゴン(面)データである。

事例としては商圏分析などで，ショッピングセンターやコンビニエンスストアの出店を計画する場合，出店予定地の周囲にバッファを生成し，社会経済データや競合他店のデータと合わせて集客予想を行う。あるいは，環境アセスメントなどで鉄道や道路周辺に騒音・振動の影響する範囲を設定する場合などがある。

いずれもバッファ領域は，対象とする図形要素の性質に応じて自由に大きさを変えて生成され，あるいは複数の距離に応じて多重に生成（多重バッファ)することもできる。また生成されたバッファは，ポリゴンデータとして，他の図形との間で前述のオーバレイを行ったり，空間検索機能によりバッファ領域内の図形要素を検索することなどができる。

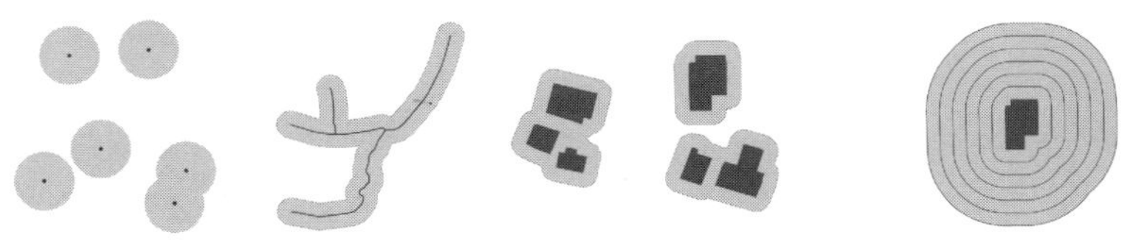

図4.11 バッファリング

4.9.4 空間分割

空間分割とは，一般的に平面をいくつかの領域に分ける操作であり，ボロノイ図（Voronoi diagram）やドローネ三角網（Delaunay triangulation）がその代表的なものである。

(1) ボロノイ図

ボロノイ図は，平面上に点が分布しているとき，その平面を，最寄りの点が同じである地点の集合に分割したものであり，これにより生成される領域をボロノイ領域と呼ぶ。したがって，ある点のボロノイ領域内では，その点が最近点となる。

GISではさまざまな場面でボロノイ分割が利用されるが，典型的な例として，商圏設定や施設利用圏の設定で利用される場合がある。平面上の点分布がコンビニエンスストアの分布であり，どの店舗も同様の品揃えであると仮定すると，通常は最も近接した店舗を利用することになる。この場合に，各コンビニエンスストアの商圏は，店舗の分布に対して生成されるボロノイ領域で表現できる。さらに，警察署や消防署，郵便局，駅やバス停などの都市施設の利用圏も，最も近接した施設を利用すると仮定すると，ボロノイ図で近似できる。

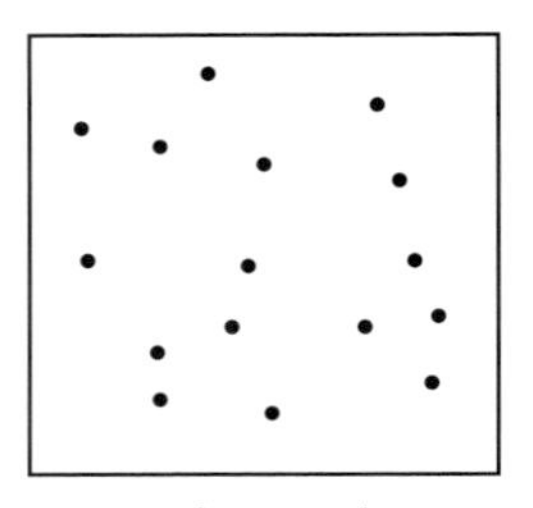

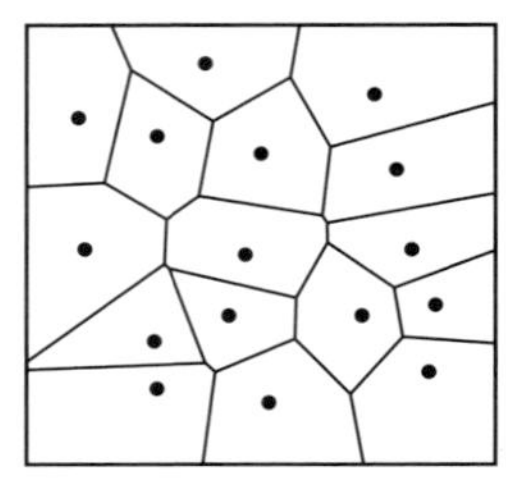

図4.12　ボロノイ図

(2) ドローネ三角網

ボロノイ領域の接する点対を全て結んだ線（ドローネ辺）は三角形を構成し，これをドローネ三角網という。ボロノイ図があればドローネ三角網を生成することができ，逆にドローネ三角網からボロノイ図を作成することもできる。ドローネ三角網では，ドローネ辺で結ばれた2つの点は隣接点となり，コンビニエンスストアの分布を例にすれば，競合する2店舗を示すことになる。

また，ドローネ三角網は，地理空間データの補間にも利用される。平面上の点を標高データと仮定し，未知の点の標高値を補間する場合，ドローネ三角網で構成された三角形は，前述のTINデータモデルであり，その三角形を補間領域として，内部で補間を行う。このときドローネ三角網は，正三角形に近い三角形を与えるという性質があるため，自然で良好な補間結果が得られる。

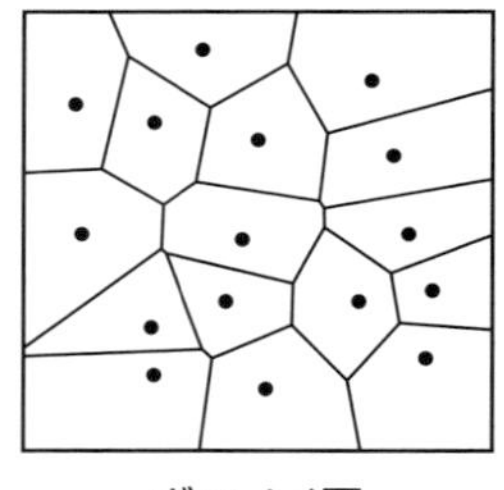

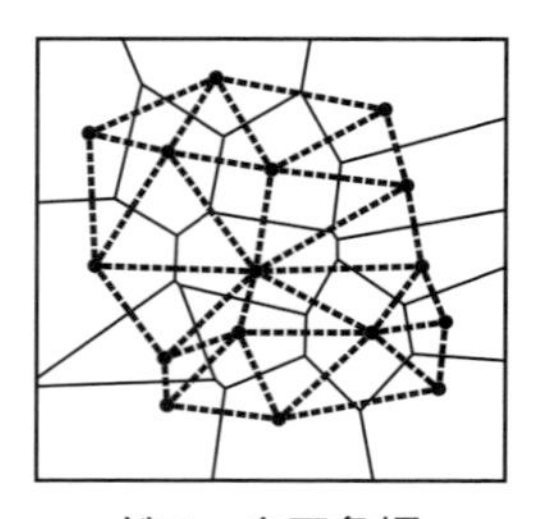

図4.13　ドローネ三角網

4.9.5 ネットワーク分析

道路・鉄道・上下水道・ガス管・河川などは，全て網状の拡がりをもつネットワークデータである。ネットワークデータは，位相構造を有するライン(線)データであり，ネットワーク分析はこれらのデータを対象とする。

道路ネットワーク上での最も代表的な分析として，2地点間を最短距離で結ぶ経路を探索する最短経路分析などがある。一般的に都市で移動する場合，道路上を移動することになり，直線距離による計算は現実と合わない。**図4.14**は，ある地点を中心にして2kmの範囲を直線距離で設定した場合と，ネットワーク上の距離で測定した場合の違いを示している。

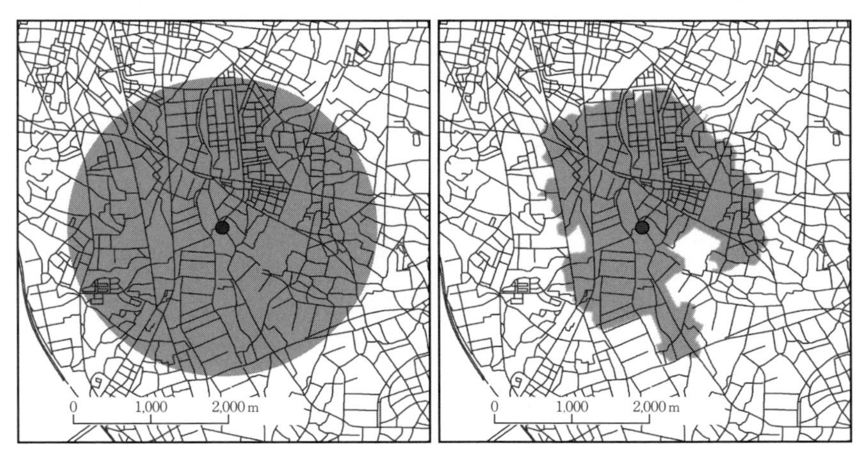

図4.14　直線距離とネットワーク距離

4.9.6 点分布と密度サーフェス

密度サーフェスは，点(ポイント)や線(ライン)の分布に対して，一定の範囲内の点の数，線の長さを計算して，密度を求め曲面や等値線を描く方法である。

計算方法としては，密度を推定する地点(空間的補間点)を中心に，一定の検索半径の円を描き，その中の点の数を計算し，その面積で除する方法と，近くの点に重み付けをした上で，検索面積で除する方法がある。後者はカーネル密度推定と呼ばれ，事象の分布を平滑化させることにより，離散的な標本から確立密度関数を推定するもので，なめらかな密度サーフェスが得られる。点分布のみでは，明確な分布のパターンが捉えにくい場合でも，密度サーフェスを計算することにより，局所的な密度の高まりを可視化して，分布パターンの把握が容易になる場合がある。

社会での活用例として，犯罪発生地点に対してカーネル密度推定を適用し，発生状況を可視化した事例などが知られている。

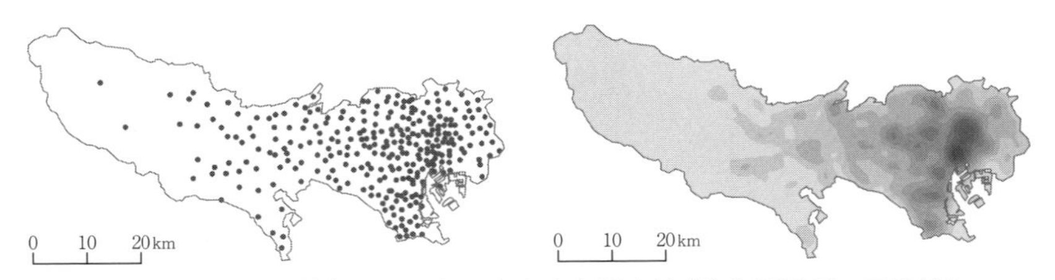

東京都の消防署分布とそのカーネル密度推定値（検索半径3kmで計算）

図4.15　東京都の消防署分布とカーネル密度推定

4.9.7　3次元解析

われわれが通常扱う地図は，現実の3次元空間を2次元平面に投影したものであり，従来のGISもコンピュータ上で2次元平面に集約された地理空間情報を分析するものであった。

しかし，土木・建築分野で地形を扱う場合など，3次元で地表面の状態を把握したほうがわかりやすい場合が多いし，都市計画分野で景観を扱う場合も，3次元の鳥瞰図のような手法で表現されたほうが理解しやすい。また環境分野では，気温や風力，大気汚染濃度など，通常は目に見えないものを，3次元空間に可視化することにより，その状況を的確に把握しやすくなることもある。

これらに対して現在のGISは，2次元平面での位置情報をベクタデータモデルのx，y座標値や，ラスタデータモデルの区画の並び方で与え，その属性値として高さ方向の情報をもたせることで，擬似的に3次元表示を行う方法を用いている（2.5次元や擬似3次元と呼ばれる）。

建物データや地形データ，気温分布データなどは，この方法によりGIS上で3次元（2.5次元）表示することができる。このようなデータは，属性値として高さ情報をもったラスタデータや，TINデータとしてGISに格納され3次元解析が行われる。

代表的な3次元解析機能としては，等高線のように，3次元データの値が等しい地点を結び線データを作成する等値線図の作成，鉄道や道路の線形計画で用いられる3次元データの断面図作成，可視・不可視に関する分析，鳥

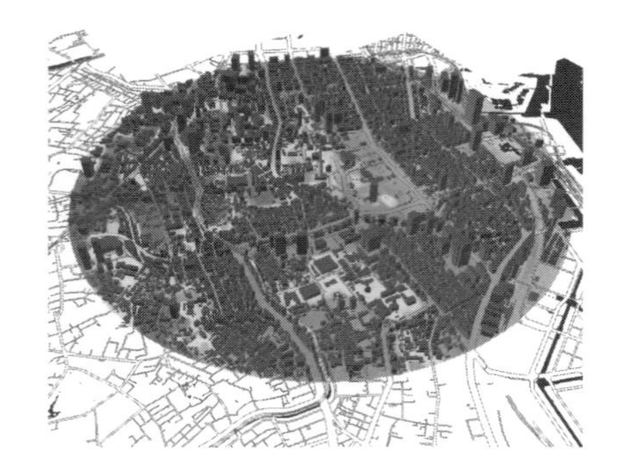

東京タワーを中心に半径1,500m領域の3次元表示

東京タワーの標高170m付近を見通せる場所（黒色で表示）

図4.16　東京タワーの可視領域

瞰図の作成，DEMを用いた傾斜角や傾斜方向の計算，体積計算などがある。
3次元表現という点では，CADやCGのほうが優れている場合が多く，GISと相互にデータを補完・連携することにより，解析と表現の効率や有効性が高まる。

コラム(2) GISによる土地利用変化の抽出と可視化

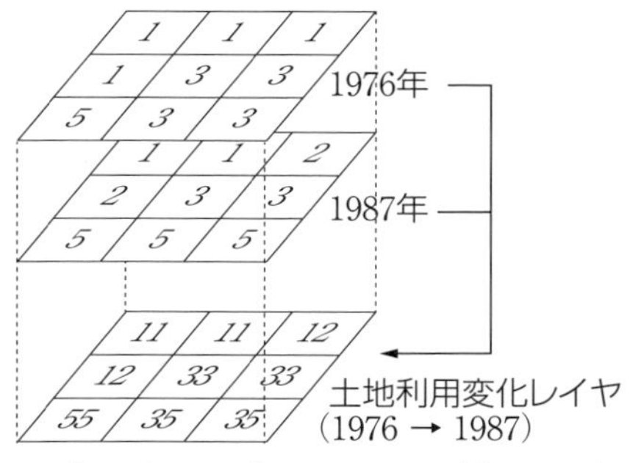

ここでは，分析機能の応用例として，レイヤ操作とカーネル密度推定を用いた土地利用変化の分析について紹介する。

(1) 使用データ

使用データは，国土交通省が提供している国土数値情報の「土地利用細分メッシュデータ」であり，インターネットを通じて無料でダウンロードすることができる。土地利用細分メッシュデータは，全国の土地利用状況について，おおよそ100 m × 100 mの区画単位(メッシュと呼ぶ)で提供しており，作成年度は1976年から2009年にかけて6時期に及ぶ。この中から1976，1987，1997の3時期の首都圏のデータを使用した。

(2) 分析の考え方

土地利用種別は，作成時期により若干の違いがあるため，①田，②畑，③森林，④荒地，⑤市街地，⑥空地，⑦水面の7種に再分類し，①から⑦の属性値をもつラスタデータとした。1976年から1987年への変化を分析する場合，ある区画の属性値が③から⑤へ変化していれば，森林が市街地へ変化したことになる。変化パターンは，変化がない場合も含めると，7 × 7=49通りである。

最初に「土地利用変化レイヤ」を作成するため，GIS上で1976年と1987年の土地利用データを重ね合わせた後，全区画について「1976年の属性値 × 10+1987年の属性値」を計算した。これにより，新たな土地利用変化レイヤでは，各区画の属性値として，10の位が1976年，1の位が1987年の土地利用を示すことになり，12，35，77のような数値をもつ。それぞれ，①田→②畑，③森林→⑤市街地，⑦水面→⑦水面(この場合は変化なし)への変化を意味する。これらの複数のレイヤから新規レイヤを作成する操作機能をレイヤ操作と呼ぶ。したがって，例えば森林減少地域を抽出したければ，土地利用変化レイヤから31，32，34，35，36，37の6種類の区画を抽出すればよい。

次に，抽出した区画(ラスタデータ)について，GISの機能により，その重心位置で点データに変換し，カーネル密度推定により密度サーフェスを作成すると，森林減少地域を可視化できる。同様に他の土地利用変化や，1987年から1997年への変化についても計算することができる。

(3) 分析結果

下図は，森林減少地域および市街地増加地域の密度サーフェスである。時期により当該土地利用変化が集中して発生している地域を把握することができる。

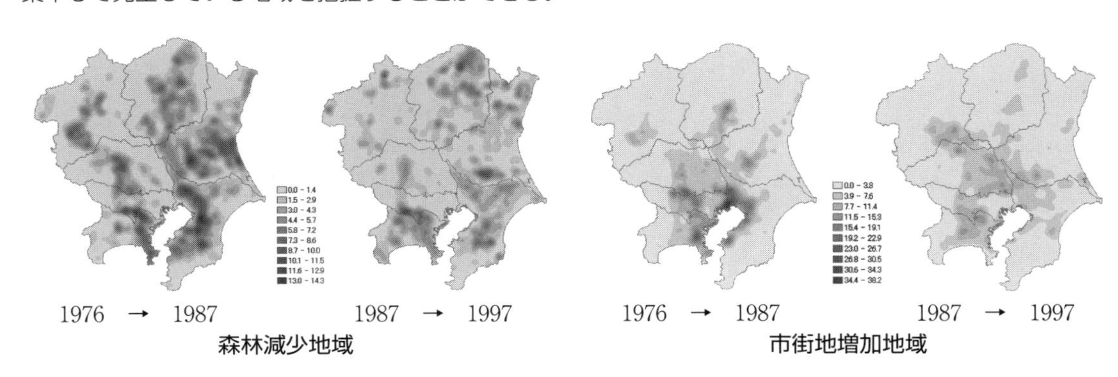

森林減少地域　　市街地増加地域

4.10 リモートセンシング

地表の状態を取得する手法として，写真判読，航空写真測量，航空レーザ測量，地上測量などがあるが，広域を周期的に観測できる技術として利用されるのが，リモートセンシングである。

4.10.1 リモートセンシングの原理

リモートセンシングは，地表から反射あるいは放射される電磁波を人工衛星や航空機に搭載したセンサ(電磁波を検地する装置)により観測し，画像解析する技術である。物体は電磁波を反射・吸収・透過するが，この反射・吸収・透過の程度は，物体により固有の特性をもっているため，物体を識別することができる。

リモートセンシングは，観測する電磁波の波長帯によって，「可視・近赤外領域」,「熱赤外領域」,「マイクロ波領域」に分けられる。それぞれセンサによって複数のバンドに分割されて，電磁波特性が画像データとして収集される。

(1) 可視・近赤外領域リモートセンシング

可視域(0.4～0.7μm)および近赤外領域(0.7～0.9μm)を対象とし，光学センサにより，主として太陽光からの反射を計測する。ここで，照射された電磁波(太陽光)と反射された電磁波(太陽光)の波長帯ごとの比率を分光反射率といい，物体の分光反射特性を示すものである(**図4.17**)。

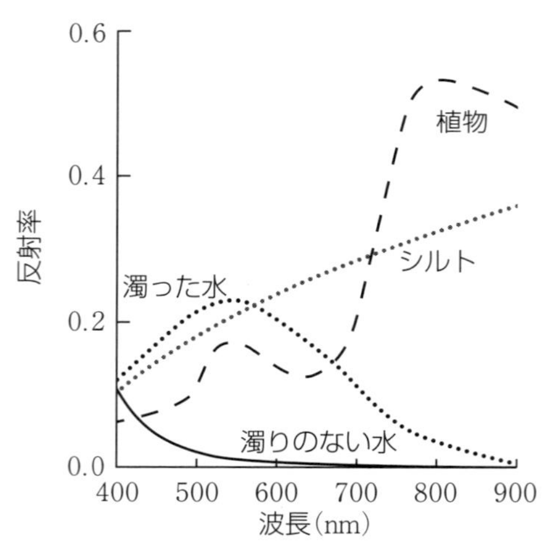

図4.17　地物の分光反射率 (引用文献2)

(2) 熱赤外領域リモートセンシング

熱赤外領域 (3～14μm) を対象として，主として対象物から放射される電磁波を計測し，温度に変換する。

(3) マイクロ波領域リモートセンシング

対象物から放射されるマイクロ波（1mm～30cm）を計測する受動型と，レーダーから電磁波を放射して，その反射を計測する能動型がある。可視・近赤外領域では，雲に覆われた地表は観測できないが，マイクロ波は雲を透過するため，地表の画像が取得できる。

4.10.2 リモートセンシングの活用

リモートセンシングは，1972年のLANDSAT衛星の打ち上げ後，本格的な利用が始まり，その後，フランスのSPOT，欧州宇宙機構のERS-1，インドのIRSなど，各国が打ち上げている。最近は，IKONOS(1999年・米国)に始まり，QuickBird(米国)，WorldView(米国)，GeoEye-1(米国)など，地上解像度1m以下の商業用高分解能衛星が打ち上げられ，わが国も2006年のALOS（2011年5月運用終了）に続き，2014年5月にALOS-2を打ち上げている。

リモートセンシングにより，地盤沈下や地殻変動といった地面の動きの把握，土砂災害や洪水などの自然災害の把握，土地改変や森林監視などが行われるほか，マルチスペクトル画像のスペクトル特徴の分類により，土地利用，植生，土壌，地質などの主題図の作成などにも活用されている。これらの画像はGIS上で，他の地理空間情報と合わせて分析を行うなど，GISとの連携も進んでいる。

コラム(3) 植生指標(NDVI)による緑地の抽出

地表植生の抽出は，リモートセンシングデータ解析の中でも，頻繁に利用される手法であり，植生指標の計算による。植生指標は，植物の活性度を推定するもので，いくつか考案されているが，いずれも植物の葉緑素（クロロフィル）が，赤色の可視領域で太陽光を吸収し，近赤外領域で強い反射を示すことを利用したもので，地表を覆う植生量の大小を反映するものである。なかでも正規化植生指標（NDVI：Normalized Differential Vegetation Index）は代表的な植生指標であり，次の式で表される。

$$NDVI = (IR - R)/(IR + R)$$

IR：近赤外バンドの反射強さ

R：赤色バンドの反射強さ

NDVIは，－1から+1の範囲になり，+1に近いほど植物活性度が高い

右図は，日本の衛星ALOS（AVNIR-2センサ，分解能10m，2009年9月撮影）により撮影された画像に対して，NDVIを算出し，基盤地図情報の家屋データと重ね合わせたものである。濃い色の地域はNDVIが高く，植物活性度の高い緑地を示す。

NDVI値と家屋データの重ね合せ

04 演習問題

【１】次は，GIS（地理情報システム）で扱うベクタデータとラスタデータの特徴について述べたものである。**間違っているもの**を選びなさい。

①ベクタデータは，正確な形状と境界を有した，不連続な地物の表現に適している。
②ラスタデータをベクタデータに変換することができる。
③ラスタデータは，一定の大きさの画素が配列したものである。
④道路中心線による2点間の最短経路探索には，ラスタデータが適している。
⑤ベクタデータは，ポイント，ライン，ポリゴンで地物を表現する。

解答　④

［**解説**］
ベクタデータでは，表現しようとする対象物の位置や形状をポイント（点），ライン（線），ポリゴン（面）の３つの図形要素で定義し，形状を正確に表現することができるため，明瞭な境界をもつ対象物の表示に適している。また，図形要素間の位置関係を示す位相構造を導入することによって，空間検索やネットワーク分析などの空間分析を行うことが可能となる。

一方，ラスタデータは，一定の大きさの画素が配列したものであり，標高値や濃度，降水量など，連続的に変化する属性値を表現するのに適しているが，最短経路探索のように，点と線で構成されるネットワークに関する解析を行うことは困難である。また，ラスタデータは細線化法などにより，ベクタデータに変換することができる。

【２】次の地理情報の利用に関する文章中の，ＡからＤに入る語句の組合せとして，**適当なもの**を選択しなさい。

(A)は，異なるシステム間での(B)の相互利用を容易にするために定められたルールである。地理空間データが製品として流通し，利用が促進されるためには，データの概要や，管理者，整備範囲，入手方法，品質など，データに関する情報を記したデータが必要であり，これを（C）と呼ぶ。(D)は，登録された(C)を索引として，インターネット上で検索するための仕組みである。

(A)	(B)	(C)	(D)
①メタデータ	地理空間情報	地理情報標準	クリアリングハウス
②地理空間情報	クリアリングハウス	メタデータ	地理情報標準
③地理情報標準	地理空間情報	メタデータ	クリアリングハウス
④クリアリングハウス	メタデータ	地理空間情報	地理情報標準
⑤メタデータ	地理情報標準	クリアリングハウス	地理空間情報

解答　③

［**解説**］

地理情報標準は，地理空間情報を異なるシステム間で相互利用する際の互換性の確保を主目的に，データの設計方法，品質，記述方法，仕様書の書き方などを定めた共通のルールのことであり，その内容を実利用に即して体系化し，日本国内における地理情報の標準としたものが，JPGIS（地理情報標準プロファイル）である。したがって，JPGISを参照することで，地理情報標準に準拠した地理空間データや製品仕様書を作成することができる。

また，基盤地図情報は，JPGISに基づくXML形式のデータとして提供されている。このようなデータ品質の確保と同時に，メタデータやクリアリングハウスの整備が，地理空間情報の利用促進や重複投資の排除に寄与している。

【３】 次は，GIS（地理情報システム）の一般的な特徴やGISを用いたシステム構築，空間分析について述べたものである。**間違っているもの**を選びなさい。

①GISで扱う地理空間は，ベクタデータやラスタデータで表現された多様な地理空間データが，層状に積み重なったレイヤ構造をもつ構造化モデルで表すことができる。

②上下水道，ガス管など地中埋設物の位置データと，経路，種類，口径，埋設年などの情報を合わせて管理する維持管理システムを，GISによって構築する。

③GISでは，コンビニエンスストアの出店計画立案にあたり，既存店舗のボロノイ分割による領域設定と居住者データ（年齢・家族構成・年収など）を合わせて，店舗位置や品揃えに関する計画支援を行える。

④GISでは，ある地点を中心に半径1km以内にある建物を簡単に検索することができ，この機能を属性検索と呼ぶ。

⑤GISでは，道路周辺にバッファを生成し，複数年の土地利用データと合わせて，経年的な道路沿いの土地利用変化を分析することができる。

解答　④

［**解説**］

属性検索は，図形データに付随する属性情報を対象とした検索である。例えば，建物データの属性値として階高がある場合，それによって3階建以上の建物を検索する場合は，属性検索である。

一方，ある地点からの距離によって検索する場合は，空間の位置関係に基づいて検索するものであり，空間検索という。

【４】数値地形モデルについて述べた次の文章のうち，**間違っているもの**を選びなさい。

①DEMは，等間隔で描かれた格子点の属性値として標高値をもたせたもので，格子間隔が狭いほど精度が高い。

②DEMに対して，建物や植生などの土地被覆を含めた高さを表す数値地形モデルをDSMという。

③等高線データからDEMを作成することはできるが，TINモデルからDEMを作成することはできない。

④DEMから作成した等高線は，元の地形図の等高線とは一致しない。

⑤DEMを用いて，地形の断面図や鳥瞰図を作成することができる。

解答　③

［**解説**］

一般に，地形等を３次元座標で表現したものを，数値地形モデル（DTM：Digital Terrain Model）と呼び，特に地盤高を表すことに特化した数値地形モデルをDEM（Digital Elevation Model），建物の屋根や森林の樹冠など最上層の面を表すものをDSM（Digital Surface Model）と呼んで区別している。

DEMは，等間隔の格子点やラスタデータの属性値として標高値をもたせたもので，格子間隔が狭いほど，より詳細な地形表現が可能になる。

一方，ランダムに配置された点を頂点とする三角形の集合を作成し，平面近似を行うモデルは，不規則三角網(TIN：Triangulated Irregular Network)と呼ばれる。

TINデータモデルでは，三角形内の標高を三角平面から内挿し，任意の格子間隔のDEMを作成することができる。DEMは，一定間隔でデータを記録しているため，微妙な地形を表現することはできず，DEMから作成した等高線は，元の地形図の等高線と完全には一致しない。

05 路線測量

路線測量とは，道路や鉄道，上下水道の導水管，送電線などの路線構造物の計画，設計に必要な地形情報を作成するための測量，計画された路線を現地に敷設するための測量などの総称である。ここでは，道路に関わる測量を中心に取り上げる。

本章では，路線測量の作業工程のほか，平面線形，縦断線形，横断線形を構成する円曲線や緩和曲線，縦断曲線，横断曲線の種類や各要素の計算方法を理解することを目標とする。

5.1 路線測量の概説

路線測量は，線状構造物建設のための調査，計画，実施設計などに用いられる測量をいう。

新規道路は，交通渋滞などの地域の課題やニーズを整理・分析し，新規路線が果たすべき機能や役割を検討した上で，円滑かつ安全な交通が確保できるように，対象地域の自然条件を考慮して最適な道路構造が計画される必要がある。

本節では，路線計画の概要，路線測量の作業工程，平面図・縦横断面図について解説する。

5.1.1 路線計画の概要

(1) 路線計画

縮尺1/50,000～1/25,000の地形図を用いて，自然条件，鉄道や道路との交差，地域コミュニティや学校，病院などのコントロールポイントの重要度，経済性，施工性，維持管理の容易性などを考慮して概略の路線位置を決め，比較路線を複数設定する。これらの比較路線を評価し，さらに詳細な検討をする路線を選び出す。

道路が最小限保持すべき構造の基準には，幅員，建築限界，線形，勾配，視距，路面，交差または接続などがあるが，これらは道路法に基づく政令である道路構造令，および道路構造令に基づく省令によって規定されている。

一般に，路線計画にあたり考慮すべき事項は，以下のとおりである。

- 地域住民や道路利用者からみた必要性，地域特性を踏まえた道路の役割と機能，将来の状況変化への対応を十分考慮する。
- 主要な道路や鉄道との交差位置やインターチェンジの位置と取付け道路，その他都市計画事業，地下埋設物などを考慮し総合的に判断する。
- 地域コミュニティの分断を避け，移転家屋をできるだけ少なくする。
- 空港や港湾，鉄道，電波受信施設，貯水池，発電所などの公共施設，重要文化財や特別名勝などの文化財は避ける。
- 社会環境として，学校，病院，神社，寺，墓地，文化財，工場など，自然環境として，原生自然環境保全地域，国立公園特別保護地域などはできるだけ避ける。
- 道路，鉄道，河川を横断するときは，できる限り工事の容易な場所を選ぶ。山間部の道路は，さらに自然条件も考慮する。
- 山間部の通過には，地質や積雪，濃霧の自然条件や工事費に留意する。
- 渡河地点は，河岸浸食や橋脚部の洗掘の恐れがある河川の分岐点，合流点を避け，できるだけ河川と直角に交差することが望ましい。
- 地すべりや軟弱地盤，崩壊斜面は避ける。完全に避けられないとしても，そのような地域を通過する距離をできるだけ短くする。
- 長大な法面ができたり，崖錐地帯などで供用後の維持管理が困難な場所は避ける。

(2) 概略設計

路線計画で選定された複数の案について，縮尺1/5,000～1/2,500の地形図を用い，地質資料，現地踏査の結果，設計条件などを踏まえ，平面線形を描き，図上に100m～50mピッチの縦横断の検討を行う。また，土量計算や主要構造物の計画，概算工事費を算出し，比較案や最適案を提案する。

(3) 予備設計

概略設計によって選定された案について，平面線形，縦横断線形の比較案を作成し，施工性，経済性，維持管理，走行性，安全性および環境などの総合的な評価と，橋梁やトンネルなどの主要構造物の位置や形式を決め，技術的，社会的，経済的な評価のもと最適案を選定する。

検討にあたり，縮尺1/1,000の空中写真図，実測図，地質資料，現地踏査の結果などを用いて，平面図，縦横断面図，主要構造物の計画図，概算工事費を作成する。なお，縦横断の検討は一般に20mピッチで行う。

(4) 実施設計

予備設計で作成された縮尺1/1,000の平面図，縦横断図などの成果に基づいて，道路工事の内容を確定する。工事に必要な平面・縦横断の設計や道路付帯構造物の設計を行い，施工計画や設計図の作成，数量計算を行う。

5.1.2 路線測量の作業工程[1)]

1) (公社) 日本測量協会 (2013)「公共測量作業規程の準則」をもとに作成。

路線測量の作業工程は，**図5.1**のように大別できる。

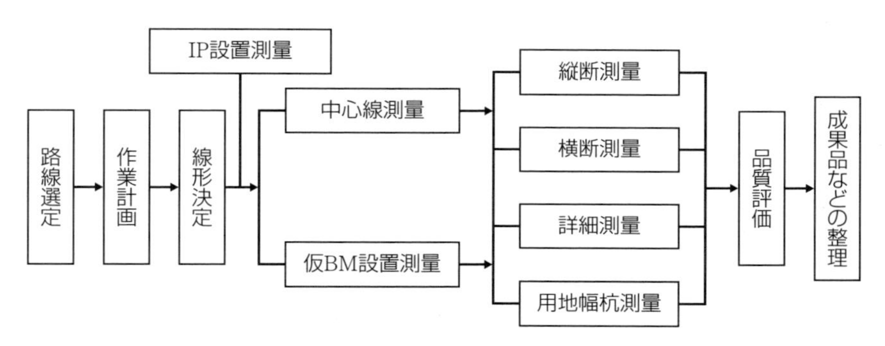

図5.1 路線測量の作業工程

路線選定：先述のとおり，縮尺1/50,000や1/25,000の地形図を用いて，路線の位置やインターチェンジ，橋梁，トンネルなどの位置を決定する（一般に，この工程は作業規程の準則の「路線測量」には含まれない)。

作業計画：資料の収集，計画路線の踏査，作業方法，作業工程，使用機材について適切な計画を立案する作業をいう。

線形決定：路線選定の結果に基づき，線形の基本となる交点（IP）の位置を座標として定め，線形を決める主要点，中心点の座標を決定し，線形図データファイルを作成する作業をいう。

IP設置測量：現地に直接IPを設置する必要がある場合には，線形決定により決定した座標値をもつIPを放射法などにより設置する。

中心線測量：中心線形を現地に設置する作業であり，線形を表す主要点および中心点をすでに計算された座標を用いて，現地に設置されたIPまたは最寄りの基準点などから放射法，視通法などを用いて測設する作業である。

仮BM設置測量：縦断測量および横断測量に必要な水準点（これを「仮BM」という）を現地に測設し，標高を求める作業をいう。

縦断測量：中心線の縦断面図データファイルを作成する測量をいう。中心杭間の距離は測定されているので，杭頭と地盤高のみを測定するが，地形変化点や既存構造物の位置は距離と高さを測定する。

横断測量：中心杭が設置された位置で，中心線の接線に対する直角方向線において，中心杭を基準として，左右の地形の変化点などの距離および地盤高を定め，横断面図データファイルを作成する作業をいう。

詳細測量：交差点などの主要な構造物を設計するために必要な詳細平面図データファイル，縦断面図データファイルおよび横断面図データファイルを作成する作業をいう。

用地幅杭設置測量：用地取得の範囲を示すため，所定の位置に用地幅杭を測設する作業をいう。

品質評価：路線測量の成果について，製品仕様書が規定するデータ品質を満足しているか否か評価する。

成果品などの整理：製品仕様書に従い，ファイルの管理および利用において必要となる事項について作成する。

5.1.3 平面図，縦断面図，横断面図

路線の空間的な形状を線形といい，平面線形，縦断線形，横断線形に分けられる。道路の幾何形状は平面図，縦断面図，横断面図に示される。

(1) 平面図

道路の路線を地形図に表した図で，現地に道路がどのような大きさや形で施工するのかが明らかになる。縮尺は1/500～1/1,000で示される。測点，構造物の施工箇所，用地幅杭などが記入されている（**図5.2**参照）。

(2) 縦断面図

路線の縦断方向に，現地盤高や計画地盤高を示した図である。縮尺は一般に，横は1/500～1/1,000，縦は1/100～1/200で示される。横縮尺は，地形図の縮尺が用いられることが多く，縦縮尺は横縮尺の5～10倍にして示す（**図5.3**参照）。

(3) 横断面図

路線の横断方向に，道路の断面形状を示した図である。横断面は，車道，中央帯，側帯，停車帯，路肩などの要素を組み合わせて構成される。1/100～1/200の縦・横同一縮尺で示される。現状の縦断面図から各測点の現地盤

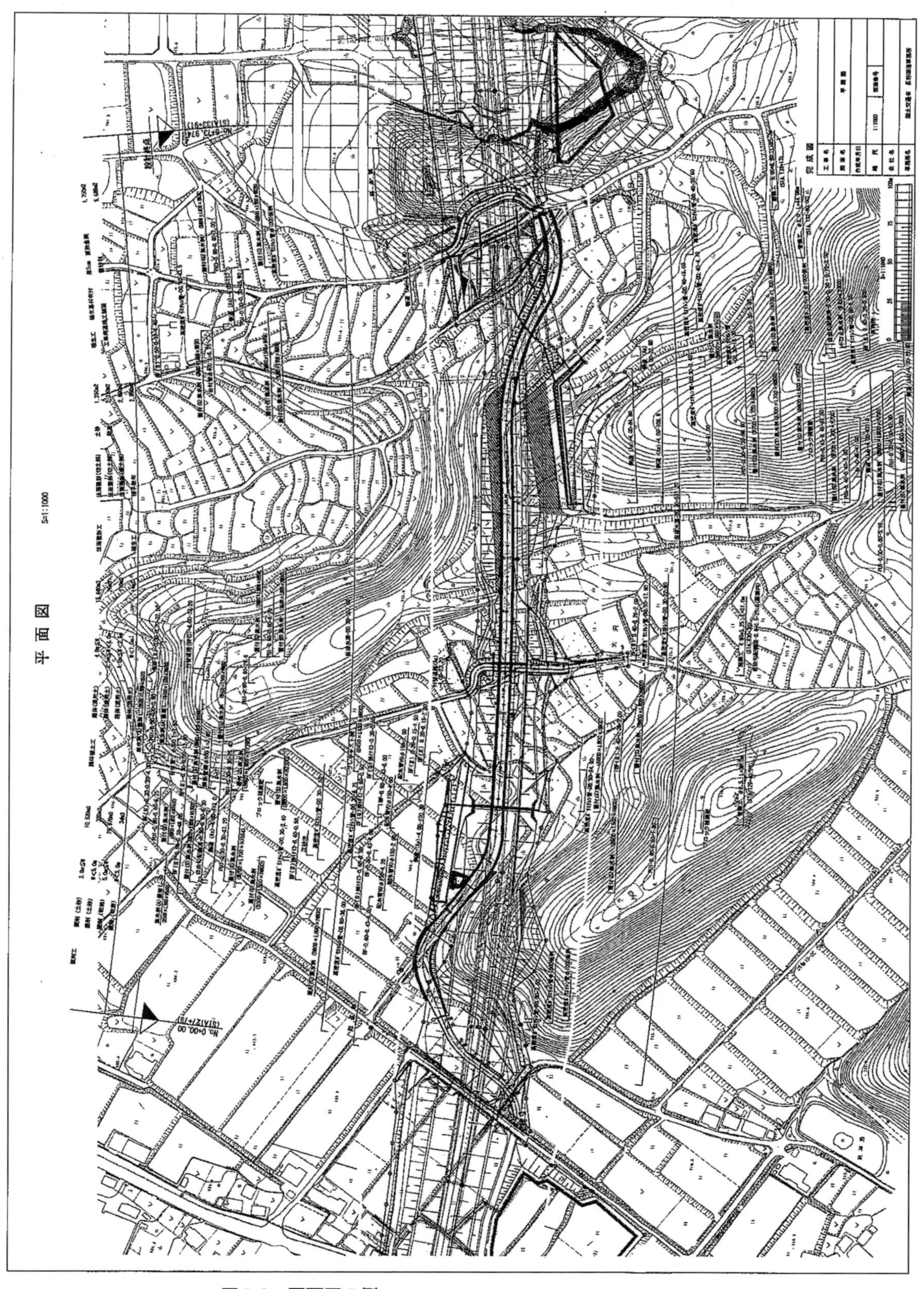

図5.2 平面図の例（提供：国土交通省関東地方整備局長野国道事務所）

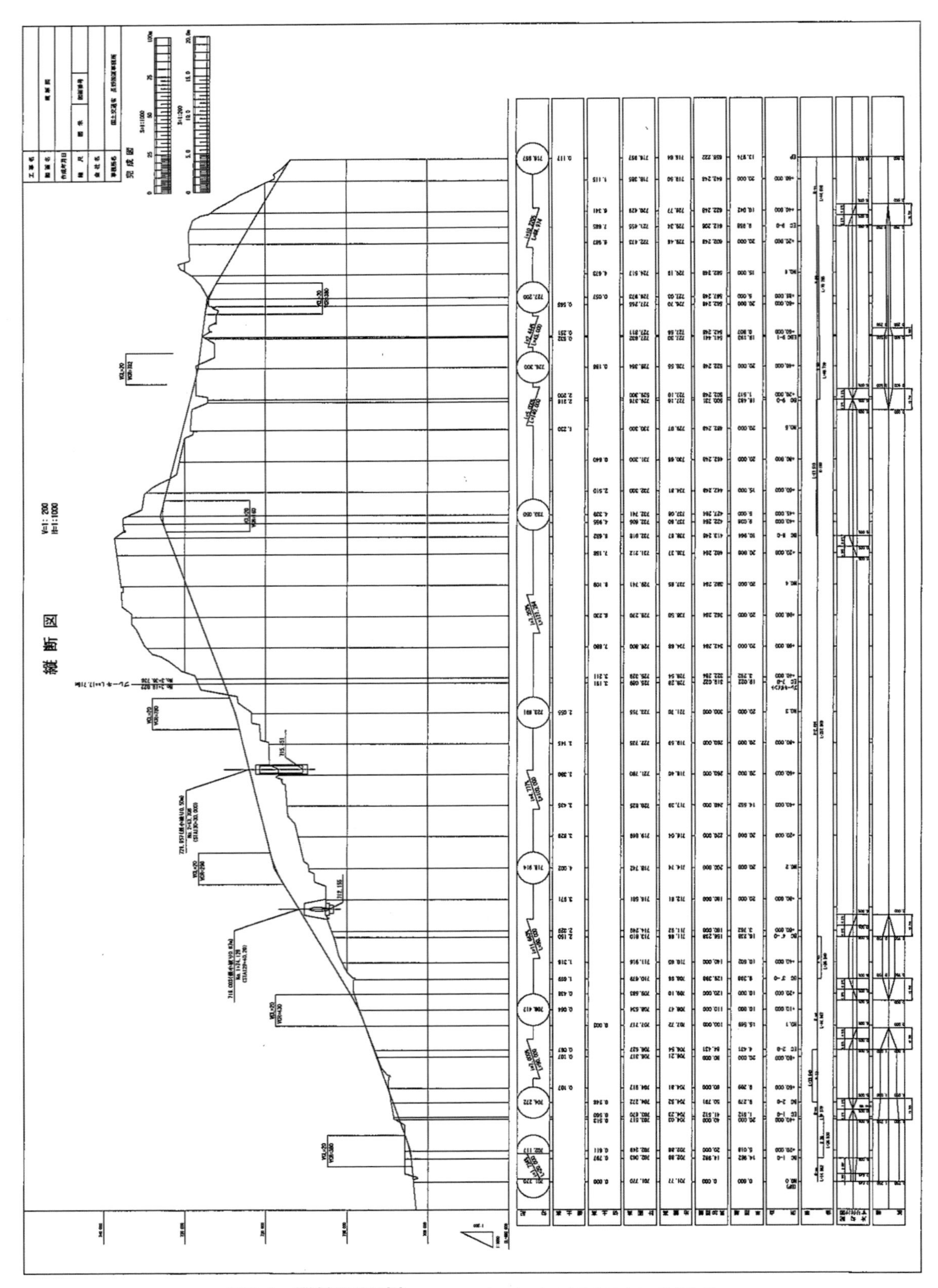

図5.3　縦断面図の例（提供：国土交通省関東地方整備局長野国道事務所）

高を描き，次に計画断面および用地杭位置を入れる。横断面図の表し方は，起点から終点方向をみたときの断面形である(**図5.4**参照)。

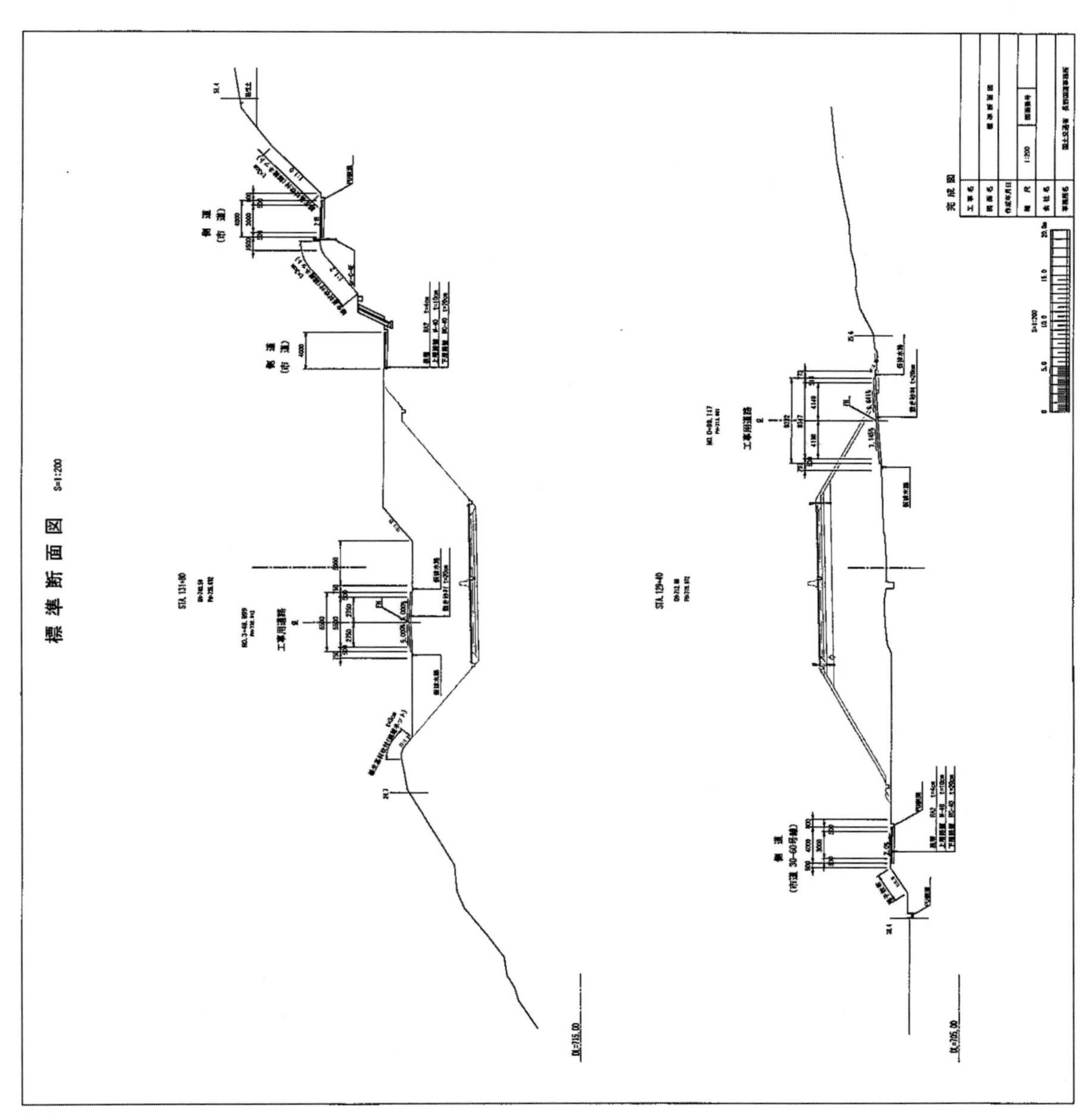

図5.4　標準断面図の例（提供：国土交通省関東地方整備局長野国道事務所）

5.2 平面線形

平面線形とは，路線の中心線を水平面上に投影したもので，直線，円曲線，緩和曲線によって成り立っている。単に線形といえば，平面線形のことを指す。平面線形は，地形条件との適合を図るほか，自動車の走行安全性や快適性を確保するために，滑らかな線形にする必要がある。

ここでは，円曲線の例として単心曲線，緩和曲線の例としてクロソイド曲線を取り上げ，曲線の設置に必要な諸要素の求め方や曲線設置の方法を中心に解説する。

5.2.1 円曲線

(1) 円曲線の種類

平面曲線の形状は，**図5.5**に示すような種類がある。いずれも，曲線半径と交角の大きさによって，その形が決定される。

単心曲線とは，1つの円曲線からなる曲線で最も多く用いられる。複心曲線とは，半径の異なる2つの円曲線が，その接続点における共通接線の同側に中心点をもつ曲線である。同じ方向にカーブするにあたり，地形的に1つの円曲線で測設できない場合に用いられる。反向曲線とは，2つの円曲線が，その接続点における共通接線の反対側に中心点をもつ曲線で，反対方向にカーブする場合に用いる。背向曲線とは，路線の通過する位置が極端に制約を受ける場合で，180°近い方向転換をする場所で用いる曲線をいう。

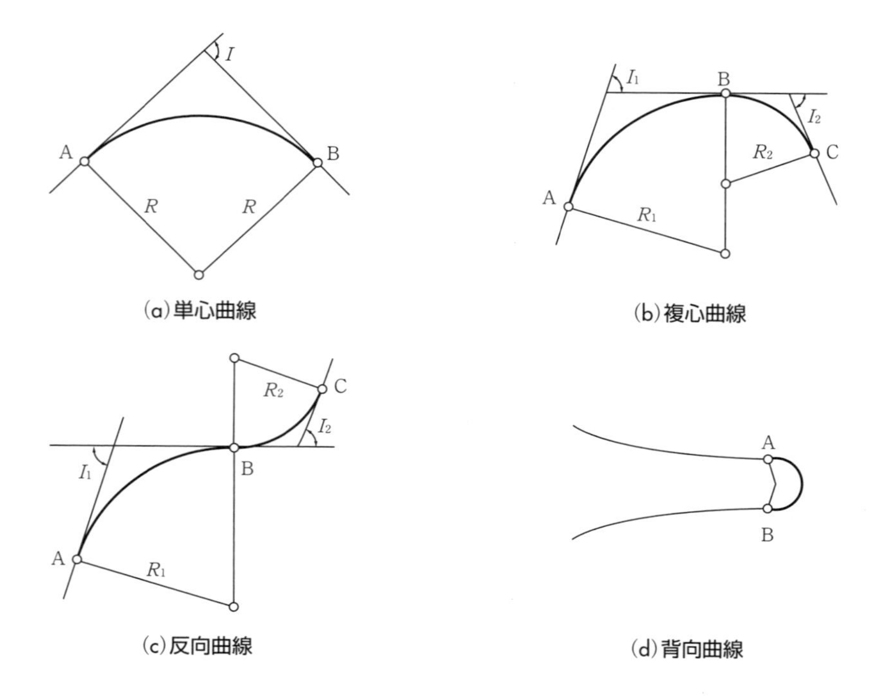

図5.5　円曲線の種類

(2) 円曲線の表示

路線の平面位置は，道路の中心線を基準に表示される。円曲線が設けられる場合，円曲線の始点(BC)，終点(EC)，交点(IP)などの主要点の位置のほか，路線の起点から等間隔にとられた中心杭(またはナンバー杭)，地形の変化点などに設けられるプラス杭の位置を求めることで確定する。また，求めた路線位置は，**図5.6**のように地形図上に表示する。

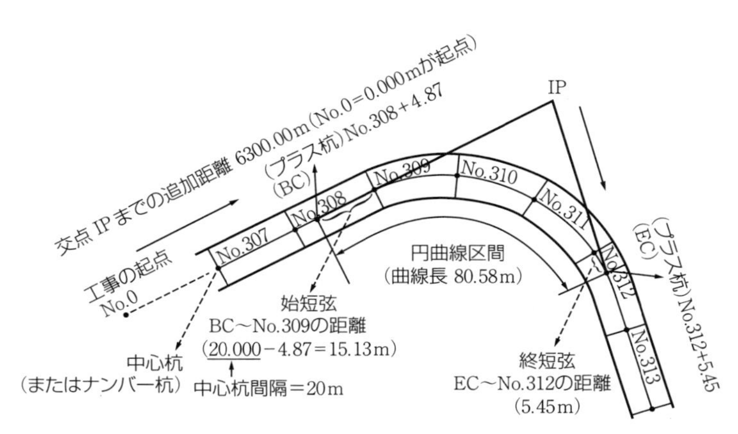

図5.6　円曲線の表示例

5.2.2　単心曲線各部の名称と公式

単心曲線は，交角Iを測定し，円弧の半径Rを決めれば，**図5.7**に示す曲線設置に必要な諸要素[1)]を，公式を用いて求めることができる。

1)　IP : Intersection Point
$I(IA)$: Intersection Angle
TL : Tangent Length
CL : Curve Length
SL : Secant Length
BC : Beginning of Curve
EC : End of Curve
SP : Secant Point
M : Middle Ordinate
C : Long Chord
δ : Defection Angle
R : Radius of Curve
ℓ : Chord Length

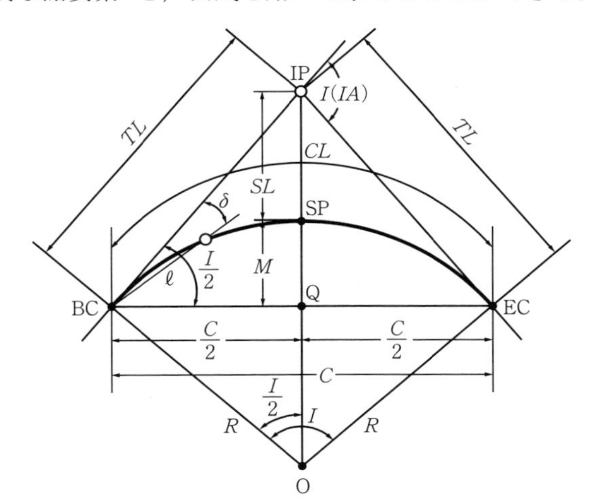

名　称	記号	名　称	記号	名　称	記号
交点	IP	外線長	SL	弦長	C
交角(中心角)	$I(IA)$	円曲線始点	BC	偏角	δ
曲線半径	R	円曲線終点	EC	総偏角	$\frac{I}{2}$
接線長	TL	曲線の中点	SP		
曲線長	CL	中央縦距	M	弧長	ℓ

図5.7　単心曲線の名称と記号

［公式］　接線長（TL）：交点（IP）から曲線始点（BC），あるいは，曲線終点（EC）までの距離

$$TL = R\tan\frac{I}{2} \tag{5.1}$$

曲線長（CL）：曲線始点（BC）から曲線終点（EC）までの円弧の距離

$$CL = RI[\mathrm{rad}] = \frac{\pi RI}{180°} \tag{5.2}$$

外線長（SL）：交点（IP）から曲線中点（SP）までの距離

$$SL = R\left(\frac{1}{\cos\frac{I}{2}} - 1\right) = R\left(\sec\frac{I}{2} - 1\right) \tag{5.3}$$

中央縦距（M）：曲線中点（SP）からQまでの距離

$$M = R\left(1 - \cos\frac{I}{2}\right) \tag{5.4}$$

弦長（C）：曲線始点（BC）から曲線終点（EC）までの距離

$$C = 2R\sin\frac{I}{2} \tag{5.5}$$

偏角（δ）：単曲線の接線と曲線上の任意の点に挟まれた角

$$\delta = \frac{\ell}{2R}[\mathrm{rad}] = \frac{\ell}{2R}\,\frac{180°}{\pi} \tag{5.6}$$

ただし，式(5.1)から式(5.5)のIの単位は，度分秒である。式(5.2)のRIのIの単位はラジアン，式(5.6)のℓは弧長である。

例題5.1

交点（IP）までの追加距離が6.3km，交角Iが37°20′，半径Rが400mの円曲線を設置するとき，設置に必要な主要点（接線長TL，曲線長CL，外線長SL，中央縦距M，弦長C，曲線始点BC，曲線終点EC）の諸量を求めよ。　　(松井(共立出版，1986)より作成)

［解 説］

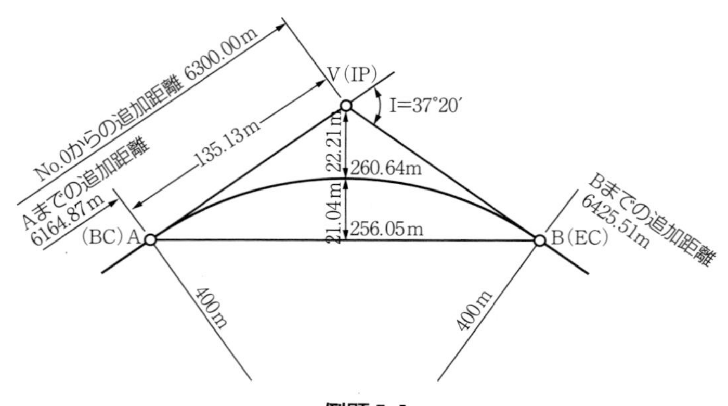

例題5.1

接線長 $TL = R\tan\dfrac{I}{2} = 400 \times \tan\dfrac{37°20'}{2} = 135.13\,\mathrm{m}$

曲線長 $CL = RI[\mathrm{rad}] = \dfrac{\pi RI}{180°} = \dfrac{\pi \times 400 \times 37°20'}{180°} = 260.64\,\mathrm{m}$

外線長 $SL = R\left(\dfrac{1}{\cos\frac{I}{2}} - 1\right) = R\left(\sec\dfrac{I}{2} - 1\right) = 400 \times \left(\sec\dfrac{37°20'}{2} - 1\right) = 22.21\,\mathrm{m}$

中央縦距 $M = R\left(1 - \cos\dfrac{I}{2}\right) = 400 \times \left(1 - \cos\dfrac{37°20'}{2}\right) = 21.04\,\mathrm{m}$

弦長 $C = 2R\sin\dfrac{I}{2} = 2 \times 400 \times \sin\dfrac{37°20'}{2} = 256.05\,\mathrm{m}$

中心杭間隔を20mとすると

曲線始点 BC=6,300.00−135.13=6,164.87m=No.308+4.87m

曲線終点 EC=6,164.87+260.64=6,425.51=No.321+5.51m

5.2.3 単心曲線の設置方法

円曲線の測設は，まず前節の式から曲線の位置を決定するための主要点(交点，曲線始点，曲線終点，曲線中点など)の位置を決定し，主要点杭(または役杭)を測設する。その測設法は，地形条件などを踏まえて選択する。

(1) 偏角測設法(偏角法)

偏角測設法は，**図5.8**のように，接線からの偏角δを測定し，単心曲線の弧長ℓを用いて，中心杭の位置を決めて曲線を設置する。作業が容易で精度も高いことから，広く用いられている。

交点IPの位置，交角I，曲線半径Rが定まると，曲線設置に必要な諸量を求める。そして，それぞれの中心杭間の弧長 ℓ_0(=20m)に対する偏角δ_0および始短弦ℓ_1に対する偏角δ_1，終短弦ℓ_2に対する偏角δ_2を計算で求めておく。

現場では，曲線始点BCにおいて，接線から偏角δ_1を測定し，その視準線上の距離ℓ_1(=測設では偏角に対応する弦長を用いる)の位置に中心杭を設置する。

次に，接線から始短弦の偏角と次の偏角の合計($\delta_1+\delta_0$)の視準線と，No.1の中心杭から次の弧長ℓ_0との交点に，No.2の中心杭を設置する。順次これを繰り返して，曲線設置を完了する。

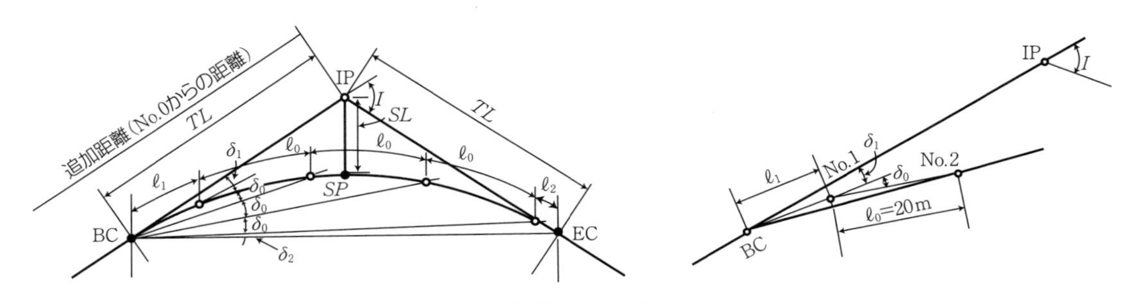

図5.8 偏角測設法と測設の方法

偏角測設法での曲線設置において，弧長ℓが計算で用いられているが，実際の測設では弦長Cを用いる。弧長ℓと弦長Cの差は，曲線半径をRとすると，次式のように表される[2)]。

$$\ell - C = \ell^3 / 24R^2 \quad (5.7)$$

2) 弦長と弧長の差

$$C = 2R\sin\frac{I}{2}$$

$$\sin\frac{I}{2} = \frac{\ell}{2R} - \frac{1}{6}\left(\frac{\ell}{2R}\right)^3$$

$$C = 2R\left\{\frac{\ell}{2R} - \frac{1}{6}\left(\frac{\ell}{2R}\right)^3\right\}$$

$$= \ell - \frac{\ell^3}{24R^2}$$

$$\ell - C = \frac{\ell^3}{24R^2}$$

表5.1に示すとおり，曲線半径が大きくなるほど，弧長と弦長の差$\ell - C$は小さくなる。一般に，$\ell / R \leqq 0.1$では，ℓ=Cとしても差し支えない。

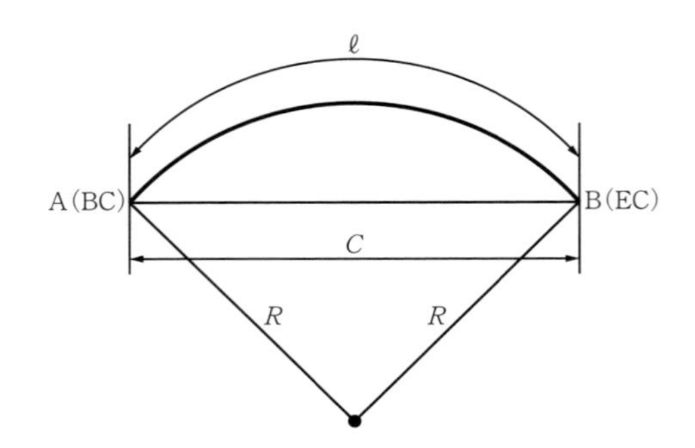

図5.9　弦長と弧長の関係

表5.1　弧長と弦長の差

R(m)	100	150	200	300	400	500	600	700
$\ell - C$(cm)	3.3	1.5	0.8	0.4	0.2	0.1	0.1	0.0

例題5.2

交点V(IP)までの追加距離が6.3km，交角Iが37°20′，半径Rが400mの円曲線を，偏角測設法で設置するとき，始短弦偏角，20m偏角，終短弦偏角を求めよ。また，偏角の総和が理論値$\frac{I}{2}$になるか確認せよ。なお，中心杭は20mごとに設置されるとし，必要に応じて，例題5.1で求めた結果を用いるとよい。

(松井(共立出版，1986)より作成)

［**解 説**］

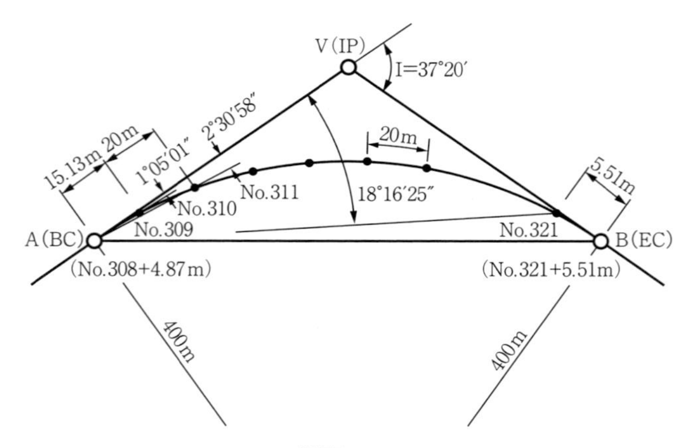

例題5.2

円曲線上の中心杭

例題5.1の結果を用いると，円曲線始点BCと円曲線終点ECの値から，円曲線上にNo.309からNo.321までの中心杭が入ることがわかる。

BC=6,164.87 m=No.308+4.87 m

EC=6,425.51m=No.321+5.51m

偏角の計算

始短弦長 $\ell_1=20-4.87=15.13\,\mathrm{m}$

終短弦長 $\ell_2=5.51\,\mathrm{m}$

なので，偏角は以下のとおりとなる。

始短弦偏角 $\delta_1=\dfrac{\ell_1}{2R}\times\dfrac{180°}{\pi}=\dfrac{15.13}{2\times400}\times\dfrac{180°}{\pi}=1°05'01''$

20 m偏角 $\delta_0=\dfrac{\ell_0}{2R}\times\dfrac{180°}{\pi}=\dfrac{20.00}{2\times400}\times\dfrac{180°}{\pi}=1°25'57''$

終短弦偏角 $\delta_2=\dfrac{\ell_2}{2R}\times\dfrac{180°}{\pi}=\dfrac{5.51}{2\times400}\times\dfrac{180°}{\pi}=0°23'41''$

円曲線上の中心杭に対する偏角

No.309は，始短弦長ℓ_1に対する偏角δ_1を用い，次に，No.309からNo.320までの偏角は，20 m偏角δ_0をδ_1に順に加えていき，最後のNo.321+5.51の偏角には，No.321の偏角に終短弦偏角δ_2を加える。理論的には，偏角の総和は$I/2$になる。

No.309の偏角 $\delta_1=1°05'01''$

No.310の偏角 $\delta_1+\delta_0=2°30'58''$

No.311の偏角 $\delta_1+2\times\delta_0=3°56'55''$

No.321の偏角 $\delta_1+12\times\delta_0=18°16'25''$

No.321 + 5.51m(EC)の偏角 $\delta_1+12\times\delta_0+\delta_2=18°40'06''$

理論的に$I/2=18°40'00''$とならなければならないので，+6″の誤差がある。

(2) 接線からのオフセットによる測設法

図5.10のように，円曲線始点A(BC)を原点とし，Aと交点V(IP)を結ぶ接線AVをX軸とし，これより垂直方向にオフセットyを出して，曲線設置を行う方法である。

この方法は，巻尺のみを使用して簡便に曲線設置ができ，偏角測設法が困難なときに使用される。また，測設に伐採がともなう場合，伐採量を少なくするなどの利点がある。

曲線上の点においては，偏角δ，円曲線始点A(BC)からの弧長ℓ≒弦長C，曲線中の任意の点の座標(x, y)の間には，以下の関係が成り立つ。

$$\delta=\frac{\ell}{2R}\frac{180°}{\pi},\quad \ell=2R\sin\delta$$

$$x=\ell\cos\delta=2R\sin\delta\cos\delta=R\sin2\delta \tag{5.8}$$

$$y=\ell\sin\delta=2R\sin^2\delta=R(1-\cos2\delta)$$

図5.10 オフセットによる測設法

例題5.3

曲線半径Rが400 mの円曲線をオフセット法によって測設したい。曲線始点A(BC)を座標原点として，No.1, No.2, No.3の中心杭(20m間隔)の座標値を求めよ。

［解 説］

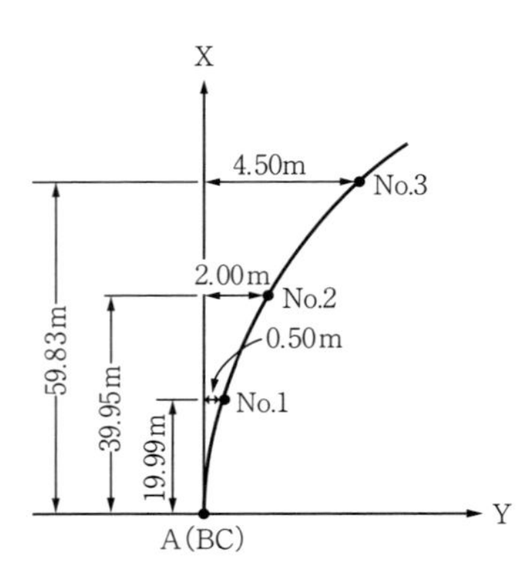

例題5.3

曲線20 mに対する偏角δ

$$\delta=\frac{20}{2\times400}\times\frac{180°}{\pi}=1°25'57''$$

No.1の座標値

$X_1=\ell\cos\delta=20\times\cos(1°25'57'')=19.99\,\text{m}$

$Y_1=\ell\sin\delta=20\times\sin(1°25'57'')=0.50\,\text{m}$

No.2の座標値

$X_2=40\times\cos(2\times1°25'57'')=39.95\,\text{m}$

$Y_2=40\times\sin(2\times1°25'57'')=2.00\,\text{m}$

No.3の座標値

$X_3=60\times\cos(3\times1°25'57'')=59.83\,\text{m}$

$Y_3=60\times\sin(3\times 1°25'57'')=4.50\text{m}$

(3) 中央縦距による測設法

この方法は，中央縦距Mの値を用いて，曲線上の中間点を順次求めていく方法である。**図5.11**に示すように，C_1(ABの距離)を計算あるいは測定で求め，ABの中点Q_1を定め，AB⊥P_1Q_1とし，中点Q_1から計算で求めたM_1(P_1Q_1の距離）をとり，P_1の位置を定める。同様に，Q_2からP_2，Q_3からP_3，Q_nからP_nを定めるものである。

既設の曲線を検査したり，偏角測設法などで測設した中心杭の間に，さらに細かく中心杭を設置して曲線を整えるのに便利である。しかし，中心杭を20mごとに設置することはできない。

図5.11において，中央縦距M，弦長C，曲線半径R，中心角Iの間には，式(5.4)，式(5.5)から次の関係がある。

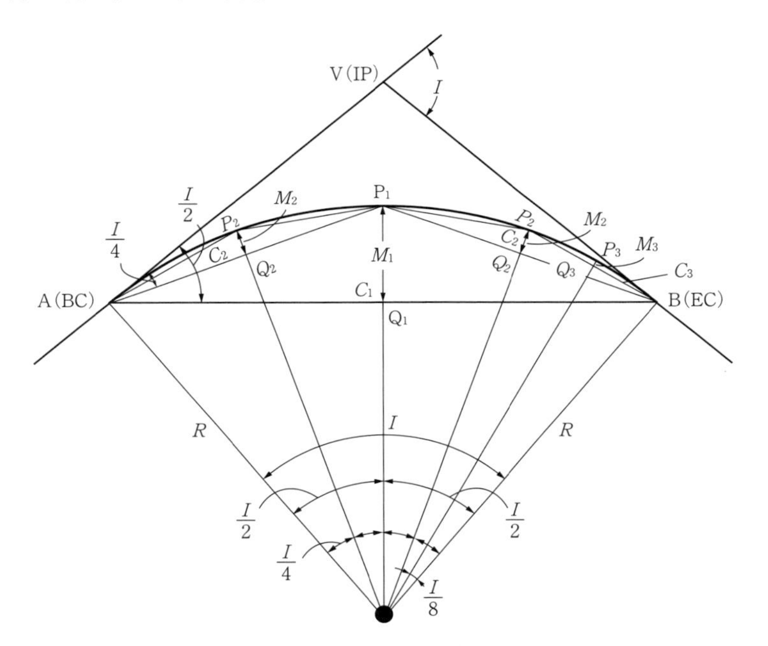

図5.11　中央縦距測設法

中央縦距M_1の$\dfrac{1}{4}$がM_2となり，現場で単純に曲線設置できる。

$$
\begin{aligned}
C_1&=2R\sin\frac{I}{2} & M_1&=R\left(1-\cos\frac{I}{2}\right)\fallingdotseq\frac{C_1^2}{8R}\\
C_2&=2R\sin\frac{I}{2^2} & M_2&=R\left(1-\cos\frac{I}{2^2}\right)\fallingdotseq\frac{C_2^2}{8R}\fallingdotseq\frac{M_1}{4}\\
C_n&=2R\sin\frac{I}{2^n} & M_n&=R\left(1-\cos\frac{I}{2^n}\right)\fallingdotseq\frac{C_n^2}{8R}\fallingdotseq\frac{M_{n-1}}{4}
\end{aligned}
\tag{5.9}
$$

例題5.4

交点V(IP)までの追加距離が6.3km，交角Iが37°20′，半径Rが400mの円曲線において，曲線始点をA，曲線終点をBとする。曲線区間ABの8等分点を中央縦距法で求めよ。　（松井（共立出版，1986）より作成）

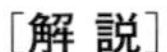

［解 説］

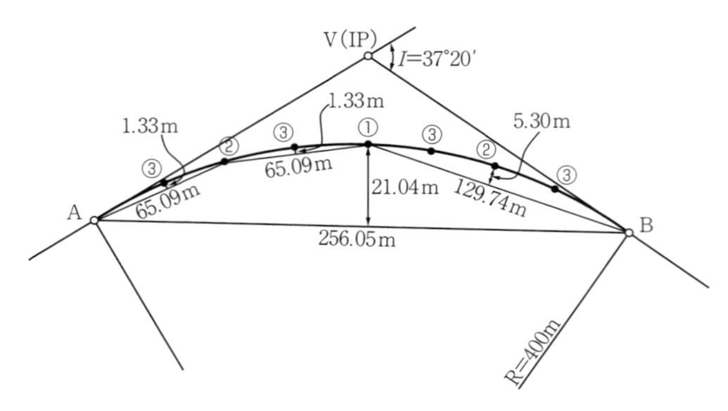

例題5.4

$$弦長\ C_{AB}=2\times400\times\sin\frac{37°20'}{2}=256.05\,\mathrm{m}$$

$$弦長\ C_{A①}=2\times400\times\sin\frac{37°20'}{4}=129.74\,\mathrm{m}$$

$$弦長\ C_{A②}=2\times400\times\sin\frac{37°20'}{8}=65.09\,\mathrm{m}$$

$$中央縦距\ M_1=400\times\left(1-\cos\frac{37°20'}{2}\right)=21.04\,\mathrm{m}$$

$$中央縦距\ M_2=400\times\left(1-\cos\frac{37°20'}{4}\right)=5.30\,\mathrm{m}$$

$$中央縦距\ M_3=400\times\left(1-\cos\frac{37°20'}{8}\right)=1.33\,\mathrm{m}$$

(4) 障害物がある場合の測設法

曲線設置を現地で行うとき，曲線区間内に河川・湖沼・森林，建物などの障害物があり，先述の測設法によって設置が困難な場合がある。交点IPは最も重要な役杭であり，この点で交角Iを測角する。このため，この点で交角を測角できない場合は，円曲線の主要点の位置が決められず，曲線設置ができない。そうした場合，以下に述べる方法で測設する。

(a) 2つの接線上の点A′，B′間が見通せる場合

図5.12において，α，βを測定すると，交角Iは，$I=\alpha'+\beta'$によって求められる。また，$A'V$，$B'V$の距離は，正弦定理から求められる。

$$A'V=\frac{A'B'\sin\beta'}{\sin\gamma} \tag{5.10}$$

$$B'V=\frac{A'B'\sin\alpha'}{\sin\gamma} \tag{5.11}$$

このため，見通し線上の任意の2点A′，B′から，それぞれA(BC)，B(EC)までの距離AA'，BB'は，次の式によって求められる。

$$AA'=TL-A'V \tag{5.12}$$

$$BB'=TL-B'V \tag{5.13}$$

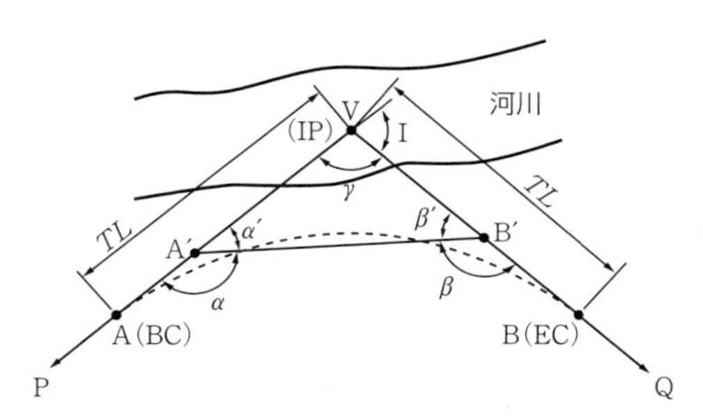

図5.12　正弦定理で求める方法

例題5.5

図において，R=150 m，α=60°，β=30°，$\overline{CD}$=100 mを得たとすれば，曲線長CLおよび接線長TLはいくらか。また，C点からA点までの距離はいくらか。ただし，A：円曲線始点(BC)，B：円曲線終点(EC)，V：交点，C：FV線上の任意の点，D：VG線状の任意の点，O：円の中心，R：曲線半径とする。　（測量士・測量士補国家試験より）

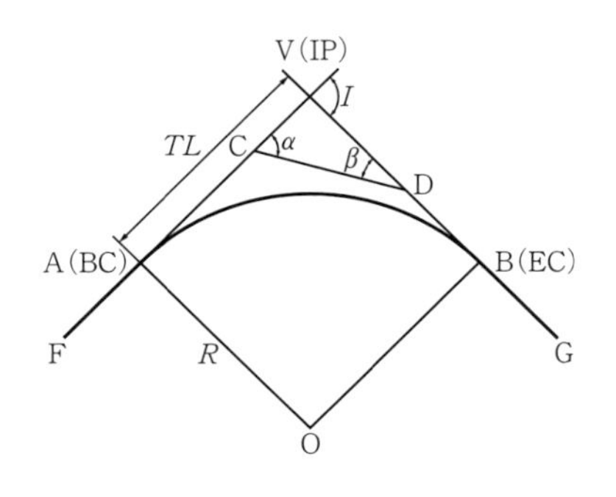

［**解 説**］

$I=\alpha+\beta$=60°+30°=90°

曲線長CLおよび接線長TLは，以下の式で求まる。

$$CL=\frac{\pi\times 150\times 90^\circ}{180^\circ}=235.62\,\mathrm{m}$$

$$TL=150\times\tan 45^\circ=150.00\,\mathrm{m}$$

次に，三角形VCDに正弦定理を用いる。

$$\frac{CV}{\sin\beta}=\frac{CD}{\sin\beta(180°-I)}$$

$$CV=CD\times\frac{\sin\beta}{\sin(180°-I)}=100\times\frac{\sin30°}{\sin(180°-90°)}=50.00\,\mathrm{m}$$

したがって，CAの長さは

$$CA=TL-CV=150.00-50.00=100.00\,\mathrm{m}$$

(b) 2つの接線上の点A′，B′間が見通せない場合

図5.13において，2点A′，B′間に閉合トラバースV，A′，C，D，B′を組む。γは，多角形の内角の総和より逆算できる。このため，交角Iも求めることができる。$A'V$，$B'V$の距離を，$A'V=x$，$B'V=y$として，VA'の方位角を0とした緯距，経距の計算を行い，$\Sigma L=0$，$\Sigma D=0$から，x，yを含んだ連立方程式を解いて求められる。

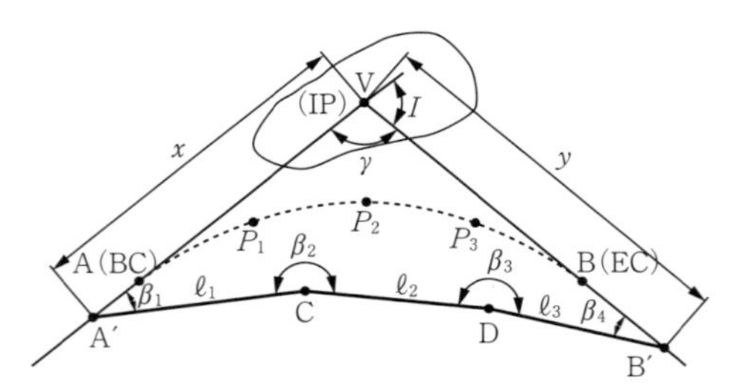

図5.13　閉合トラバースによる方法

例題5.6

図において，交点IP付近に障害物があるため，No.1からNo.5のような閉合トラバースを考え，図の測定値を得た。No.2の追加距離が524.38m，曲線半径R=200mのとき，単心曲線を設置するために必要な交角I，接線長TL，曲線長CL，BCの追加距離，ECの追加距離を求めよ。

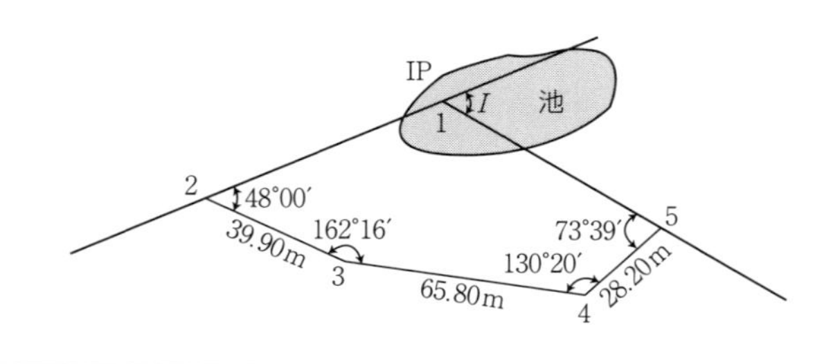

［解 説］

$$\angle 1=180°\times(5-2)-(48°00'+162°16'+130°20'+73°39')=125°45'$$

$$I=180°-125°45'=54°15'$$

距離$\ell_{12}=x$，距離$\ell_{51}=y$，測線1−2の方位角を0°00′としてトラバース計算を行うと，表のようになる。

例題5.6　トラバース計算結果

測線	距離	方位角	緯距	経距
1−2	x	0°00′	x	0
2−3	39.90	228°00′	−26.70	−29.65
3−4	65.80	210°16′	−56.83	−33.16
4−5	28.20	160°36′	−26.60	9.37
5−1	y	54°15′	$0.584y$	$0.812y$

緯距，経距の合計より

$x+0.584y=110.13$

$0.812y=53.44$

となるから，連立方程式を解くと

$x=71.70\,\mathrm{m},\ y=65.81\,\mathrm{m}$

接線長 TL を求める。

$$TL=200\times\tan\frac{54°15'}{2}=102.46\,\mathrm{m}$$

$$\begin{aligned}\mathrm{BC}の追加距離&=524.38+x-TL=524.38+71.70-102.46\\&=493.62=\mathrm{No.}24+13.62\,\mathrm{m}\end{aligned}$$

曲線長 CL を求める。

$$CL=\frac{\pi\times200\times54°15'}{180°}=189.37\,\mathrm{m}$$

$$\mathrm{EC}の追加距離=493.62+189.37=682.99\,\mathrm{m}=\mathrm{No.}34+2.99\,\mathrm{m}$$

(5) 曲線の移動

路線計画あるいは路線測設において，路線の方向(接線方向)を変更する場合，以下の方法などを活用する。

(a) 接線の平行移動

2方向の路線において，交角はそのままで，交点の位置を変え，片方の接線を平行移動させたい場合は，まず変更後の曲線半径を計算し，改めて曲線

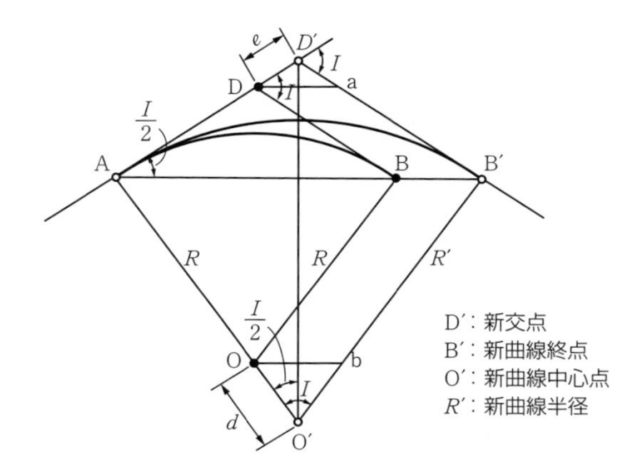

図5.14　接線の平行移動

の諸要素を求めればよい。

測設条件：曲線始点Aと交角Iは変更しない。交点Dを変更するため，それを受けて，曲線終点Bと曲線半径Rが変更となる。

いま，**図5.14**において

e：進行路線上の移程量(=DD′)

R'：新曲線半径(=AO′=$R+d$)

とすれば，以下の式を得る。

$$\triangle DaD' より，Da=2e\cos\frac{I}{2}=BB'=Ob$$

$$\triangle ObO' より，d=\frac{e\cos\frac{I}{2}}{\sin\frac{I}{2}}=\frac{e}{\tan\frac{I}{2}}=e\cot\frac{I}{2}$$

$$\therefore R'=R+d=R+e\cot\frac{I}{2} \tag{5.14}$$

例題5.7

道路の中心線として，点Oを中心とする単心曲線ABを計画したところ，B点付近で埋蔵文化財が発見された。このため，図のようにB点での接線$\overline{BD}$を平行移動して$\overline{B'D'}$とした。両接線間の距離は60mである。曲線AB'の半径はいくらか。ただし，曲線ABの半径は300m，接線$\overline{AD}$と$\overline{BD}$の交角(∠$DD'B$)は120°，A点は動かさないものとする。

（測量士・測量士補国家試験より）

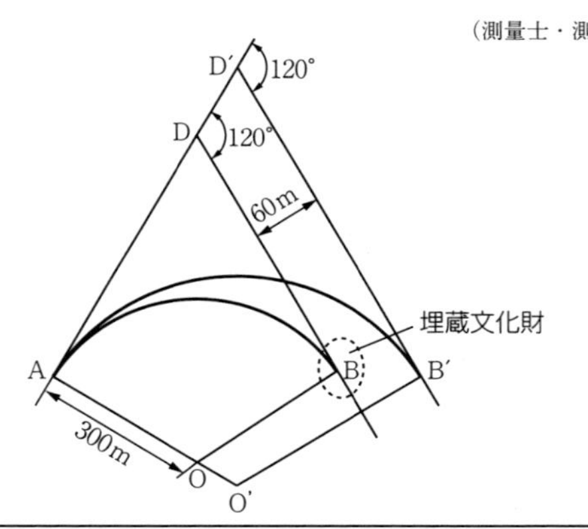

［**解 説**］

式5.14より

$$R'=R+e\cot\frac{I}{2}$$

であるから

$$e=DD'=\frac{60}{\sin 60°}=69.28\text{m}$$

$$\therefore R'=300+69.28\times\cot\frac{120}{2}=340.00\text{m}$$

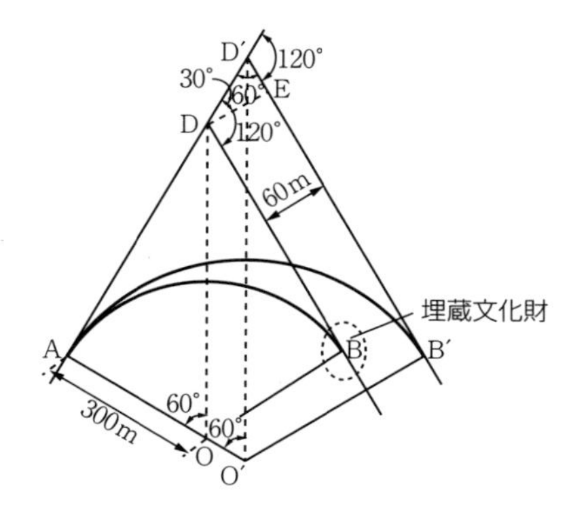

例題5.7

(b) 交角の変更

片方の路線を変更する場合，交点の位置を変えて平行移動でもよいが，交角を変更することで路線の方向を変更できる。この場合，まず，変更後の曲線半径を求め，改めて曲線の諸要素を求めればよい。

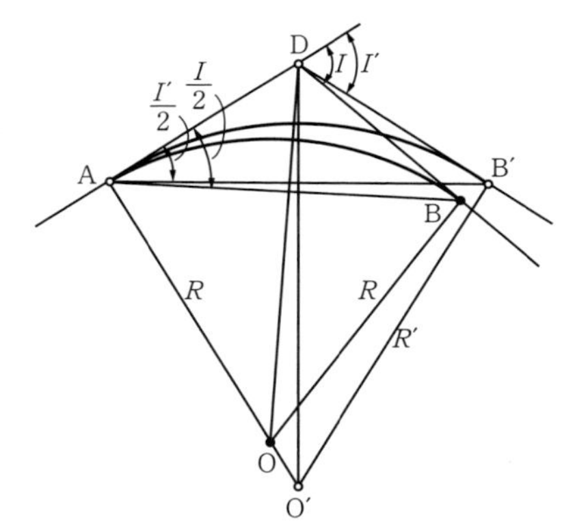

図5.15　交角の変更

測設条件：曲線始点Aと交点Dは変更しない。交角Iを変更するため，それを受けて，曲線終点Bと曲線半径Rが変更される。

接線長ADは変わらないから，

$$\mathrm{AD}=R\tan\frac{I}{2}=R'\tan\frac{I'}{2}$$

$$\therefore R'=R\frac{\tan\dfrac{I}{2}}{\tan\dfrac{I'}{2}} \tag{5.15}$$

例題5.8

下図のように，Dにおいて接線$\overline{DB}$の方向を$\overline{DB'}$に変えて新道路を建設することになった。新，旧道路ともに中心線は単心曲線とし，旧道路の曲線半径300m，交角90°，新道路の交角60°，曲線始点（BC）の位置は変わらないものとする。新曲線の接線長TL'，曲線半径R'，曲線長CL'を求めよ。 （測量士・測量士補国家試験より）

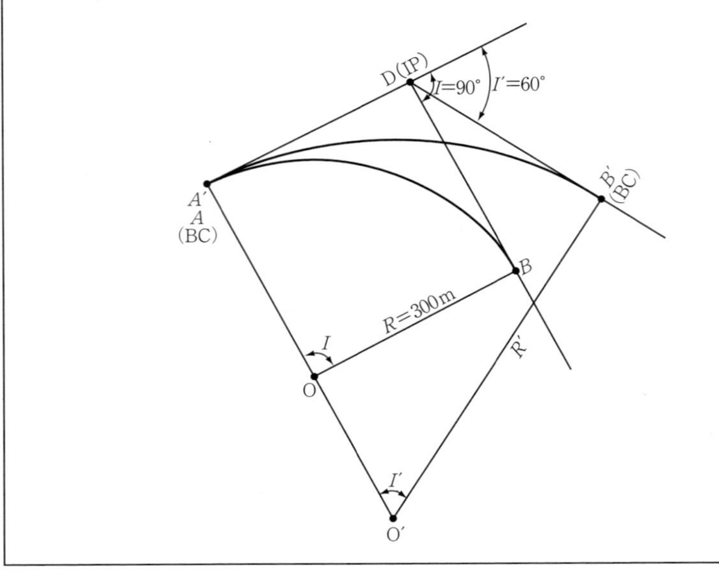

［解 説］

片方の接線の方向を変える場合である。点D（IP），点A（BC）の位置は変わらないので，接線長TLは，新旧両接線に共通である。

$$\text{接線長}\ TL'=TL=R\tan\frac{I}{2}=300\times\tan\frac{90°}{2}=300.00\,\text{m}$$

$$\text{曲線半径}\ R'=R\times\frac{\tan\frac{I}{2}}{\tan\frac{I'}{2}}=300\times\frac{\tan\frac{90°}{2}}{\tan\frac{60°}{2}}=519.62\,\text{m}$$

$$\text{新曲線長}\ CL'=\frac{\pi RI}{180°}=\frac{\pi\times 519.62\times 60°}{180°}=544.14\,\text{m}$$

(c) 半径の変更

交点，交角を変更しないで曲線の通る位置を変えたい場合，曲線半径を変更し，改めて曲線の諸要素を求める。接線の位置，方向は変更しないので，外線長SLの値を求め，変更後の曲線半径R'を計算する。変更後の曲線半径R'は，安全面から変更前の半径Rより大きくする。

$$SL=R\left(\sec\frac{I}{2}-1\right)$$

$$SL'=R'\left(\sec\frac{I}{2}-1\right)=SL+e=R\left(\sec\frac{I}{2}-1\right)+e$$

$$\therefore R' = R + \frac{e}{\sec\frac{I}{2} - 1} \tag{5.16}$$

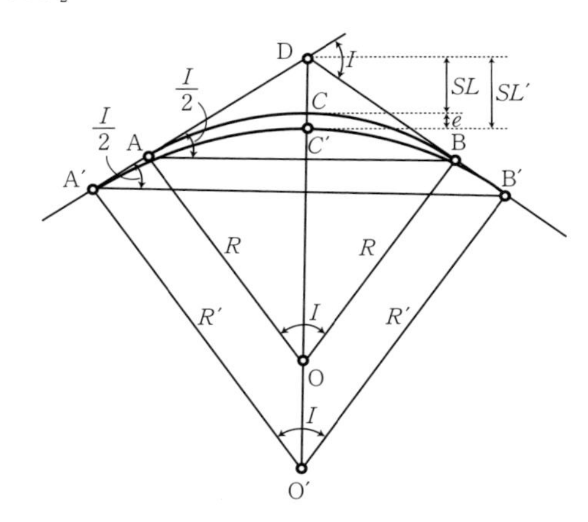

図5.16 半径の変更

例題5.9

下図は，道路改修の計画図である。旧道路中心線を弧長の中央点Eで10m内側に移し，新道路を建設することになった。ただし，旧道路，新道路ともその中心線は単心曲線とし，旧道路の曲線半径は100m，交角60°，新旧中心線の接線は同一とする。新道路の外接長SL'，曲線半径R'，接線長TL'，新道路と旧道路の弧長の差ΔCLを求めよ。

（測量士・測量士補国家試験より）

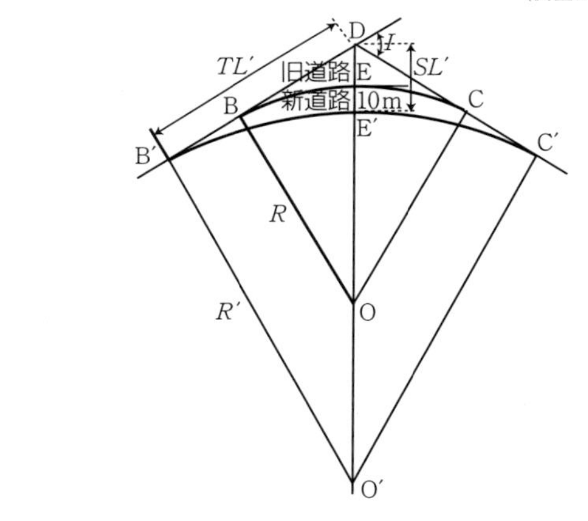

［解 説］

新道路の外線長SL'，旧道路の外線長をSLとし，その変化した量をeとすると

$$SL' = R'\left(\sec\frac{I}{2} - 1\right) = SL + e = R\left(\sec\frac{I}{2} - 1\right) + e$$

となる。$I=60°$，$R=100\,\text{m}$，$e=10\,\text{m}$なので，

$$SL'=R\left(\sec\frac{I}{2}-1\right)+e=100\times\left(\sec\frac{60°}{2}-1\right)+10=25.47\,\text{m}$$

新道路の曲線半径R'

$$R'=R+\frac{e}{\sec\frac{I}{2}-1}=100+\frac{10}{\sec\frac{60°}{2}-1}=164.64\,\text{m}$$

新道路の接線長TL'

$$TL'=R'\tan\frac{I'}{2}=164.64\times\tan\frac{60°}{2}=95.05\,\text{m}$$

新旧曲線長の差ΔCL

$$\Delta CL=CL'-CL$$

$$=\frac{\pi\times(R'-R)\times I}{180°}=\frac{\pi\times(164.64-100)\times60°}{180°}=67.69\,\text{m}$$

5.2.4　緩和曲線の種類

緩和曲線とは，直線と円曲線との接続部，あるいは異なる円曲線の接続部に入れて，半径が無限大の直線から，ある曲線半径(曲率)が一定の曲線の間に，徐々に半径を減少させて，曲率が不連続な接続をなくすことが目的である。緩和曲線は，**図5.17**に示すような種類がある。

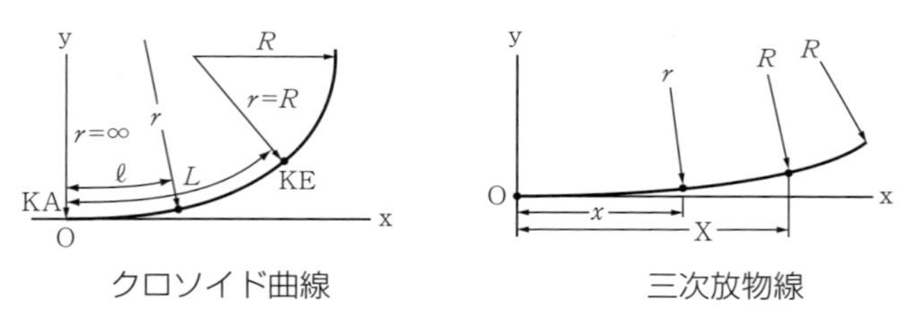

図5.17　緩和曲線の種類

クロソイド曲線は，曲率が一定の比率で変化する曲線である。道路の緩和曲線としてよく用いられ，曲線長ℓに反比例して曲線半径rが減少する。曲率$\dfrac{1}{r}=\dfrac{\ell}{RL}$である。

三次放物線は，主に鉄道で用いられ，曲線半径rが直交座標原点からxに反比例する曲線である。

曲率$\dfrac{1}{r}=\dfrac{x}{RX}$である。

この他に，サイン波長逓減曲線があり，新幹線の高速走行区間に用いられている。以降，道路でよく用いられるクロソイド曲線について解説する。

5.2.5 クロソイド曲線

(1) クロソイド曲線の基本式

クロソイド曲線は，曲率が曲線長に比例して一様に増大する曲線であり，下式のように表される。

$$\frac{1}{R}=C\times L \qquad (5.17)$$

ただし，Rは円曲線半径，Lはクロソイドの曲線長，Cは係数である。

いま，次元をそろえるために，$\frac{1}{C}=A^2$とおくと，

$$R\times L=\frac{1}{C}=A^2 \qquad (5.18)$$

となる。この式を「クロソイドの基本式」といい，Aをクロソイド曲線のパラメータという。パラメータAは，一種の拡大率であり，この値を決めるとクロソイドの大きさが決まる。

いま，式(5.18)において，$A=1$とすると，

$$R\times L=1 \qquad (5.19)$$

となり，これを「単位クロソイド」という。

単位クロソイドは，クロソイドの基本であり，他のクロソイド要素と区別するため，一般に小文字を使用して式(5.20)のように表す。

$$r\times \ell=1 \qquad (5.20)$$

また，式(5.18)から，

$$\frac{R}{A}\times\frac{L}{A}=1 \qquad (5.21)$$

となり，$\frac{R}{A}=r$，$\frac{L}{A}=\ell$とおくと，次式が得られる。

$$R=A\times r \qquad L=A\times \ell \qquad (5.22)$$

このため，単位クロソイドの各要素をA倍すれば，任意のクロソイドの各要素が決まる。

円の場合，半径が大きくなるにつれて円が大きくなり，円弧の曲がり方が緩やかになる。クロソイド曲線の場合も同じく，パラメータAが大きくなると，曲線長Lに対して，クロソイド全体も大きくなり，クロソイドの曲がり方が緩やかになる。

(2) クロソイドの要素と公式

緩和曲線始点Oを座標原点にとり，緩和曲線終点をPとする。点Oの左側は直線，点Pの右側は半径Rの円弧であり，点Pはその円曲線始点である。**図5.18**に示すクロソイド曲線の設置に必要な諸要素は，公式または『クロソイドポケットブック』を用いて求めることができる。

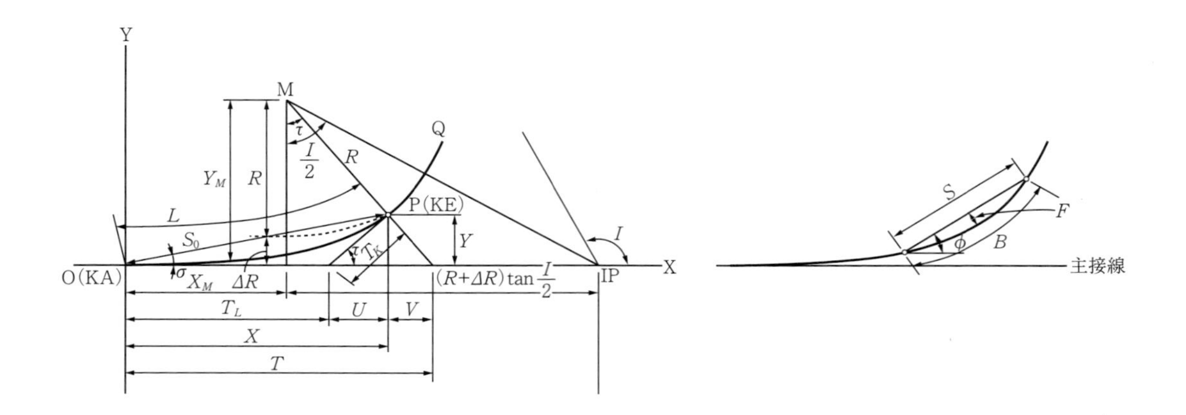

名 称	記号
クロソイドの原点，通常「KA点(クロソイド始点)」	O
クロソイド上の任意点，通常「KE点(クロソイド終点)」	P
クロソイドのパラメータ	A
クロソイドの全曲線長	L
P点における曲線中心，通常「円曲線の中心点」	M
P点における曲線半径	R
P点における接線角	τ
P点の極角	σ

名 称	記号
P点のX座標	X
P点のY座標	Y
法線長	N
Nの主接線への投影長	V
T_Kの主接線への投影長	U
動径	S_0
主接線(Oにおける接線)	O_x
移程量(シフト)	ΔR
M点のX座標	X_M
M点のY座標	Y_M

名 称	記号
原点からMPの延長線と主接線との交点までの距離	T
短接線長	T_K
長接線長	T_L
クロソイドの任意の2点間の曲線距離	B
クロソイドの任意の2点間の弦長	S
クロソイドの任意の2点間の弦角	ϕ
クロソイドの任意の2点間の拱矢(こうし)	F

図5.18 クロソイド要素

［公式］

曲線半径(R)
$$R=\frac{A^2}{L}=\frac{A}{\ell}=\frac{L}{2\tau}=\frac{A}{\sqrt{2\tau}} \tag{5.23}$$

曲線長(L)
$$L=\frac{A^2}{R}=\frac{A}{r}=2\tau R=A\sqrt{2\tau} \tag{5.24}$$

接線角(τ)
$$\tau=\frac{L}{2R}=\frac{L^2}{2A^2}=\frac{A^2}{2R^2} \tag{5.25}$$

極角(σ)
$$\sigma=\tan^{-1}\frac{Y}{X} \tag{5.26}$$

パラメータ(A)
$$A^2=R\times L=\frac{L^2}{2\tau}=2\tau R^2$$

$$A=\sqrt{R\times L}=\ell\times R=L\times r=\frac{L}{\sqrt{2\tau}}=\sqrt{2\tau}R \tag{5.27}$$

X座標(X)
$$X=L\left(1-\frac{L^2}{40R^2}+\frac{L^4}{3{,}456R^4}-\frac{L^6}{599{,}040R^6}+\cdots\right) \tag{5.28}$$

Y座標(Y)
$$Y=\frac{L^2}{6R}\left(1-\frac{L^2}{56R^2}+\frac{L^4}{7{,}040R^4}-\frac{L^6}{1{,}616{,}800R^6}+\cdots\right) \tag{5.29}$$

移程量(ΔR)
$$\Delta R=Y+R\cos\tau-R \tag{5.30}$$

MのX座標(X_M)　$X_M=X-R\sin\tau$　(5.31)

MのY座標(Y_M)　$Y_M=R+\Delta R$　(5.32)

短接線長(T_K)　$T_K=Y\mathrm{cosec}\,\tau$　(5.33)

長接線長(T_L)　$T_L=X-Y\cos\tau$　(5.34)

動径(S_0)　$S_0=\sqrt{X^2+Y^2}=Y\mathrm{cosec}\,\delta$　(5.35)

(3) クロソイド曲線の特性

クロソイド曲線の代表的な特性として，以下が挙げられる。

- パラメータAは，長さ(m)の単位をもつ。しかし，通常は単位をつけないで，「パラメータ100」，「A=100」と呼ぶ。
- クロソイド曲線は，**図5.18**に示すXの中点とΔRの中点付近を通る。
- パラメータAが大きい場合，曲線長が長くなるので，高速度な道路に適する。また，Aが小さい場合は，曲線長が短くなるので，低速な道路に適する。
- クロソイド要素のうち2つが決まれば，他の要素が必然的に定まる。
- クロソイド要素のうち単位のないもの(例えば，ℓ/A)が決まれば，他の要素が定まる。

(4) クロソイド表

『クロソイドポケットブック』には，単位クロソイド表，A表，S表，卵型表，極角弦長表の5つのクロソイド表が掲載されている。ここでは，単位クロソイド表とA表を例示する(**表5.2**，**表5.3**参照)。

①単位クロソイド表

単位クロソイド表は，0.000000から2.200000の範囲のℓに対してτ，σ，r，Δr，x_M，x，y，t_K，t_L，t，n，s_0，$\Delta r/r$，ℓ/r の要素が与えられている。単位クロソイド表は，最もよく用いられる。

②A表

A表は，パラメータAが55，60，65，70，・・・400，425，450，475，500までの42種類についてクロソイド要素が記載されている。Rに対するL，τ，σ，ΔR，X_M，X，Y，T_K，T_L，S_0が与えられている。

表5.2 単位クロソイド表

ℓ	τ (° ′ ″)	σ (° ′ ″)	r	Δr	x_M	x	y
0.500000	07 09 43	02 23 13	2.000000	0.005205	0.249870	0.499219	0.020810
1000	1 43	35	3992	32	499	992	125
0.501000	07 11 26	02 23 48	1.996008	0.005237	0.250369	0.500211	0.020935
1000	1 44	34	3976	31	498	993	125
0.502000	07 13 10	02 24 22	1.992032	0.005268	0.250867	0.501204	0.021060
1000	1 43	35	3960	32	499	992	126
0.503000	07 14 53	02 24 57	1.988072	0.005300	0.251366	0.502196	0.021186
1000	1 44	34	3945	31	499	992	127
0.504000	07 16 37	02 25 31	1.984127	0.005331	0.251865	0.503188	0.021313
1000	1 44	35	3929	32	498	992	127
0.505000	07 18 21	02 26 06	1.980198	0.005363	0.252363	0.504180	0.021440
1000	1 45	35	3913	32	499	991	127
0.506000	07 20 06	02 26 41	1.976285	0.005395	0.252862	0.505171	0.021567
1000	1 44	34	3898	32	498	992	128
0.507000	07 21 50	02 27 15	1.972387	0.005427	0.253360	0.506163	0.021695
1000	1 45	35	3883	32	499	992	128
0.508000	07 23 35	02 27 50	1.968504	0.005459	0.253859	0.507155	0.021823
1000	1 45	35	3867	32	499	992	129
0.509000	07 25 20	02 28 25	1.964637	0.005491	0.254358	0.508147	0.021952
1000	1 45	35	3853	33	498	991	130
0.510000	07 27 05	02 29 00	1.960784	0.005524	0.254856	0.509138	0.022082

t_K	t_L	t	n	s_0	$\frac{\Delta r}{r}$	$\frac{\ell}{r}$	ℓ
0.166915	0.333607	0.501834	0.020974	0.499653	0.002603	0.250000	0.500000
336	669	1019	127	996	21	1001	1000
0.167251	0.334276	0.502853	0.021101	0.500649	0.002624	0.251001	0.501000
336	669	1018	128	997	21	1003	1000
0.167587	0.334945	0.503871	0.021229	0.501646	0.002645	0.252004	0.502000
336	670	1019	128	996	21	1005	1000
0.167923	0.335615	0.504890	0.021357	0.502642	0.002666	0.253009	0.503000
336	669	1019	129	997	21	1007	1000
0.168259	0.336284	0.505909	0.021486	0.503639	0.002687	0.254016	0.504000
335	670	1019	129	996	21	1009	1000
0.168594	0.336954	0.506928	0.021615	0.504635	0.002708	0.255025	0.505000
336	669	1020	130	997	22	1011	1000
0.168930	0.337623	0.507948	0.021745	0.505632	0.002730	0.256036	0.506000
336	670	1019	130	996	21	1013	1000
0.169266	0.338293	0.508967	0.021875	0.506628	0.002751	0.257049	0.507000
336	669	1020	131	996	22	1015	1000
0.169602	0.338962	0.509987	0.022006	0.507624	0.002773	0.258064	0.508000
336	670	1019	132	996	22	1017	1000
0.169938	0.339632	0.511006	0.022138	0.508620	0.002795	0.259081	0.509000
336	670	1020	132	997	22	1019	1000
0.170274	0.340302	0.512026	0.022270	0.509617	0.002817	0.260100	0.510000

出典：日本道路協会編『クロソイドポケットブック』

表5.3　A表

A＝100		$\frac{1}{A}$＝0.010000000			A²＝10000			$\frac{1}{6A^2}$＝0.00001666666		
R	L	τ° ′ ″	σ° ′ ″	ΔR	X_M	X	Y	T_K	T_L	S_O
500	20.000	1 08 45	0 22 55	.033	10.000	19.999	.133	6.667	13.334	20.000
450	22.222	1 24 53	0 28 18	.046	11.111	22.221	.183	7.408	14.815	22.222
400	25.000	1 47 26	0 35 49	.065	12.500	24.998	.260	8.334	16.668	24.999
350	28.571	2 20 19	0 46 46	.097	14.285	28.567	.389	9.525	19.049	28.569
300	33.333	3 10 59	1 03 40	.154	16.665	33.323	.617	11.114	22.226	33.329
250	40.000	4 35 01	1 31 40	.267	19.996	39.974	1.066	13.341	26.676	39.989
225	44.444	5 39 32	1 53 10	.366	22.215	44.401	1.462	14.829	29.645	44.425
200	50.000	7 09 43	2 23 13	.521	24.987	49.922	2.081	16.692	33.361	49.965
190	52.632	7 56 09	2 38 41	.607	26.299	52.531	2.427	17.576	35.123	52.587
180	55.556	8 50 31	2 56 48	.714	27.756	55.423	2.853	18.561	37.083	55.497
175	57.143	9 21 16	3 07 03	.777	28.546	56.991	3.104	19.096	38.149	57.075
170	58.824	9 54 46	3 18 12	.847	29.382	58.648	3.385	19.664	39.277	58.745
160	62.500	11 11 26	3 43 44	1.016	31.210	62.262	4.058	20.909	41.750	62.394
150	66.667	12 43 57	4 14 32	1.232	33.279	66.338	4.921	22.327	44.560	66.520
140	71.429	14 36 59	4 52 10	1.515	35.637	70.965	6.046	23.958	47.782	71.222
130	76.923	16 57 05	5 38 47	1.891	38.350	76.252	7.539	25.857	51.519	76.624
125	80.000	18 20 05	6 06 22	2.126	39.864	79.185	8.471	26.930	53.622	79.637
120	83.333	19 53 40	6 37 29	2.401	41.500	82.334	9.562	28.101	55.911	82.888
110	90.909	23 40 33	7 52 50	3.111	45.197	89.369	12.370	30.805	61.157	90.221
100	100.000	28 38 52	9 31 44	4.130	49.586	97.529	16.371	34.148	67.561	98.893
95	105.263	31 44 34	10 33 12	4.807	52.098	102.078	19.017	36.147	71.338	103.834
90	111.111	35 22 04	11 45 03	5.638	54.857	106.951	22.248	38.436	75.609	109.241
85	117.647	39 39 04	13 09 46	6.670	57.897	112.136	26.225	41.097	80.494	115.162
80	125.000	44 45 44	14 50 33	7.963	61.250	117.583	31.160	44.251	86.163	121.642
75	133.333	50 55 46	16 51 39	9.602	64.949	123.177	37.332	48.085	92.870	128.710
70	142.857	58 27 54	19 18 44	11.706	69.020	128.682	45.095	52.908	101.011	136.355
65	153.846	67 48 20	22 19 28	14.435	73.469	133.653	54.882	59.273	111.262	144.482
60	166.667	79 34 39	26 04 17	18.014	78.253	137.263	67.160	68.287	124.910	152.812
55	181.818	94 42 14	30 47 11	22.737	83.231	138.046	82.247	82.525	144.813	160.690
50	200.000	114 35 30	36 45 58	28.955	88.054	133.519	99.762	109.714	179.176	166.673

A＝200		$\frac{1}{A}$＝0.0050000000			A²＝40000			$\frac{1}{6A^2}$＝0.0000041666666		
R	L	τ° ′ ″	σ° ′ ″	ΔR	X_M	X	Y	T_K	T_L	S_O
1000	40.000	1 08 45	0 22 55	.067	20.000	39.998	.267	13.334	26.667	39.999
950	42.105	1 16 11	0 25 24	.078	21.052	42.103	.311	14.036	28.071	42.104
900	44.444	1 24 53	0 28 18	.091	22.222	44.442	.366	14.816	29.631	44.443
850	47.059	1 35 10	0 31 43	.109	23.529	47.055	.434	15.687	31.374	47.057
800	50.000	1 47 26	0 35 49	.130	24.999	49.995	.521	16.668	33.335	49.998
750	53.333	2 02 14	0 40 45	.158	26.666	53.327	.632	17.780	35.558	53.330
700	57.143	2 20 19	0 46 46	.194	28.570	57.133	.777	19.051	38.099	57.139
650	61.538	2 42 44	0 54 15	.243	30.767	61.525	.971	20.517	41.030	61.532
600	66.667	3 10 59	1 03 40	.309	33.330	66.646	1.234	22.229	44.452	66.658
550	72.727	3 47 17	1 15 46	.401	36.358	72.695	1.602	24.253	48.496	72.713
500	80.000	4 35 01	1 31 40	.533	39.991	79.949	2.132	26.683	53.351	79.977
450	88.889	5 39 32	1 53 10	.731	44.430	88.802	2.924	29.657	59.290	88.850
400	100.000	7 09 43	2 23 13	1.041	49.974	99.844	4.162	33.383	66.721	99.931
350	114.286	9 21 16	3 07 03	1.553	57.092	113.981	6.208	38.192	76.297	114.150
300	133.333	12 43 57	4 14 32	2.465	66.557	132.676	9.842	44.655	89.120	133.041
250	160.000	18 20 05	6 06 22	4.251	79.728	158.369	16.942	53.859	107.244	159.273
225	177.778	22 38 07	7 32 06	5.820	88.428	175.023	23.151	60.154	119.502	176.548
200	200.000	28 38 52	9 31 44	8.259	99.172	195.058	32.743	68.296	135.122	197.787
190	210.526	31 44 34	10 33 12	9.614	104.195	204.156	38.034	72.294	142.676	207.668
180	222.222	35 22 04	11 45 03	11.277	109.715	213.903	44.495	76.872	151.217	218.482
175	228.571	37 25 04	12 25 37	12.251	112.680	219.014	48.262	79.427	155.930	224.268
170	235.294	39 39 04	13 09 46	13.340	115.794	224.272	52.449	82.194	160.987	230.324
160	250.000	44 45 44	14 50 33	15.926	122.500	235.166	62.320	88.502	172.327	243.284
150	266.667	50 55 46	16 51 39	19.205	129.898	246.354	74.664	96.170	185.740	257.419
140	285.714	58 27 54	19 18 44	23.412	138.040	257.365	90.189	105.816	202.021	272.710
130	307.692	67 48 20	22 19 28	28.871	146.937	267.305	109.763	118.547	222.524	288.964
125	320.000	73 20 19	24 05 35	32.204	151.649	271.401	121.365	126.683	235.079	297.301
120	333.333	79 34 39	26 04 17	36.028	156.506	274.526	134.320	136.573	249.819	305.625
110	363.636	94 42 14	30 47 11	45.474	166.462	276.091	164.494	165.050	289.626	321.380
100	400.000	114 35 30	36 45 58	57.910	176.109	267.039	199.525	219.427	358.353	333.346

出典：日本道路協会編『クロソイドポケットブック』

例題5.10

クロソイド曲線長L=50m，パラメータA=100mのとき，クロソイド曲線諸要素(τ，σ，R，ΔR，X_M，X，Y)を求めよ。

［**解 説**］

ℓまたはrを求めて，**表5.2**(単位クロソイド表)を用いてA倍する。

$$RL=A^2$$

$$R=\frac{A^2}{L}=\frac{100^2}{50}=200\,\mathrm{m}$$

$$\ell=\frac{L}{A}=\frac{50}{100}=0.500000$$

$$r=\frac{R}{A}=\frac{200}{100}=2.000000$$

表5.2(単位クロソイド表)の諸量をA倍して求める。

$\tau=7°09'43''$，$\sigma=2°23'13''$

$R=r\times A=2.000000\times 100=200\,\mathrm{m}$

$\Delta R=\Delta r\times A=0.005205\times 100=0.52\,\mathrm{m}$

$X_M=x_M\times A=0.249870\times 100=24.99\,\mathrm{m}$

$X=x\times A=0.499219\times 100=49.92\,\mathrm{m}$

$Y=y\times A=0.020810\times 100=2.08\,\mathrm{m}$

単位クロソイド表を用いない場合は，公式(5.25)(5.26)(5.28)(5.29)(5.30)(5.31)を用いて算出する。

$$X\fallingdotseq 50.00\times\left(1-\frac{50^2}{40\times 200^2}+\frac{50^4}{3456\times 200^4}\right)=49.92\mathrm{m}$$

$$Y\fallingdotseq\frac{50.00^2}{6\times 200^2}\times\left(1-\frac{50^2}{56\times 200^2}+\frac{50^4}{7040\times 200^4}\right)=2.08\,\mathrm{m}$$

$$\tau=\frac{50}{2\times 200}=0.125\text{ラジアン}=7°09'43''$$

$$\sigma=\tan^{-1}\frac{2.08}{49.42}=2°23'13''$$

$$\Delta R=2.08+200\times\cos 7°09'43''-200=0.52\,\mathrm{m}$$

$$X_M=49.92-200\times\sin 7°09'43''=24.99\,\mathrm{m}$$

5.2.6 クロソイド曲線の測設法

図5.18に示すクロソイド曲線の測設は，地形条件を踏まえ，主接線から直角座標法や極角動径法などを用いて設置していく。直角座標法は，クロソイド始点を原点とし，主接線をX軸として，直角にYの値をとって設置する方法で，極角動径法はクロソイド始点KAを原点とし，主接線からの極角σと動径S_0により設置する方法である。

ここでは，直角座標法の手順について説明する。クロソイド曲線の測設にあたっては，まず，曲線部の半径R，パラメータA，クロソイド曲線長Lを決める必要があるが，通常，曲線部の半径Rを決めた後，パラメータA，またはクロソイド曲線長Lを道路構造令の許容値を踏まえて設定する。

表5.4は，道路構造令のクロソイド曲線が基本形の場合の設計速度と許容最小パラメータの値を示しており，これを満たすようにAの値を設定しなければならない。Aは$R \geqq A \geqq R/3$の関係にあるとき調和がとれた曲線になり，なかでも$A \geqq R/2$が望ましいといわれている。Lは円曲線長をL_cとすると，$L_c \geqq L \geqq L_c/2$が望ましいとされている。移程量$\varDelta R$は$\varDelta R > 0.2\mathrm{m}$であれば緩和区間を設ける必要がない。

次に，クロソイド曲線区間内の中間点の設置については，クロソイド曲線始点KAから順に各中心杭間の曲線長L_1，L_2，・・・L_nを求める。そして，$\ell_1 = L_1/A$，$\ell_2 = L_2/A$，・・・$\ell_n = L_n/A$により，ℓ_1，ℓ_2，・・・ℓ_nを算出し，単位クロソイド表などを用いて，A倍してクロソイド要素を得る。

表5.4 設計速度と許容最小パラメータ*A*の値（第3種，第4種の例）

設計速度 (km/h)	一般国道および主要地方道路	山地部および特殊区間の道路
120	−	−
100	−	−
80	140	−
60	90	80
50	70	60
40	50	40
30	35	31
20	20	15

（出典：道路構造令）

5.2.7 クロソイド曲線の型

クロソイドは，パラメータAを決めると1つの形に決まるが，Aの値を変化させたり，クロソイドを組み合わせることで，その線形を多様に設定することができる。

図5.19にクロソイド曲線の型を示す。基本形は，円曲線の両側に挿入する形で，最も一般的で使用頻度も高い。S形は，反曲線の間に2本のクロソイドを挿入したものである。高速道路で使用されることが多い。卵形は，複

心曲線の間にクロソイドを挿入したものである。凸形は，同方向に曲がる2本のクロソイドを挿入したもの，複合形は，同じ方向に曲がる2つ以上のクロソイドを連続して用いたものである(**図5.19**参照)。

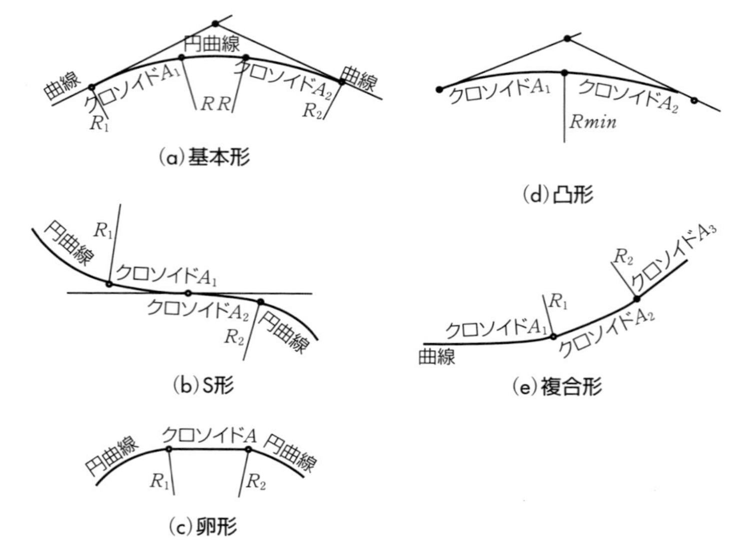

図5.19 クロソイド曲線の型

例題5.11

I=70°，R=300 m，A=200 mの円曲線に接続する基本形（対称形）クロソイドの諸要素(L，τ，ΔR，X_M，X，Y)を表5.3(A表)を用いて求めよ。また，接線長W，全接線長T_C，円曲線の中心角α，円曲線長L_C，全曲線長L_Tを求めよ。計算はcm位までとする。　(松井(共立出版，1986)より作成)

［**解 説**］

パラメータA=200 mであるから，**表5.3(A表)**より必要な諸量を求める。

L=133.33 m，τ=12°43′57″，ΔR=2.47 m，X_M=66.56 m，X=132.68 m，Y=9.84 m

接線長W

$$W=(R+\Delta R)\tan\frac{I}{2}=(300.00+2.47)\tan\frac{70^\circ}{2}=211.79\,\text{m}$$

全接線長T_c

$T_c=X_M+W=66.56+211.79=278.35\,\text{m}$

円曲線の中心角α

$\alpha=I-2\tau=70^\circ-25^\circ27'54''=44^\circ32'06''$

円曲線長L_C

$$Lc=\frac{\pi R\alpha}{180^\circ}=\frac{\pi\times300\times44^\circ32'06''}{180^\circ}=233.18\,\text{m}$$

全曲線長L_T

$$L_T=2L+L_c=2\times133.33+233.18=499.84\,\mathrm{m}$$

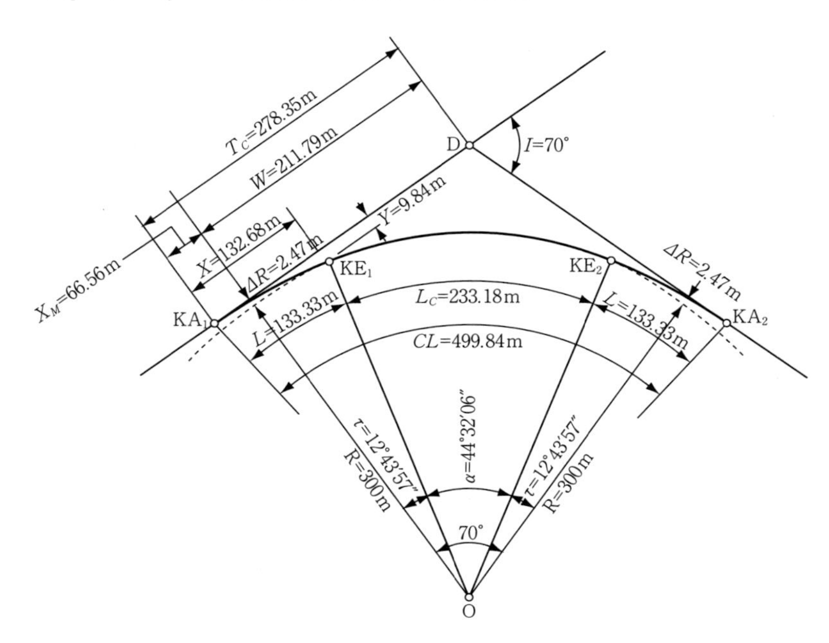

例題5.11

5.3 縦断線形

縦断線形とは，路線の中心線を平面線形に沿う縦断面上に投影したものである。勾配が一様であれば直線，勾配が変化する区間であれば，車両が円滑に走行できるように縦断曲線が設置される。

平面曲線と縦断曲線の組合せ，縦断勾配の大きさや距離は，車両の走行速度や交通事故に関わるため，道路構造令にもその規定が示されている。ここでは，縦断曲線に用いられる放物線の設置方法を中心に解説する。

(1) 縦断勾配

1) 勾配の種類

①1：nまたは$1/n$の勾配。切り取り面，盛土面の勾配を示す場合に用いられる。

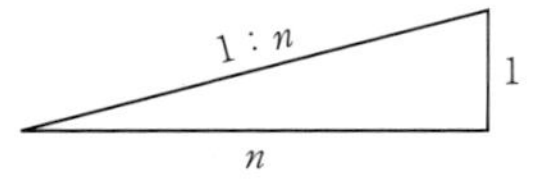

②$n/100$またはn%勾配。道路の勾配を示す場合に用いられる。

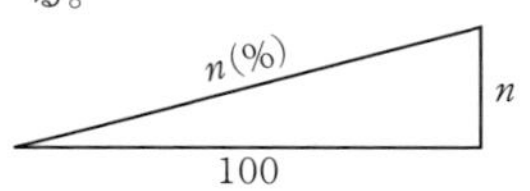

③$n/1,000$またはn‰の勾配。鉄道の勾配を示す場合に用いられる。

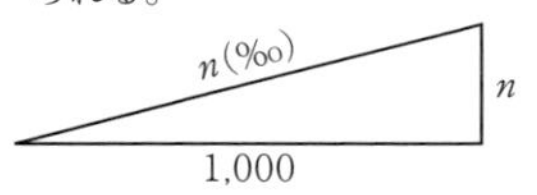

縦断勾配とは，路線の縦断面に沿った勾配のことで，水平距離に対する鉛直距離の比で表される。**図5.20**において，水平距離をd，その間の高低差をhとすると，縦断勾配iは式(5.36)によって表され，通常は[%]で表示する[1)]。

$$i(\%)=\frac{h}{d}\times 100 \tag{5.36}$$

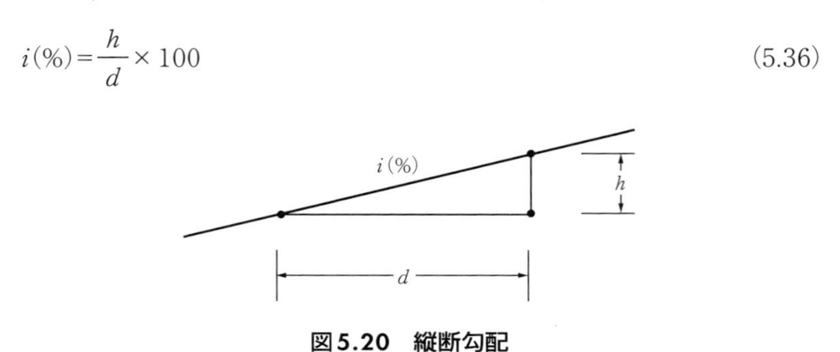

図5.20 縦断勾配

縦断勾配が大きくなると，余剰馬力の少ない大型車の速度が低下するため，他の普通車両との速度差が大きくなる。これは交通容量の低下や車両の無理な追い越しによる事故を多発させることになるため，縦断勾配の最急値は，自動車の登坂能力や安全性を考慮する必要がある。

道路が水平，つまり縦断勾配が0%であれば走行しやすいが，降水時の水はけが悪くなるので，高規格の道路では通常用いない。道路構造令では，例えば，**表5.5**に示すように，普通道路の場合，設計速度に応じて縦断勾配を規定値以下に設置するように示されている。

表5.5 普通道路(第1種，第2種，第3種)の縦断勾配の規定値

設計速度(km/h)	120	100	80	60	50	40	30	20
縦断勾配(%)規定値	2	3	4	5	6	7	8	9

(出典：道路構造令)

(2) 縦断曲線

2) **視距**：車両の進行方向前方に障害物があった場合，衝突しないように制動をかけて停止するか，障害物を避けて走ることができるほどの十分な距離が確保されている必要がある。

縦断曲線は，道路の勾配が変化する地点において，自動車の円滑な走行と視距[2)]の確保のために挿入される。縦断曲線には，「放物線」と「円曲線」があり，ここでは比較的計算が簡単な「放物線」を用いて説明する。曲線形状には，凹形と凸形がある。

いま，上り勾配と下り勾配の変曲点に挿入する縦断曲線，いわゆる凸形縦

視距の確保とは，「運転者が車線の中心線上にある高さ0.1mのものの頂点を見通すことができることである」。
視距として設計速度に応じて確保されるべき距離が，道路構造令によって規定されている。

断曲線について，上り勾配線を基準にした場合の縦距yを求める。計算に必要な縦断曲線長Lと縦断曲線半径Rの長さについては，(3)で説明する。

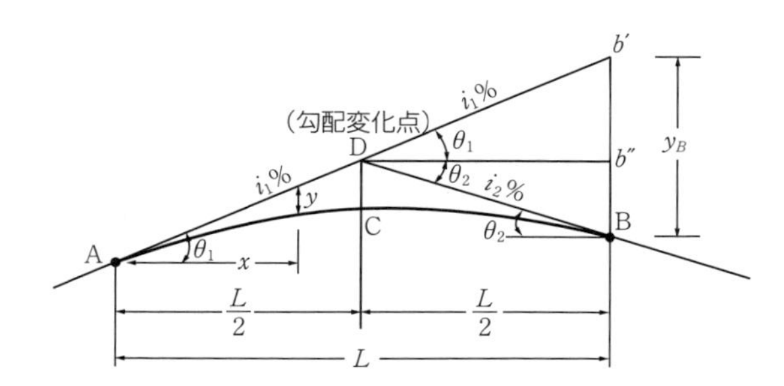

図5.21　縦断曲線(放物線)

図5.21において，A：縦断曲線始点，B：縦断曲線終点，2直線の勾配をi_1：上り勾配(%)，i_2：下り勾配(%)，L：縦断曲線長(m)，y：Aからxの距離にある点の勾配線高から曲線までの縦距(m)，x：Aからyを求める点までの水平距離，θ_1：上り勾配角，θ_2：下り勾配角とすると，2次放物線の式$y=ax^2$より，Bの縦距は式のようになる。

$$y_B=aL^2=Bb'=b'b''+Bb''=\frac{L}{2}(\tan\theta_1+\tan\theta_2) \tag{5.37}$$

ここで，$\tan\theta_1=\frac{i_1}{100}$，$\tan\theta_2=\frac{i_2}{100}$であるから，

$$a=\frac{|i_1-i_2|}{200L} \tag{5.38}$$

したがって，放物線の場合は式のようになる。

$$y=\frac{|i_1-i_2|}{200L}x^2 \tag{5.39}$$

交点Dにおける縦距y_Dは，次式で表せる。

$$y_D=\frac{|i_1-i_2|}{800}L \tag{5.40}$$

(3) 縦断曲線長と縦断曲線半径

縦断曲線長（VCL：Vertical Curve Length）とは，縦断曲線の始点から終点までの水平距離のことである。走行安全性などの観点から，設計速度に応じた縦断曲線長，縦断曲線半径を確保する必要がある。

いま，L：縦断曲線長(m)，v：設計速度(km/s)，R：縦断曲線半径(m)，i：勾配(%)とした場合，確保すべき縦断曲線長Lおよび縦断曲線半径Rは，以下の式で求まる。

$$L\geqq\frac{|i_1-i_2|}{360}v^2 \tag{5.41}$$

$$R\geqq\frac{L}{|i_1-i_2|}\times100 \tag{5.42}$$

道路構造令において，視距，地形などの条件を考慮して，縦断曲線長，縦断曲線半径は**表5.6**のように基準が設けられている。設計では，式(5.41)，式(5.42)で求めた縦断曲線長L，縦断曲線半径Rをふまえ，基準値の1.5～2.0倍程度の値を用いるのがよい。

表5.6　縦断曲線長と縦断曲線半径

設計速度(km/h)	縦断曲線長(m)	縦断曲線半径(m)			
		標準		望ましい値	
		凸形	凹形	凸形	凹形
120	100	11,000	4,000	17,000	6,000
100	85	6,500	3,000	10,000	4,500
80	70	3,000	2,000	4,500	3,000
60	50	1,400	1,000	2,000	1,500
50	40	800	700	1,200	1,000
40	35	450	450	700	700
30	25	250	250	400	400
20	20	100	100	200	200

（出典：道路構造令）

例題5.12

設計速度60km/hの平地部の道路において，上り4%勾配から下り5%勾配に移る縦断曲線を挿入せよ。設置する縦断曲線長Lを設計速度をもとに式(5.41)を用いて計算し，表5.6を満たしているか確認せよ。満たしている場合，L=100mと設定し，10mごとの縦距と計画高(=縦断曲線高)を計算せよ。縦断曲線の形状は放物線とすること。ただし，縦断曲線が始まるNo.0の計画高は，60.00mとする。

［**解 説**］

まず，**表5.6**を用いて，縦断曲線長Lが規定を満たしているか確認する。

$$L \geqq \frac{|4-(-5)|}{360} \times 60^2 = 90\,\mathrm{m}$$

設定されている100mは，道路構造令の基準値を満たしているので問題はない。

計画高を勾配線高から縦距を引いて求める(下表参照)。

[No.0]

勾配線高 $H_0=60.00$

縦距 $y_0=0.00$

計画高 $\mathrm{FH}_0=60.00-0.00=60.00$

[No.1]

勾配線高 $H_1=60.00+10\times\dfrac{4}{100}=60.40$

縦距 $y_1=\frac{|i_1-i_2|}{200L}x^2=\frac{|4-(-5)|}{200\times100}\times10^2=0.05$

計画高 $FH_1=60.40-0.05=60.35$

[No.2]

勾配線高 $H_2=60.00+20\times\frac{4}{100}=60.80$

縦距 $y_2=\frac{|i_1-i_2|}{200L}x^2=\frac{|4-(-5)|}{200\times100}\times20^2=0.18$

計画高 $FH_2=60.80-0.18=60.62$

[No.5]

勾配線高 $H_5=60.00+50\times\frac{4}{100}=62.00$

縦距 $y_5=\frac{|i_1-i_2|}{200L}x^2=\frac{|4-(-5)|}{200\times100}\times50^2=1.13$

計画高 $FH_5=62.00-1.13=60.87$

[No.6]

勾配線高 $H_6=60.00+60\times\frac{4}{100}=62.40$

縦距 $y_6=\frac{|i_1-i_2|}{200L}x^2=\frac{|4-(-5)|}{200\times100}\times60^2=1.62$

計画高 $FH_6=62.40-1.62=60.59$

[No.10]

勾配線高 $H_{10}=60.00+100\times\frac{4}{100}=64.00$

縦距 $y_{10}=\frac{|i_1-i_2|}{200L}x^2=\frac{|4-(-5)|}{200\times100}\times100^2=4.50$

計画高 $FH_{10}=64.00-4.50=59.50$

計画高計算結果

測点	水平距離(m)	勾配線高(m)	放物線	
			縦距(m)	計画高(m)
0	0	60.00	0.00	60.00
1	10	60.40	0.05	60.35
2	20	60.80	0.18	60.62
3	30	61.20	0.41	60.79
4	40	61.60	0.72	60.88
5	50	62.00	1.13	60.87
6	60	62.40	1.62	60.78
7	70	62.80	2.21	60.59
8	80	63.20	2.88	60.32
9	90	63.60	3.65	59.95
10	100	64.00	4.50	59.50

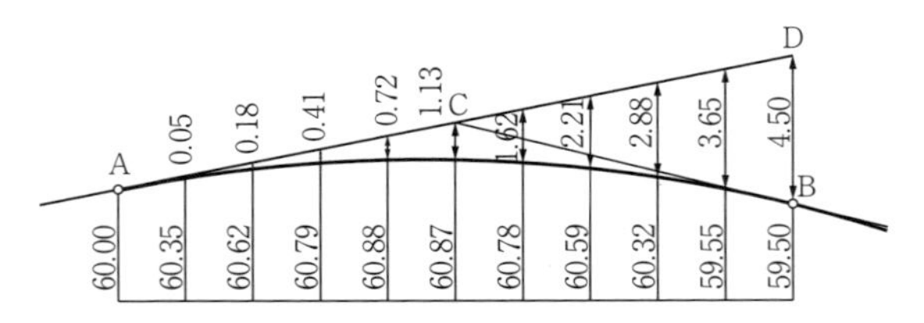

例題5.12の計画高（放物線）の計算

(4) 平面線形と縦断線形の調和

道路の線形は，平面と縦断の組合せにより，その立体形を構成する。走行安全性の観点から，平面線形と縦断線形の調和の観点から設計上の留意点を示す。

- 平面線形と縦断線形の大きさが対応していること。平面曲線と縦断曲線の曲線長などを1：1で対応させ，縦断曲線の勾配変化点は，平面曲線の凸部に位置するように設置する。
- 平面曲線の半径，曲線長は，できるだけ大きくとること。
- 1つの平面直線や曲線の中に2つ以上の縦断曲線の変曲点を設けない。
- 縦断曲線の勾配の変更点は，曲率が変化する区間，反向曲線の変曲点，小さなカーブなどの曲率が大きい曲線区間，橋梁区間に設けない。

コラム(1) 縦断面図の表示方法

縦断曲線の作成に必要な要素などについて，以下に整理しておく。

①用語

計画高：任意の基準面から新たに整備される道路の地盤までの鉛直方向の高さ

現地盤高：任意の基準面から現状の地盤までの鉛直方向の高さ

切土高：［現地盤高］－［計画高］

盛土高：［計画高］－［現地盤高］

追加距離：路線に沿った起点からの水平距離

単距離：中心杭間の距離，プラス杭と中心杭間の距離

測点：個々の測点を区別するために付けられた番号。測点番号か測点番号＋測点番号からの距離で表現

曲率図：平面線形の曲率の変化を表した図

すりつけ図：直線区間から曲線区間に移行する場合などの路面の横断勾配の変化を表した図（コラム(2)縦断面図の曲率図とすりつけ図参照）

②曲率図

線形要素は，直線には直線長（L），円曲線には半径（R）と円曲線長（CL），クロソイド区間にはパラメータ（A）と曲線長（L）を記入する。

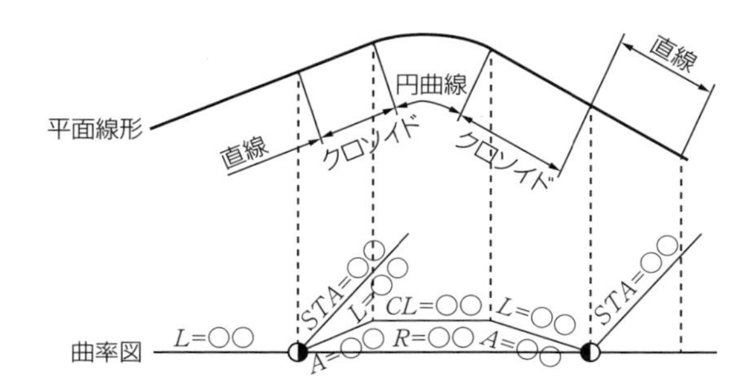

平面線形と曲率図の関係

③縦断曲線の表示例

［一般道路］

縦断曲線区間の距離が100m，縦断勾配変化点から縦断曲線始点，終点までの距離が50m，その区間の勾配が下り3％勾配から上り4％勾配に変化する場合の例

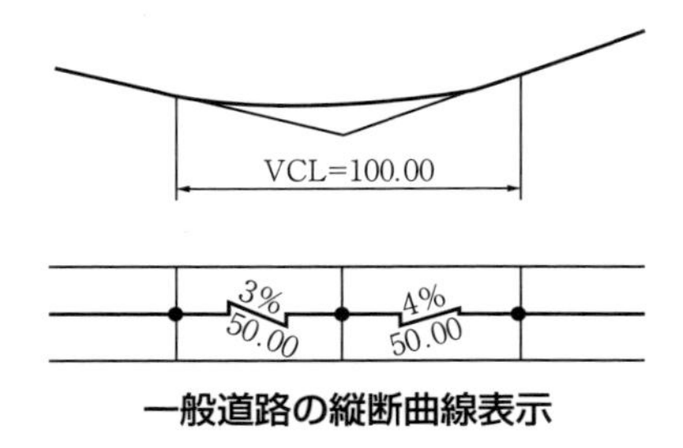

一般道路の縦断曲線表示

［高速道路］

縦断曲線長が100m，縦断曲線半径が1,200mの縦断曲線が測点STA.60＋80で，下り3％勾配から，上り2％勾配に変化し，その縦断曲線の交点(始終点の接線が交わる点)の高さが57.650mである場合の例

＊道路に設けられる測点は，No.やSTA.を用いて表される。
一般道路はNo.を用い20m間隔で測点が設けられ，高速道路はSTA.を用い100m間隔で測点が設けられる傾向がある。
例えば，No.2＋10であれば追加距離が50m，STA.2＋20であれば追加距離が220mの地点が表されている。

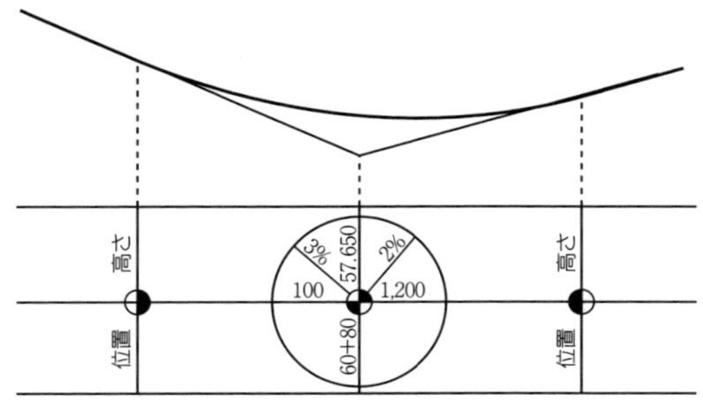

高速道路の縦断曲線表示

5.4 横断線形

横断線形とは，中心線に直交する地表形状である。横断面図は，起点から終点方向を見た断面が描かれ，幅員，片勾配，路体構造などが，直線，放物線，双曲線を用いて表される。また，土工量，土留め壁の高さ，用地幅を求める基準となる。ここでは，横断面の形状，片勾配と拡幅，用地幅について解説する。

(1) 横断面の形状

図5.22は，横断面図の例である。横断面図の作成手順は，まず，各中心杭の横断方向の地形を地形図から読み取る。次に，計画路線の形状を記入して，横断面図を作成する。そして，盛土面積（BA：Banking Area），切土面積(CA: Cutting Area)を，横断面図上に記入する。最後に平面図に戻り，盛土部には法尻，切土部には法肩，および構造物の位置を，平面図に記入しておく。

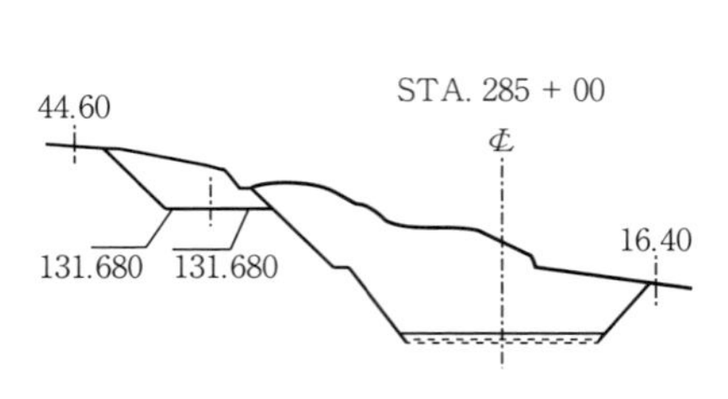

<table>
<tr><td colspan="8">STA. 285+00</td></tr>
<tr><td colspan="2">地盤高</td><td>128.49</td><td>土工施工高</td><td colspan="2">117.74</td><td>計画高</td><td>118.190</td></tr>
<tr><td colspan="4">切　土　A</td><td colspan="4">盛　土　A</td></tr>
<tr><td colspan="2">土砂</td><td>163.6 s.m</td><td>s.m</td><td colspan="2">上部路床</td><td>6.2 s.m</td><td>s.m</td></tr>
<tr><td colspan="2">軟岩</td><td>118.4</td><td></td><td colspan="2">下部路床</td><td></td><td></td></tr>
<tr><td colspan="2">硬岩</td><td>116.2</td><td>B-(124.8)</td><td colspan="2">路　体</td><td></td><td></td></tr>
<tr><td colspan="8">法　面　工</td></tr>
<tr><td rowspan="2"></td><td>左</td><td>m</td><td></td><td rowspan="2">E1</td><td>左</td><td>0 m</td><td></td></tr>
<tr><td>右</td><td>m</td><td></td><td>右</td><td>2.0 m</td><td></td></tr>
<tr><td rowspan="2"></td><td>左</td><td>m</td><td></td><td rowspan="2">E2</td><td>左</td><td>0 m</td><td></td></tr>
<tr><td>右</td><td>m</td><td></td><td>右</td><td></td><td></td></tr>
<tr><td rowspan="2"></td><td>左</td><td>m</td><td></td><td rowspan="2">P・C・G</td><td>左</td><td>7.17 m</td><td></td></tr>
<tr><td>右</td><td>m</td><td></td><td>右</td><td>6.16 m</td><td></td></tr>
</table>

図5.22　横断面図の例（引用文献3）

(2) 片勾配と拡幅

車両は，曲線部を走行するとき，遠心力が作用し，外側に押し出され，滑ったり，転倒したりする危険が生じる。この危険を避けるため，**図5.23**に示すように，路面に横断勾配をつけて，外側を高くする。これを「片勾配」と呼ぶ。

道路構造令において，道路の片勾配の大きさは，道路の種別やその地域の気象条件により，最大値が6～10%と規定されている。また，曲線部では，車両の前輪と後輪で異なった動きをするため，直線部より道路幅を広げる。これを「拡幅する」という。

道路の直線部では，自動車の走行上は横断勾配は必要ないが，**図5.23**に示すように，雨水の排水などを目的に，1.5～2.0%の屋根勾配を設ける。

直線部の屋根勾配と曲線部の片勾配や拡幅を直接接続すると，段差が生じて危険であるため，緩和区間を設けて緩やかに接続させる。これを「すりつけ」といい，緩和曲線が挿入されている線形では，緩和区間の全長にわたって，一様にすりつけることを原則とする。このため，緩和区間は十分な長さが必要で，すりつけに関わる制限が区間長を規定しているともいえる。

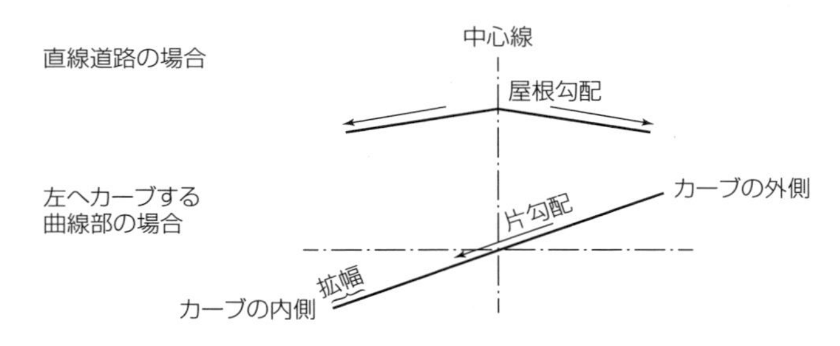

図5.23　横断勾配と拡幅

コラム(2) 縦断面図の曲率図とすりつけ図

片勾配のすりつけ方には，道路の中心線を回転軸にする場合と，外側線または内側線を回転軸とする場合に分けられるが，特別な事情がなければ，前者が用いられる。

下図は，直線部から円曲線部に移行する場合を示した例である。

曲率図は，直線部の半径$R=\infty$，曲率$1/R=0$，円曲線部の半径は，$R=$一定，曲率$R=$一定である。緩和区間において直線部から曲線部に滑らかに変化させるため，曲率が緩やかに変化する距離を確保し，緩やかに変化させる。

すりつけ図は，車道の中心を回転の中心とし，直線部から曲線部にかけて，屋根勾配から片勾配に緩やかに移行させる場合を示している。車道の左側の高さを実線で，右側の高さを破線で示される。

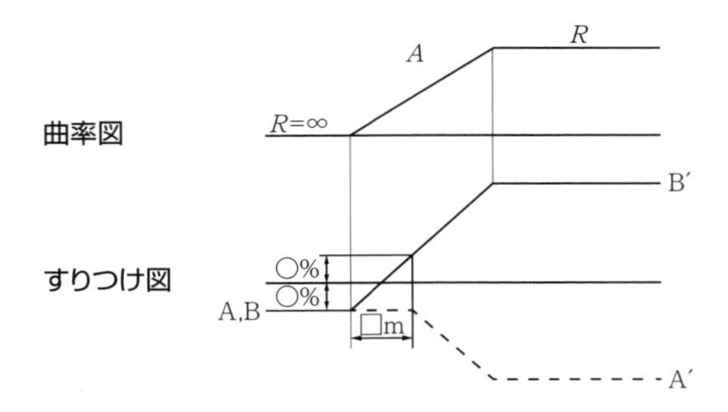

片勾配のすりつけ図(直線－緩和曲線－円曲線)

コラム(3) 合成勾配

合成勾配とは，道路の縦断勾配と横断勾配，または縦断勾配と片勾配の合成された勾配のことである。

縦断勾配をj，横断勾配iとすると，合成勾配Sは以下の式で表される。

$$S=\sqrt{j^2+i^2}$$

道路構造令では，走行安全性の確保の観点から，設計速度と合成勾配の上限値が規定されている。

(3) 用地幅

道路整備では，用地の取得や家屋の移転に関わる計画も必要である。このため，用地幅を確定し，用地幅杭を設置する必要がある。用地幅は**図5.24**に示すように，横断面図の盛土幅や切り取り幅に多少の余裕幅a(土地の状況に応じて1～1.5m)を加えて設定する。

用地幅の計算は，次のように行う。

図5.24(a)　用地幅$L=\dfrac{B}{2}+H\times r+\alpha$　(5.43)

図5.24(b)　左側の用地幅$L_1=\dfrac{B}{2}+H_1\times r_1+\alpha$　(5.44)

右側の用地幅$L_2=\dfrac{B}{2}+H_2\times r_2+\alpha$　(5.45)

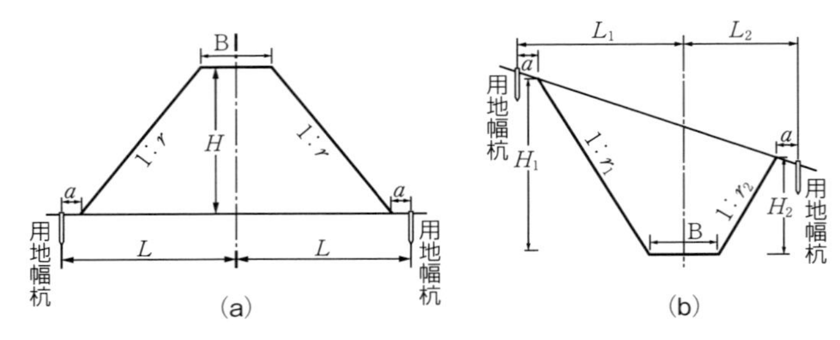

図5.24　用地幅の計算

05 演習問題

【1】図に示すように，交角64°，曲線半径400mである，始点BCから終点ECまでの円曲線からなる道路を計画したが，EC付近で歴史的に重要な古墳が発見された。このため，円曲線始点BCおよび交点IPの位置は変更せずに，円曲線終点をEC2に変更したい。

変更計画道路の交角90°とする場合，当初計画道路の中心点OをBCの方向にどれだけ移動すれば，変更路線の中心O′となるか。**最も近いもの**を次の中から選べ。 （測量士補試験：平成21年）

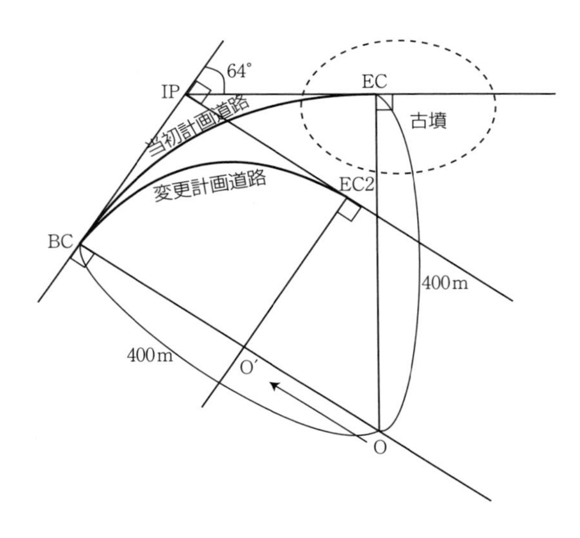

1. 116m　2. 150m　3. 188m　4. 214m　5. 225m

解答　2

［**解説**］

当初計画道路と変更計画道路は，BCに変更がないことから，O′とOは同一直線上にある。このため，円の中心点の移動量は，半径の差となる。また，IPも変更がないことから，TLも変更がない。TLから変更計画道路の半径R'を求めればよい。

$$TL = R\tan\frac{I}{2} = 400 \times \tan\frac{64°}{2} = 249.95\,\text{m}$$

変更計画道路の半径R'は，以下で求められる。

$$TL = 249.95 = R'\tan\frac{90°}{2} \qquad R' = 249.95\,\text{m}$$

したがって，OからO′への移動距離は，

$$OO' = 400 - 249.95 = 150.05\,\text{m}$$

【２】平たんな地形に，円曲線を含む道路を建設するための路線測量を行ったが，交点設置の位置に川が流れており，交点が設置できない。そこで図に示すように，道路起点AP，道路終点BP，円曲線始点A，円曲線終点Bとし，接線上に見通点A′，B′を設けて距離と角度を測定したところ，A～A′間300 m，B～B′間400 m，A～B′間200 m，α=145°，β=94°の値が得られた。ここにR=300 mの円曲線を設置した場合，A～B間の路線長はいくらか。**最も近いもの**を次の中から選べ。ただし，円周率π=3.14とする。
（測量士補問題：平成16年）

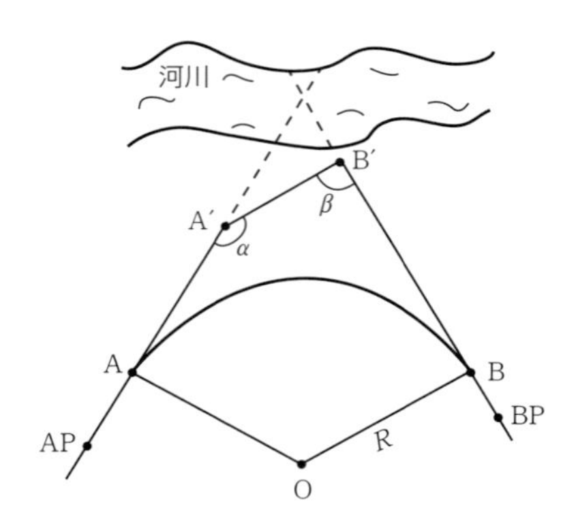

1. 580 m　　2. 607 m　　3. 633 m　　4. 659 m　　5. 686 m

解答　3

［**解 説**］

図における交角Iは，

γ=180°－(35°+86°)=59°

I=180°－γ =180°－59°=121°

となる。AB間の曲線長CLは，

$$CL=\frac{\pi RI}{180^\circ}=\frac{3.14\times300\times121^\circ}{180^\circ}\fallingdotseq 633.23\,\text{m}$$

となる。

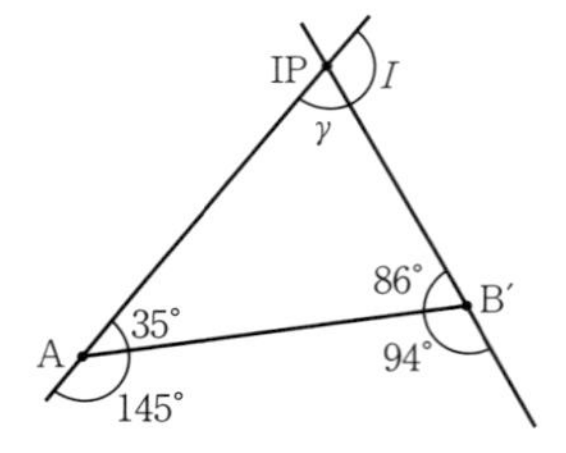

演習問題2の図解

【３】図のように，始点BC，終点ECを結ぶ半径Rの円曲線からなる道路の建設を計画している。交角I=120°とし，交点IPと円曲線の中点との距離を220.00mとなるようにしたとき，建設する道路の曲線半径はいくらか。**最も近いもの**を次の中から選べ。　（測量士補試験：平成17年）

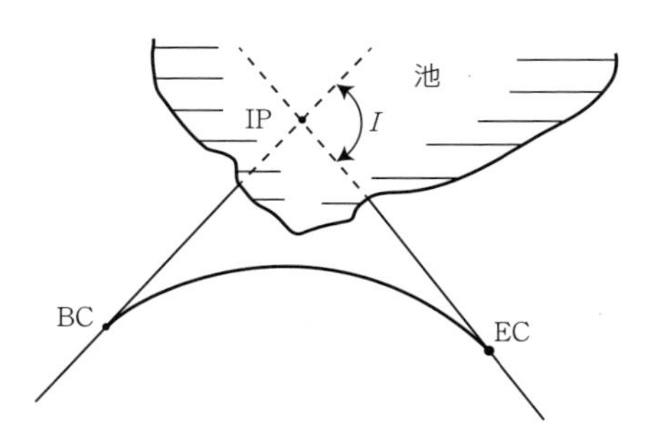

1. 110m　2. 220m　3. 280m　4. 330m　5. 440m

解答　2

［**解 説**］

下図において，交点IPと円曲線の中点SPとの距離SLを求める。

$$SL=R\left(\frac{1}{\cos\frac{I}{2}}-1\right)=R\left(\sec\frac{I}{2}-1\right)$$

より，

$$R=\frac{SL}{\sec\frac{I}{2}-1}=\frac{220}{\sec\frac{120°}{2}-1}=220\,\mathrm{m}$$

となる。

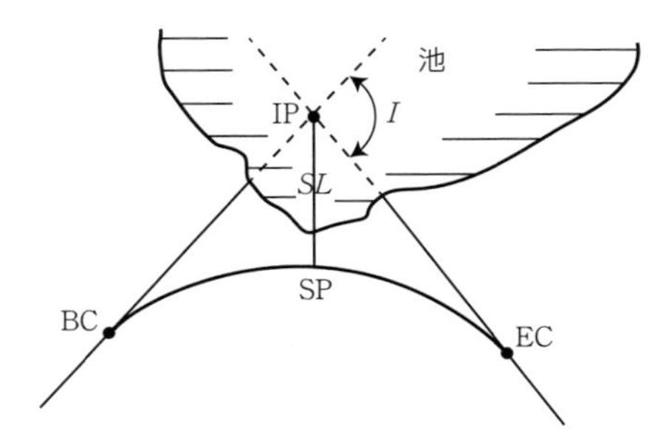

演習問題3の図解

【４】図に示すように，現在の道路(以下「現道路」という)ACEの一部を改修し，新しい道路(以下「新道路」という)BDを建設することとなった。

新道路BDは，基本型クロソイドからなり，主接線は現道路の中心線と一致している。このとき，新道路BDの路線は，現道路BCDより何m短いか。**最も近いもの**を選べ。

ただし，円曲線半径R=240m，交角I=90°，クロソイドパラメータA=120m，円曲線部分の中心角α=75.7°，円周率π=3.142とする。また，主接線をX軸とし，その原点をクロソイド曲線の始点としたとき，円曲線部分の中心点MのX座標X_M=30.0m，移程量ΔR=0.6mとする。

（測量士試験：平成20年）

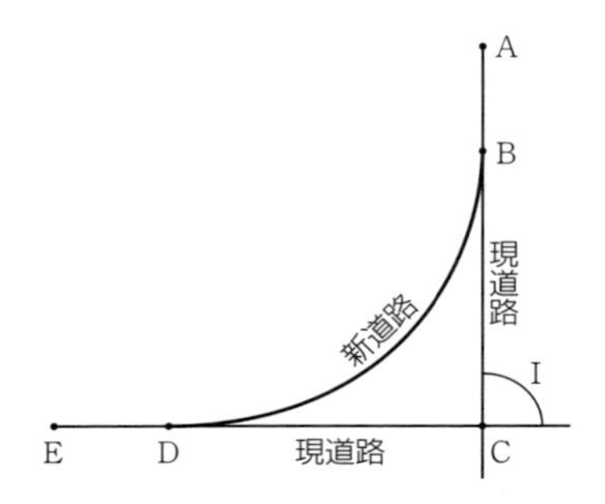

1. 74m　　2. 104m　　3. 134m　　4. 164m　　5. 194m

解答　2

［**解説**］

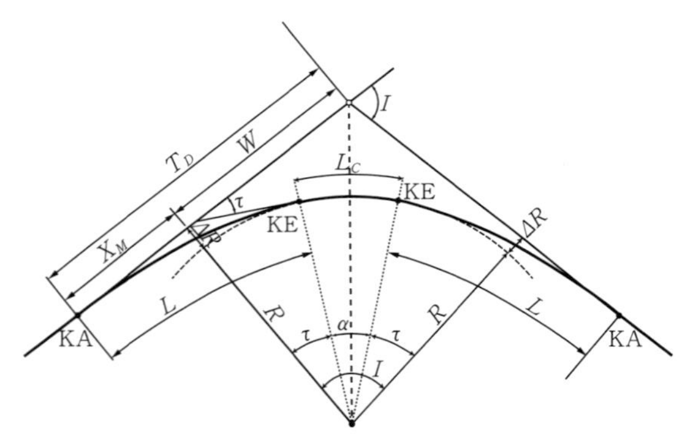

演習問題4の図解

現道路路線長と新道路路線長の差は，T_Dを主接線長，Lをクロソイド曲線長，L_Cを円曲線長とすると，

［現道路路線長］－［新道路路線長］＝$(2\times T_D)-(2\times L+L_C)$

となる。

いま，円曲線半径R=240m，交角I=90°，クロソイドパラメータA=120m，α=75.7°，X_M=30.0m，ΔR=0.6m，円周率π=3.142であるから，これらを用いて距離を計算する。

［現道路路線長の計算］

主接線長 T_D

$$W=(R+\Delta R)\tan\frac{I}{2}=(240+0.6)\tan45°=240.6\,\mathrm{m}$$

$$T_D=W+X_M=240.6\,\mathrm{m}+30.00\,\mathrm{m}=270.6\,\mathrm{m}$$

現道路路線長 $=2\times T_D=541.2\,\mathrm{m}$

［新道路路線長の計算］

円曲線長 $L_C=\dfrac{\pi R\alpha}{180°}=\dfrac{3.142\times240\times75.7°}{180°}=317.13\,\mathrm{m}$

クロソイド曲線長 $L=\dfrac{A^2}{R}=\dfrac{120^2}{240}=60\,\mathrm{m}$

新道路路線長 $=2\times L+L_C=2\times60+317.13=437.13\,\mathrm{m}$

［現道路路線長］－［新道路路線長］$=(2\times T_D)-(2\times L+L_C)=541.2\,\mathrm{m}-437.13=104.07\,\mathrm{m}$

【５】 図に示すように，対称型の基本型クロソイド曲線を含む道路の建設を計画した。点Aの計画高が70.50m，点Aから点Dへの1%の上り勾配があるとき，点Dの計画高はいくらか。**最も近いもの**を選べ。

ただし，点Aおよび点Dをクロソイド曲線始点，点Bおよび点Cをクロソイド曲線終点とし，クロソイドパラメータは$A=120\,\mathrm{m}$，点Bにおける曲線半径$R=200\,\mathrm{m}$，円曲線の中心角$\theta=20°$，円周率$\pi=3.1416$とする。（測量士試験：平成22年）

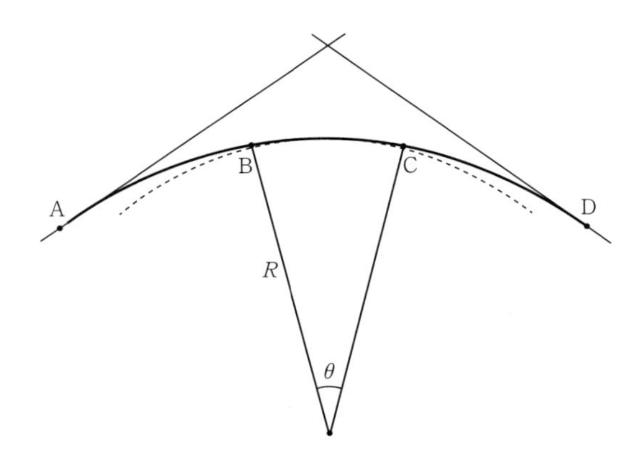

1. 72.64m　2. 73.34m　3. 75.445m　4. 76.30m　5. 77.86m

解答　1

［解説］

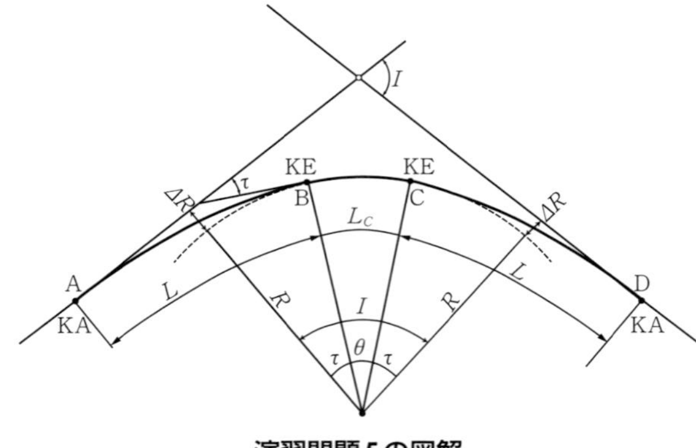

演習問題5の図解

まず，A～D間の距離は

$$AD=2\times L+L_c$$

で表される。

いま，クロソイドパラメータA=120m，円曲線半径R=200m，円曲線の中心角θ=20°，円周率π=3.1416であるから，これらを用いて距離を計算する。

$RL=A^2$より

$$L=\frac{A^2}{R}=\frac{120^2}{200}=72\,\mathrm{m}$$

$$L_c=\frac{\pi R\theta}{180°}=\frac{3.1416\times 200\times 20°}{180°}=69.81\,\mathrm{m}$$

LとL_cを式に代入すると，

$$AD=2\times L+L_c=2\times 72+69.81=213.81\,\mathrm{m}$$

となる。

ここで，A点の計画高=70.50m，A点～D点は1%の上り勾配であるから，

D点の計画高=70.50+213.81×0.01=72.64m

となる。

06 河川測量

河川測量は，河川に関連した計画，設計，施工，およびメンテナンスなどの各段階に必要な情報を得るために必要な測量である。近年注目されている大規模な自然災害や人的災害などに対する防災分野と大きく関連する治水問題や，災害と関連して発生する土壌汚染の対策工事等において，重要な役割を担う応用測量技術といえる。

この章では，河川測量の基本的な考え方と手順，伝統的な方法から最新の技術までを理解することを目標とする。

6.1 河川測量の基礎

6.1.1 河川測量の手順

河川測量とは，河川，海岸等の調査および河川の維持管理に用いる測量をいう[1]。河川測量の作業手順は，**図6.1**のとおりである。

これまでみてきた基礎的な測量，応用測量と同様に，まず①作業計画を立て，踏査を行う。次いで，基準点測量，地形測量によって，計画用基本図となる平面図（地形図）[2]を作成する。

これをもとに，河川測量の成果品にあたる以下のものを作成する。まず，平面測量による②距離標設置を行い，高低測量に必要な③水準基標測量を行う。次いで，高低測量である④縦断測量，⑤横断測量，および⑥深浅測量，さらには，⑦法線測量により河川の形状を表すこととなる。また，水位･流速･流量および流向の観測と算出を行うと同時に，用地測量，工作物調査，およびその他の調査を行い，結果をまとめる。

なお，河川測量とは海岸，湖沼を含み，目的によっては，⑧海浜測量および汀線（ていせん）測量を合わせた測量結果を品質評価の後，納品する流れとなる。

河川測量技術は専門的な技術を多く含み，実施内容や呼称についてはさまざまなものが用いられている。本章で解説する内容は，河川測量における基礎的な技術とその考え方を示すが，現場では他の測量分野と同様に，新旧の技術と考え方がある。

1) 国土交通省公共測量作業規定（作業規定の準則）による（文中①～⑧は，河川測量の細分：第371条）

2) 成果品の基本図。「計画図」とも呼ぶ。

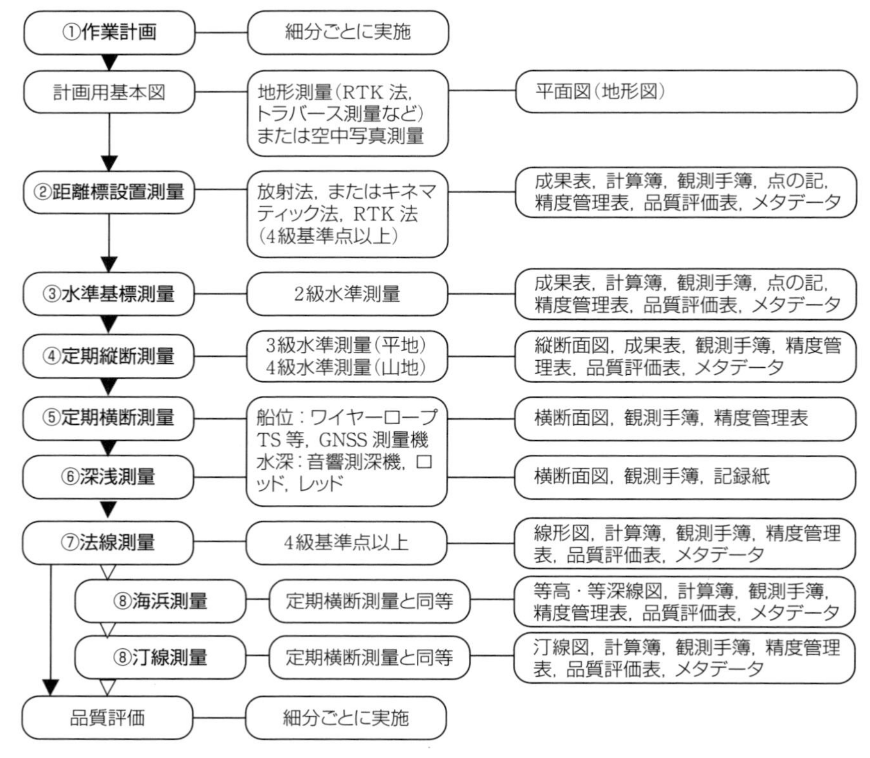

図6.1　河川測量のフロー

6.1.2　河川測量の作業計画

河川測量は，天候の影響を受けやすい測量といえる。図6.1フロー図の①作業計画の作成にあたっては，測量地点に予想される天候の影響だけでなく，上流部の天候による雨量の影響やダム放流の計画等も考慮する。

まず作業手順と日程，方法および必要となる機材，技術者の人員配置など全体の工程について作成し，さらに細分（図6.1の①～⑧）ごとに詳細な計画を作成する。

6.1.3　河川測量の対象と計画用基本図

河川測量の対象を，**図6.2**に示す。この図は，上流から下流に向かって見たものであるが，左岸に堤防が設置された河川または河川の部分（有堤部）を右岸には堤防がない河川または河川の部分（無堤部）を示している。

河川測量の対象範囲は，河川の周囲を含み，河川形状を十分に包含できる大きさとする。一般的に，その幅員は有堤部で両岸堤内地を300m程度（図では左岸），無堤部では洪水氾濫区域（洪水時の影響を受ける区域）より100m程度広い範囲（図では右岸）とする。

延長の範囲は，測量の目的によって異なる。例えば，船運のための改修工事ならば，その航路の範囲であり，洪水防御を目的とする場合には，海との境界付近から水害が及ぶと考えられる区域までとする。

このような区域を対象として地形測量を行い，計画基本図となる平面図（地形図）を作成する。地形測量にあたってはRTK法やトラバース測量，さらには細部測量を行うが，現在，国内では写真測量も広く行われている。

細部測量では，測量の対象範囲内で，河川の形態，堤防，水際線，河川の付属工作物のほかに，地形，道路や鉄道，建築物などの位置を取得する。平面図（地形図）は，一般的には1/2,500，または1/1,000が用いられる。

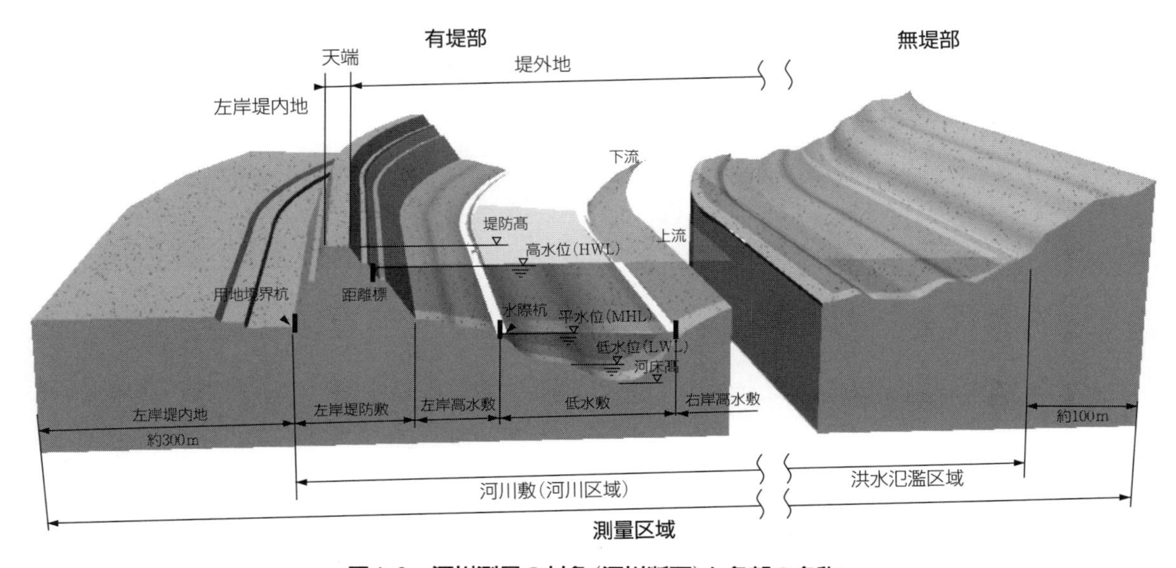

図6.2　河川測量の対象（河川断面）と各部の名称

6.2 平面測量

6.2.1 距離標設置測量

距離標設置測量は，河川の上流に向かって一定の距離ごとに距離を定め，高低測量を行うための基準を作成する作業である。図6.1に示すフロー図の②にあたる。

距離標（**図6.3**）は，**図6.4**に示すように，河川の河口あるいは幹川との合流点を起点として，200 m間隔を標準とし[1]，河心線[2]の接線と直角方向の両岸に設置する[3]。

設置は直接，現地測量により行うこともあるが，あらかじめ作成した地形図上で位置を設定し，その座標値を求め，近傍の3級基準点などから放射法などで行う方法が用いられる。なお，近傍に適当な基準点がない場合は，3級基準点測量により距離標を設置する。

設置にあたって，橋梁やその他の障害物などがあり，200 mの間隔で設置できない場合には，これを避けて前後3本の間隔の和が400 mとなるように中間杭を打ち，他方の岸にも同位置（河心線の接線に対して直角な見通し線上）に距離標を設ける。なお，未改修河川では，河心線を洪水時の流心線[4]とする。

距離標は，河川測量において基準点となるため，亡失や破損のおそれのない場所に設置する必要がある。設置に際しては，**図6.5**に示すように，堤防法肩（のりかた）または法面（のりめん）など，洪水などで流出しない場所を選定し，根入れを十分に確保して設置し，点の記を作成する。精度管理の結果は，精度管理表にとりまとめる。

1) 100 m間隔に設定する場合，障害物等により調整して設置する場合もある。
2) 流れの中心部を結んだ線。
3) 一方の岸に沿って設置する場合もある。
4) 水深の最も深い部分を結んだ線。

図6.3　距離標：淀川（大阪府）

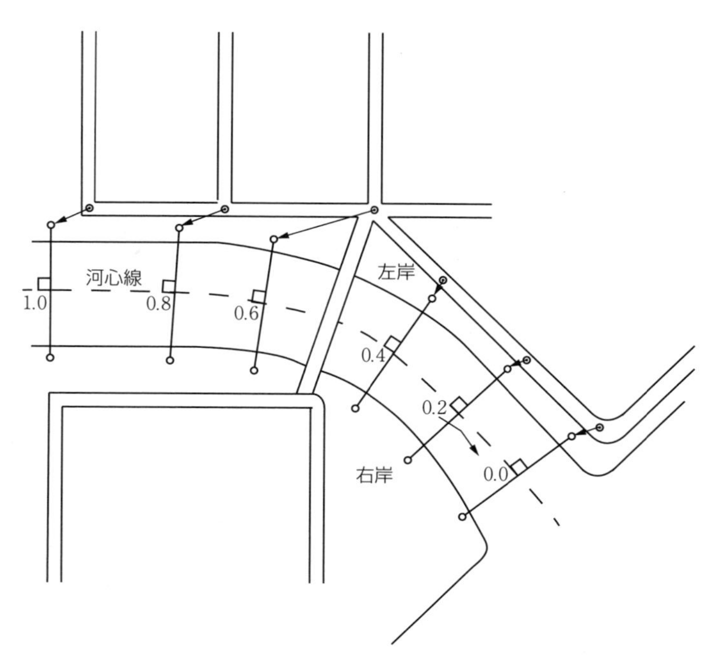

図6.4　距離標の設置位置

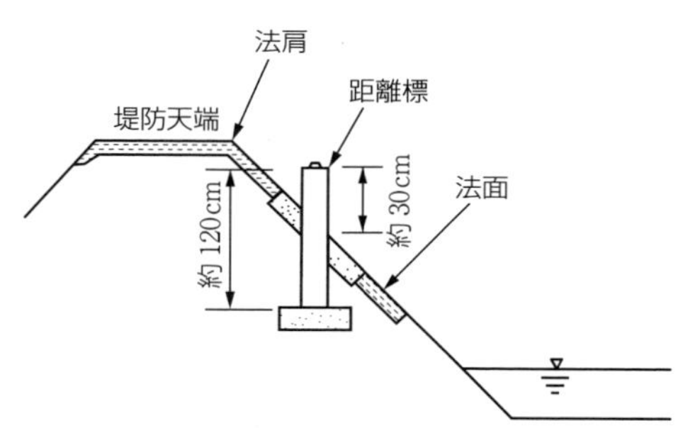

図6.5　距離標の設置位置と堤防断面

6.3 高低測量

距離標設置測量に基づいて，高低測量を行う。高低測量は，図6.1に示すフロー図の後半部の呼称であり，③水準基標測量をもとにして，④定期縦断測量，⑤定期横断測量，⑥深浅測量，⑦法線測量，さらに⑧海浜測量および汀線測量をいう。

6.3.1 水準基標測量

水準基標測量とは，高さの基準となる水準基標の標高を定める作業を指し，高低測量の基本となるものである。

水準基標測量は，河川の高さの基準となる水準基標(水準点)を，少なくとも5kmごとに1基設置する[1]。水準基標は，その標高を付近の1等水準点または，1級水準点を基準として，2級水準測量により行う。

標高については，原則として，東京湾平均海面(T.P.)を用いるが，水系における固有の基準面がある場合には，これを用いることが多い[2]。

1) できるだけ量水標（深浅測量参照）の付近に設置することが望ましい。
2) T.P.とは，Tokyo Peilの略。例えば，大阪湾の基準面として用いられる大阪湾最低潮位(O.P.)(Osaka Peilの略)は，T.P.に対して－1.3000mである。

6.3.2 定期縦断測量

(1) 縦断測量

河川の縦断測量は，両岸の距離標の高さをもとに，断面の変化する箇所，量水標のある箇所，水門などの標高のほか，左右両岸の堤防，堤水門，鉄道や道路等の橋梁と橋台高さ，その他河川工作物など重要な箇所の高さも必要に応じて測量する。

河川の縦断測量は精密さを要することから，直接水準測量によって，往復2回以上測定し，慎重にmm単位まで読み取る。その際，5kmの間での誤差は干潮部で12mm，緩流部で20mmを超えてはならない。また，精度を確保するために5kmごとに，交互水準測量を行うか，橋を渡って直接水準測量を実施して，両岸の関係をつねに正確に把握しておくことが重要となる。

縦断面図の縮尺は，横1：1,000～1：10,000，縦1：100～1：200を標準として，必ず上流を右側にして描く。

(2) 定期縦断測量

定期縦断測量とは，定期的に距離標等の縦断測量を実施して，縦断面図データファイルを作成する作業をいう。

定期縦断測量は，左右両岸の距離標の標高や堤防の変化点の地盤，主要な構造物について，距離標からの距離と標高を測定する。平地においては3級水準測量により行い，山地においては4級水準測量によって行う[3]。

データファイルには，測点，単距離，追加距離，計画河床高，計画高水敷高，計画高水位，計画堤防高，最低河床高，左岸堤防高，右岸堤防高，水準基標，水位標，各種構造物等の名称，位置，標高等のデータを格納する。

3) ただし，地形，地物等の状況によっては，4級水準測量に代えて，間接水準測量により行うことができる。

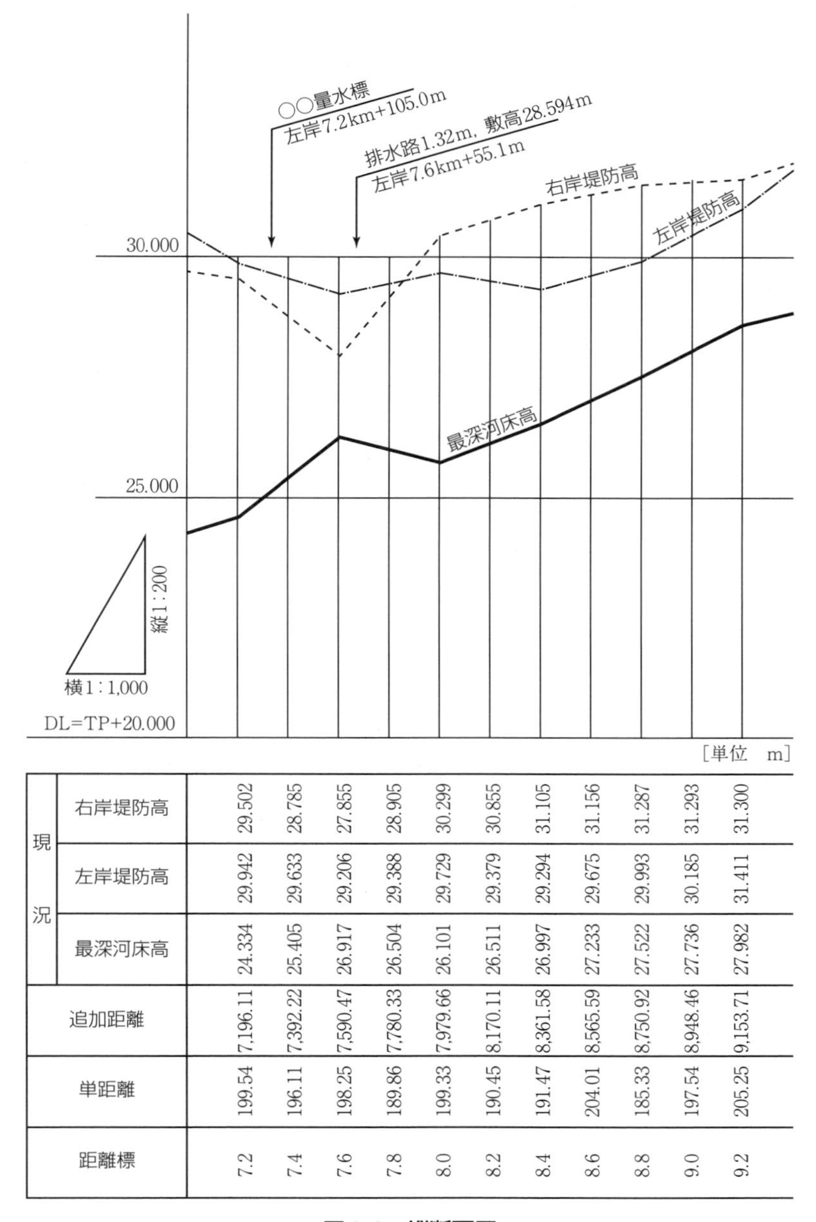

現況	右岸堤防高	29.502	28.785	27.855	28.905	30.299	30.855	31.105	31.156	31.287	31.293	31.300
	左岸堤防高	29.942	29.633	29.206	29.388	29.729	29.379	29.294	29.675	29.993	30.185	31.411
	最深河床高	24.334	25.405	26.917	26.504	26.101	26.511	26.997	27.233	27.522	27.736	27.982
追加距離		7.196.11	7.392.22	7.590.47	7.780.33	7.979.66	8.170.11	8.361.58	8.565.59	8.750.92	8.948.46	9.153.71
単距離		199.54	196.11	198.25	189.86	199.33	190.45	191.47	204.01	185.33	197.54	205.25
距離標		7.2	7.4	7.6	7.8	8.0	8.2	8.4	8.6	8.8	9.0	9.2

図6.6　縦断面図

6.3.3　定期横断測量

(1) 横断測量

河川の横断測量は，右岸，左岸にある距離標の見通し線上の高低を測定して，横断面図を作成する測量である。横断測量では，水際杭（みずぎわぐい）を境にして，陸上は直接水準測量を基本として行い（危険箇所等では間接水準測量を行う），水中は深浅測量を行う。

横断測量では，両岸に設置した距離標を基準とするが，両岸相互の距離標の関係が重要である。ここでの精度は，距離で1/1,000以内，高さは距離300mに対して10mm以内となっている。

横断面図の縮尺は，横は1：100～1：1,000を標準に，縦は1：100～1：200を標準として，縦断面図の縦の縮尺と同様にする。高さは基準水準面から測定し，左岸を左に，右岸を右に描く。

(2) 定期横断測量

定期横断測量とは，定期的に左右距離標の視通線上の横断測量を実施して横断面図データファイルを作成する作業をいう。左右距離標の視通線上の地形の変化点等について，距離標からの距離および標高を測定する。

横断測量の許容範囲は，観測距離 L mに対して，

平地　距離：$L/500$，標高：$2\,\mathrm{cm}+5\,\mathrm{cm}\sqrt{L/100}$

山地　距離：$L/300$，標高：$5\,\mathrm{cm}+15\,\mathrm{cm}\sqrt{L/100}$

である。

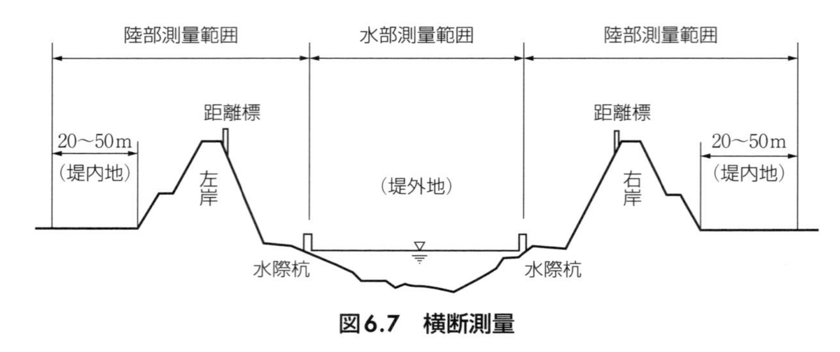

図6.7　横断測量

コラム(1) 水面勾配と河床勾配

河川調査の重要な目的の一つは，流量を求めることにある。このため，河床勾配に比べて，測定しやすい水面勾配は広く用いられている。しかし，水面勾配は流量によってつねに変化するため，必要に応じて高水勾配，低水勾配，平水勾配の区別をして用いる。

測定方法としては，多くの量水標を同時に測定する方法のほか，水際に一定の区間にわたって100～200m間隔で杭を打ち，多くの人によって同時刻に水位の印付けをして，直接水準測量により求める方法などがある。測定は両岸で行うのがよいが，湾曲しているなど，その他の原因で両岸の水位が同位置でない場合があり，この場合には平均値によって水面勾配とする。

河床最深部を連ねた線の勾配を「河床勾配」という。河床勾配は，水面勾配に比べて凹凸が多く，測定が困難である。ただし，全体として河川の性質をあらわしており，河川改修には重要な意義をもっている。

河床の最深部は，必ずしも河川の中心と一致しないことが多く，その位置を見出すのが難しいことがある。そこで，横断測量をしてから最深部を平面上に表現し，平面上で距離と方向を求めて河川の縦断面図を決定し，河床勾配を求める方法が用いられている。

6.3.4 深浅測量

(1) 河川の深浅測量

深浅測量とは，河川，貯水池，湖沼または海岸において，水底部の地形を明らかにするため，水深，測深位置または船位，水位または潮位を測定し，横断面図データファイルを作成する作業をいう。

河川測量においては，特に河床の高低を求める測量のことを指し，両岸の水際に設置した水際杭（平水時[4]）を基準にして水深を測定する。水際杭には水位を記し，水面高を決める場合に，付近の量水標（水位標）[5]から水位を読み取る方法と，水際杭や水準点から水準測量によって求める方法がある。

4) 平水については，水位の項を参照。
5) 河川敷に垂直に設置された目盛り付きの支柱，目視により水位を読み取る。

(2) 水深測定の方法

深浅測量では，まず水位を測っておき，平面上の測深位置と水深を測る。作業は，水位が低く安定している時期を選び，横断面内で実行する。

水深の測定は，音響測深機を用いて行う。ただし，水深が浅い場合，水深2m以内の場合はロッド（測深棒），2m以上の場合はワイヤーの一端に3～5kgのおもりを付けたレッド(測深錐)を用いる。水深がさらに浅い場合には(1m以内)，ポールを用いる場合もある。音響測深機は，主に1m以上で用いる。

ロッドとは，標尺に似た目盛り付きの棒の底にくぼみを付けたもので，くぼみに油脂を塗って底質を採集できるようにしたものである。レッドは，目盛り付きのワイヤーにおもりを付けたもので，おもりの底には底質採集用のくぼみがある。音響測深機は，超音波を発射して，これが水底で反射して戻ってくるまでの時間によって水深を測る機械である。精度は10cm程度が一般的で，大河川のほか，貯水池，および海底などでよく用いられている。

水深測定は，測深位置(ピッチ位置)において2回行い，その平均値を用いる。ただし，河口部等が広大な水域等において，測定を2回行うことが困難な場合には，この限りではない。

(3) 測深位置または船位の測定方法

測深位置（測点）の間隔（ピッチ）は，5mを標準として，水際杭の間に距離目盛り付きのワイヤーロープを張り，船上からこの測線上に設置されたワイヤーをたどりながら測深する。川幅が広い等の場合，トータルステーション，GNSS測量機のいずれかによって測点間の距離を測定する。測点間隔は10m～100mで，1m間隔の等深線図が描ける程度とする。図面は，横の縮尺を1：100～1：10,000，縦の縮尺を1：100～1：200を標準とする。

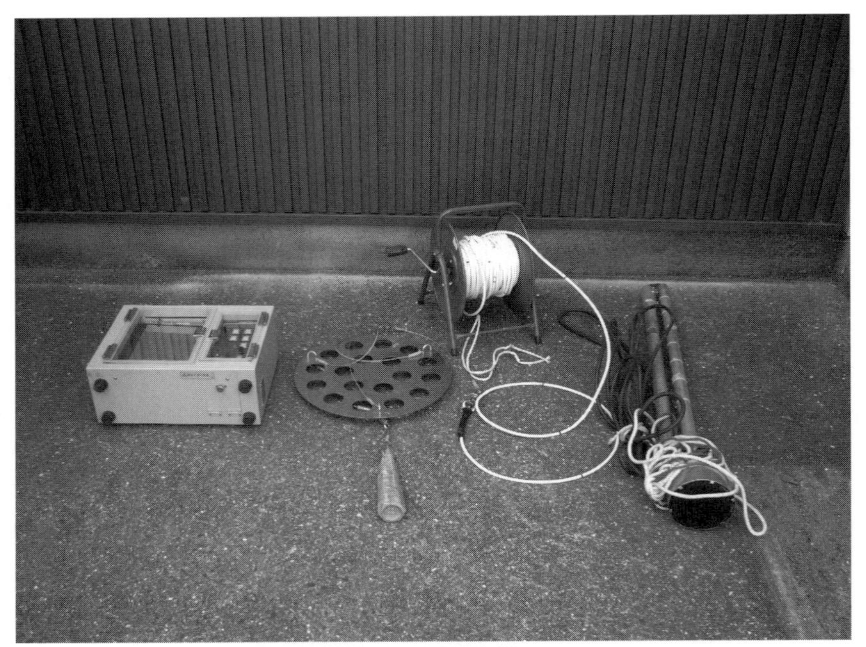

図6.8 レッド(測深錐)と音響測定機(提供:田中陸運株式会社)

6.3.5 法線測量

法線(ほうせん)測量とは，河川または海岸において，堤防の新設または改修を行う場合に，計画図をもとに現地の法線上に杭を設置し，線形図データファイルを作成する作業を指す。

法線とは，堤防の設置位置を決定する線であり通常，法肩に設定される。河川構造物は，この法線を基準に位置が決定される。断面図も，法線と直角方向に作成される。

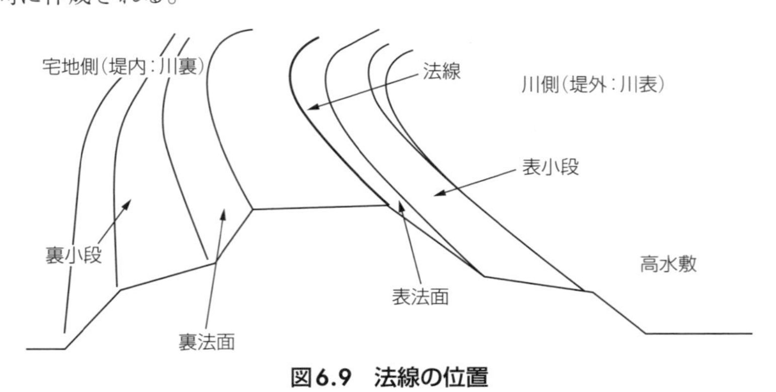

図6.9 法線の位置

6.3.6 河口，海岸，港湾の測量

(1) 海岸線と汀線

海水面は，潮汐(ちょうせき)等によって変動するもので，略(ほぼ)最高高潮面(N.L.L.W.L.)[6]とは，おおよそこれ以上高くならないと考えられる潮位を示し，略(ほぼ)最低低潮面(N.H.H.W.L.)[7]は，逆におおよそこれ以上低くならないと想定される潮位を指す。

6) N.L.L.W.L:Nearly Lowest Low-water Level

7) N.H.H.W.L:Nearly Highest High-water Level

海岸線は，略最高高潮面が陸地と交わる線を示し，この線が海図上に描かれる[8]。一方，略最低低潮面が陸地と交わる線は汀線（ていせん）[9]という（**図6.10**参照）。略最低低潮面は，海図や湾岸工事の基本水準面に採用され，水深を表示する場合の基準に用いられる。ただし，陸上の地物の高さは，平均海面から測る。

8) 平水位で表現される河川とは異なる。
9) 汀線：ていせん，または低潮線，干出線（かんしゅつせん）ともいう。

(2) 潮汐と波

潮汐と波は，海岸の構造物に大きな影響を及ぼす。天体の引力によって，潮位は周期的に変動するが，場所によってその大きさと周期は異なっている。また，波の主な原因は風であるが，浅い海岸部ではその山が高くなるとともに，海水の流れが大きくなる。なお，波は河口部の水流と同様に，海底の砂を移動させることを考慮する必要がある。

波の特徴は，波高・波長・周期・波速・波向などで表すことができる。これらは，短時間で変化するため，自記記録計を用いることが多い。計器の種類は多いが，水圧式波高計を適当な深さに設置して観測することが多い。

沖合では，一定の方向に流れる海流と，周期的な往復運動である潮流が，海水運動の主要成分であるが，岸近くになると，海底地形の影響と波による流れが加わって，きわめて複雑な流れが発生する。その流れが漂砂（ひょうさ）をともなって海岸・海底の地形変化をもたらす。海岸では，流速と流向の両方を測定できる流向流速計を用いることが多い。

(3) 海岸測量と港湾測量

海岸の決壊，埋没，高潮防止のための調査，測量（海岸測量）や，港湾の改築や位置選定などに必要な技術的資料を得るための調査，測量（港湾測量）が行われる。

これらの内容は，河川とほぼ同等であり，①地形･地物の測量，②深浅測量，③地質・海底地質の調査，④気象・潮汐・流況・波・漂砂などの観測などが行われる。また，港湾では，⑤浮標・立標・航路障害物の調査などが加わる。

(4) 河口，海岸，港湾における深浅測量

深浅測量は，河川の場合に比べると広範囲で，水深の大きい場所（30 m程度まで）に及び，波が高く水位変動が著しいという特徴がある。したがって，まず第一に付近に験潮所を設けて，観測中の潮位を知る必要がある。

深浅測量には，主として音響測深機が用いられる。測量船が走った線に沿う連続測深記録（左右に一定の幅をもった帯状地域の記録の得られる器械もある）が得られる。この場合の船位測定には，河川で用いた方法を用いるのは不便であるから，自動追尾トータルステーションかGPSを用いることが多い。いずれを用いる場合でも，陸上と通信を行って測位位置を測深記録紙に記入する。

音響測深機は，海底物質の密度と反射量の関係から，海底地質の状況をとらえることができる。この性質を利用して，水底地質調査を目的とするものに音響探査機がある。これは音響測深機より，低い周波数の超音波を用いたものである。

(5) 海浜測量および汀線測量

10) この範囲を「海浜」という。

海浜測量とは，前浜と後浜を含む範囲[10]の等高・等深線図データファイルを作成する作業をいう。前浜とは，汀線となる略(ほぼ)最低低調面と略(ほぼ)最高高潮面の間を，後浜とは，前浜より陸側の高潮，暴風時等に波のかぶる部分を指す。

一方，汀線測量とは，汀線を定め，汀線図データファイルを作成する作業をいう。

海浜測量は，海岸線に沿って陸地に基準線を設けて，適切な間隔に測点を設置し，測点ごとに基準線に対して直角の方向に横断測量を実施する。後浜の地形が複雑な場合は，地形測量および写真測量による。ここでの最低水面は，原則として海上保安庁が公示する最低水面の高さから求める。等高・等深線図データファイルは，横断測量等の結果に基づいて作成する。

汀線測量は，基準とする杭から，距離測定および標高測定によって汀線の位置を定めて行う。

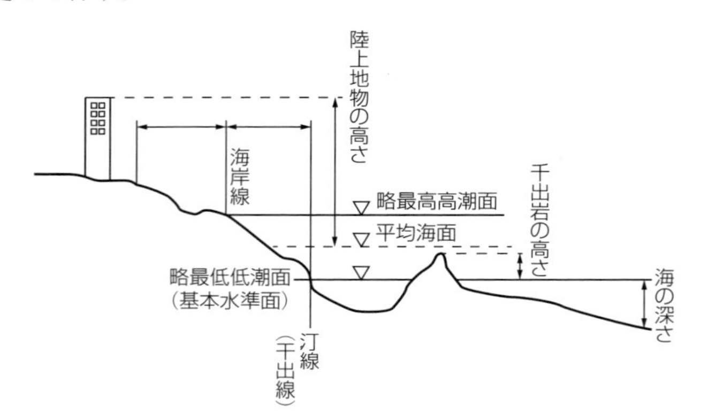

図6.10 海面と汀線の位置

6.4 流量測定

6.4.1 河川の水位

河川の水位はつねに変化しており，これを表すために，以下の語が用いられる。

①最高(最低)水位 H.W.L.(L.W.L.)[1]：期間中(年・月)における最高の(最低の)水位。

②平均最高(最低)水位 N.H.W.L.(N.L.W.L.)[2]：期間中における最高の(最低の)水位。例えば「6月平均最低水位」など。

③平均水位 M.W.L.[3]：期間中における水位の平均値。

④平均高(低)水位 M.H.W.L.(M.L.W.L)[4]：期間中における平均水位以上(以下)の水位の平均。

⑤平水位 O.W.L.[5]：ある期間における水位の中央値。通常は，年間観測水位の中央値をいう。一般に平均水位より少し低い。

⑥最多水位 M.F.W.L.[6]：ある期間で最も多く起こる水位。

河川の水位は，水位標または水位計によって測定される。これらの観測設備は，長期的に用いるものと測量中に用いるものとがある。長期的な観測として，現在では水位観測所で自記式[7]が多く用いられており，測量時には自読式[8]も多く用いられている。また，遠隔式[9]も近年では多く用いられており，特に河口付近や重要な観測地点等で用いられる。

観測は，河川管理，計画，施工等においての重要な部分において行われる。その位置は，流れに乱れが少なく，河床や河岸の変動の少ない場所を選択する必要がある。また，橋脚等による影響，支川の合流，自読式の場合はその判読等についても考慮する必要がある。

図6.11 水位計：松原ダム(大分県)

1) H.W.L.：High Water Level (L.W.L.：Low Water Level)
2) N.H.W.L.：Nearly High Water Level (N.L.W.L.：Nearly Low Water Level)
3) M.W.L.：Mean Water Level
4) M.H.W.L.：Mean High Water Level (M.L.W.L.：Mean Low Water Level)
5) O.W.L.：Ordinaly Water Level
6) M.F.W.L.：Most Frequent Water Level
7) 自動記録するもので，フロート式，気泡式，水圧式，超音波式などがある。
8) 観測者が値を読み取る形式のもの。
9) 観測所や事務所などより値を読み取ることができる。

6.4.2 河川の流速

河川の流速は，横断面(流水断面)との積により，流量を求めるためなどに用いる。流速の測定方法には，以下のような方法がある。

(1) 流速計

流速計には，**図6.12**のようなものが用いられる。いずれも水面から回転部分を所定の深さに沈めて，20秒以上にわたって2回観測する。次節以降に示す流量計算には，主にこの方法が用いられる。

図6.12 流速計（提供：株式会社富士開発コンサルタント）

(2) 浮子

図6.13のような浮子(ふし)を流すことでその速さを測定し，垂直断面の平均流速を求める方法である。数多くの実験から，水深と流す浮子の流下速度を用いて，鉛直断面平均流速の算出式が利用されている。表面浮子と棒浮子が用いられるが，喫水が水深に近い棒浮子を用いるほうが，精度のよい観測値が得られる。浮子を用いる方法は簡便なため，洪水等の災害時に利用される[10)]。

10) 河川の洪水時の流量観測を，高水流量観測という。

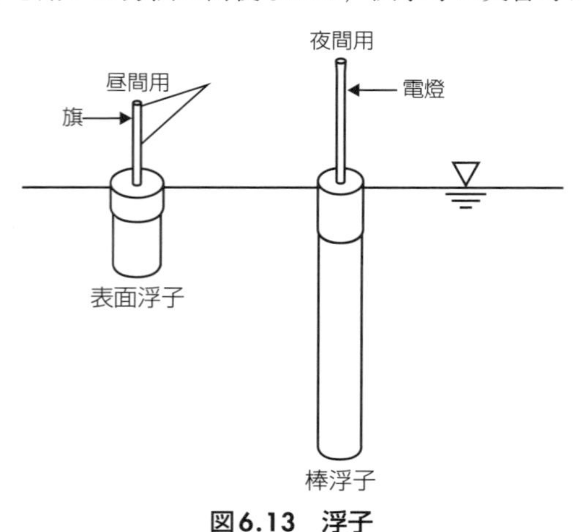

図6.13 浮子

(3) その他の方法

その他にも，簡便な方法として色素投入による計測法，送受信装置を用いた送波により速度差を利用した超音波計測法や電波計測法などがある。

6.4.3　河川の流量

河川の流量とは，ある河川の断面を単位時間当たり通過する水の量をいう。ここでは平均流量のほかに，水を利用する際の利便性に基づいて，1年の間に何日以上にわたってその流量を超える水量が流れるかによって，渇水流量，低水流量，および豊水流量などの名称がある[11]。

11) 渇水流量は年355日以上の条件を満たす流量のこと。同様に，低水流量は275日以上，平水流量は185日以上，豊水流量は95日以上。

流量を求めるには，河川の大きさ，場所の状況，水の流れ方，目的などに応じて，主に以下のような方法が用いられる。

(1) 流速

いくつかの水平断面について平均流速を観測し，水平区分面積ごとの流量を求めて合計する方法が一般的である。水深が浅い場合など，表面流速を用いる場合もある。詳細は次節に示す。

(2) 水位流量曲線

比較的に容易な水位観測を用いて，水位と流量との関係を過去の観測値から求め，水位観測値から流量を推定する。水位流量曲線(H-Q曲線)は，主に2次曲線が用いられる。

(3) 堰測法（えんそく）

堰（せき）を自由越流する流量と越流水深の関係について，過去の観測値に基づいた関数を用いる方法。越流水深を測り，流量を求める方法である。

6.4.4　流速による流量計算

流速による流量計算の例を以下に示す。

(1) 断面の分割

河川は，その断面位置によって流速が異なるため，**図6.15**のように，河川の横断面をいくつかの小面積に区切り，小面積ごとに流速v_iを求める。

(2) 平均流速の算出

平均流速v_1を求める。水面からの深さが，水深hに対して$0.2h$，$0.4h$，$0.6h$，および$0.8h$の位置の流速を測定し，以下の公式(考え方を**図6.14**に示す)により平均流速を求める。

［4点法］ $v_m=1/5\{(v_{0.2}+v_{0.4}+v_{0.6}+v_{0.8})+1/2(v_{0.2}+v_{0.8}/2)\}$

［3点法］ $v_m=(v_{0.2}+2v_{0.6}+v_{0.8})/4$

［2点法］ $v_m=(v_{0.2}+v_{0.8})/2$

［1点法］ $v_m=v_{0.6}$

ただし，v_m：平均流速

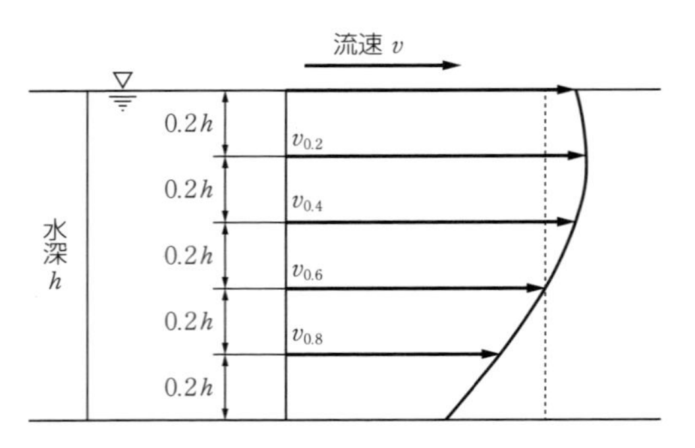

図6.14　平均流速の考え方

(2) 流量の算出

ここでは，小面積A_iごとに求めた平均流速で流れると仮定し，全断面の流量Qは，$A_i v_i$の合計と仮定する。

$$Q = A_1 v_1 + A_2 v_1 + A_3 v_2 + \cdots\cdots A_i v_j \cdots\cdots A_m v_n$$

ただし，Q：全断面の流量

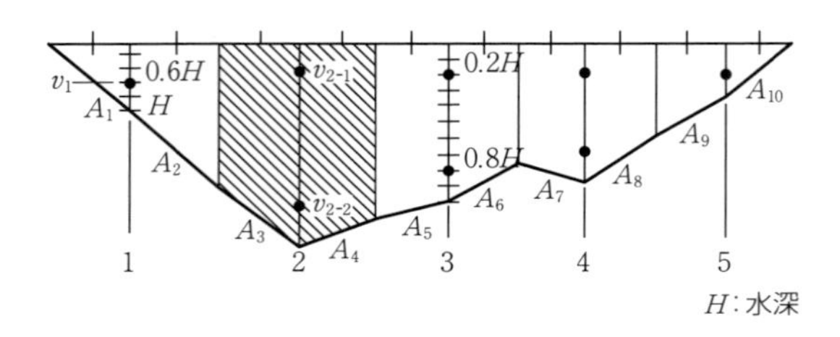

図6.15　流量の算出

06 演習問題

【１】次の文は，標準的な公共測量作業規定に基づいて実施した河川測量について述べたものである。**間違っているもの**はどれか。次の中から選べ。

①距離標設置測量において，距離標を近傍の３級基準点から放射法により設置した。
②水準基標測量において，標高を４級水準点により決定した。
③定期縦断測量において，新設された構造物の位置をトータルステーションを用いて測定した。
④定期縦断測量において，陸地の地形変化点の標高をトータルステーションを用いて測定した。
⑤深浅測量において，水深が浅い場合に，レッドまたはロッドを用いて水深を直接測定した。

解答　②

［**解説**］
①距離標設置は，直接現地測量により行うこともあるが，あらかじめ作成した地形図上で位置を設定し，その座標値を求め，近傍の４級基準点などから放射法などで行う方法が用いられる。近傍に既知点がない場合は，３級基準点等を設置することができる。
②水準基標は，その標高を付近の１等水準点または１級水準点を基準として正確に測定する。
③平地においては３等水準測量により行い，山地においては４級水準測量によって行う。ただし，地形，地物等の状況によっては，４級水準測量に代えて間接水準測量（TS等を用いる）により行うことができる。
④横断測量では，水際杭を境にして，陸上は直接水準測量を基本として行い（危険箇所等では間接水準測量を行う），水中は深浅測量を行う。深浅測量では，距離目盛り付きのワイヤーロープを張り，船に乗ってワイヤーをたどりながら測深する。川幅が広い等の場合，トータルステーション，GNSS測量機のいずれかによって測点間の距離を測定する。
⑤水深の測定は，音響測深機を用いて行う。ただし水深が浅い場合，水深２m以内の場合はロッド（測深棒），２m以上の場合はワイヤーの一端に３～５kgのおもりを付けたレッド（測深錐）を用いる。水深がさらに浅い場合には（１m以内），ポールを用いる場合もある。

【２】次の文は，公共測量における河川測量について述べたものである。明らかに**間違っているもの**はどれか。次の中から選べ。

①河川における水準基標測量では，一部の水系を除いて，東京湾平均海面を基準面と定め，水準基標の高さを決定する。
②定期縦断測量では，水準基標を基にして，左右両岸の距離標などの標高を測定する。
③定期横断測量では，陸部においては横断測量を行うが，水部においては深浅測量により行う。
④流量の観測は，流れの中心や河床の変化が大きい河川の湾曲部において行う。

解答　④

［解説］

①水準基標測量における基準面は，原則として東京湾平均海面を用いるが，多くはその河川の最下流にある水位標ゼロを採用している。

②縦断面図には，水準基標を基準にして，左右両岸の距離標の高さとこれをもとに，断面の変化する箇所，量水標のある箇所，水門などの標高のほか，鉄道，道路，堤防，橋梁など重要な箇所の高さも必要に応じて測量する。

③横断測量では，水際杭を境にして，陸上は直接水準測量を基本として行う。なお，危険箇所等では間接水準測量を行う。水中は，深浅測量を行う。

④流量の観測は，河川管理，計画，施工等においての重要な部分において行われる。その位置は，流れに乱れが少なく，河床や河岸の変動の少ない場所を選択する必要がある。また，橋脚等による影響，支川の合流，自読式の場合はその判読等についても考慮しなければならない。

【３】 次の文は，河川測量について説明したものである。文中の空欄に**正しくあてはまる語句の組合せ**を，下記の①～⑤の中から選べ。

距離標は，（ ア ）の接線に対して垂直方向の（ イ ）の堤防の法肩または法面等に設置する。また，水準基標の（ ウ ）は，（ エ ）または１級水準点に基づいて定め，その設置間隔は（ オ ）km以下を基準とする。

	ア	イ	ウ	エ	オ
①	堤防中心線	両岸	標高	１等水準点	20
②	流心線	右岸	比高	２級水準点	5
③	堤防中心線	左岸	標高	２級水準点	10
④	流心線	両岸	標高	１等水準点	5
⑤	流心線	左岸	比高	２級水準点	5

解答　④

［解説］

距離標は，河川の河口あるいは幹川との合流点を起点として，河心線（流心線）の接線に対して，200ｍ間隔を標準とし，河心線と直角方向の両岸の堤防法肩または法面などに設置する。

水準基標測量は，河川の高さの基準となる水準基標（水準点）を，少なくとも5kmごとに１基設置する。水準基標は，その標高を付近の１等水準点または１級水準点を基準として正確に測定する。

【４】ある河川において，水位観測のための水位標を設置するため，水位標の近傍に仮設点が必要となった。図に示すとおり，BM1，中間点1，及び水位標の近傍にある仮設点Aとの間で直接水準測量を行い，表に示す観測記録を得た。高さの基準をこの河川固有の基準面としたとき，仮設点Aの高さはいくらか。**最も近いもの**を次の中から選べ。ただし，観測に誤差はないものとし，この河川固有の基準面の標高は，東京湾平均海面(T.P.)に対して1.300m低いものとする。

（測量士・測量士補国家試験より）

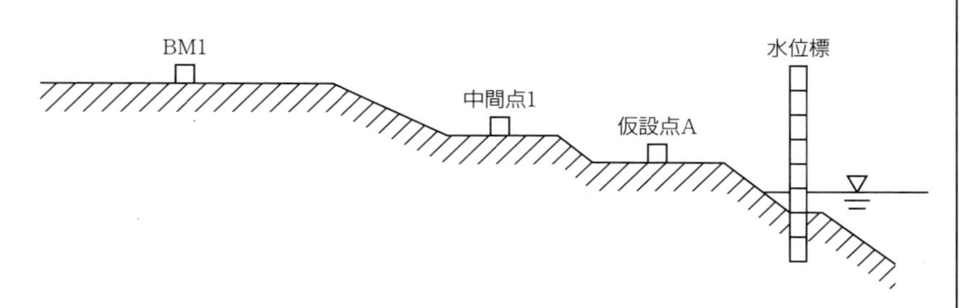

測点	距離	後視	前視	標高
BM1	42m	0.238m		6.526m(T.P.)
中間点1	25m	0.523m	2.369m	
仮設点A			2.583m	

①1.035m　②2.335m　③3.635m　④4.191m　⑤5.226m

解答　③

［**解説**］

まず，観測記録より仮設点Aの標高を求める。

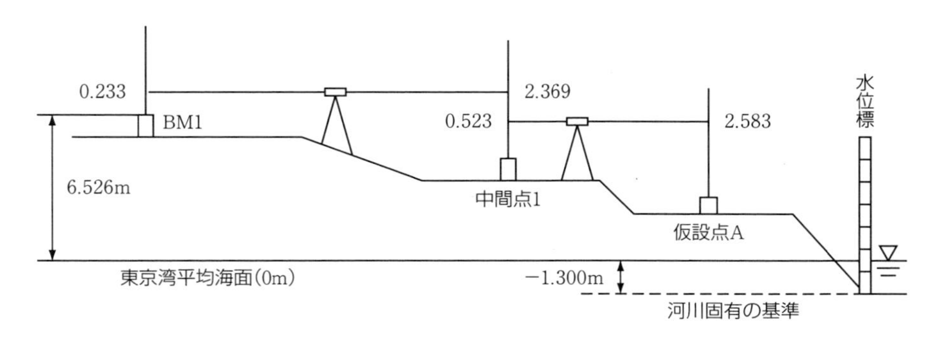

測点	距離	後視	前視	高低差	標高(T.P.)
BM1	42m	0.238m			6.526m
中間点1	25m	0.523m	2.369m	−2.131m	4.395m
仮設点A			2.583m	−2.060m	2.335m

本問では，河川固有の基準面が，標高の基準である東京湾平均海面（T.P.）より1.300m低いところにあることから，

仮設点Aの河川固有の基準面からの高さは，2.335m+1.300m=3.635mとなる。

【５】下図をもとに，断面A_1～A_6の流量を求めなさい。なお，流速計によって測定(２点法)した①～③の流速は，以下のとおり(h：水深)。

①の流速：$0.2h=0.35$ m/s，$0.8h=0.19$ m/s

②の流速：$0.2h=0.55$ m/s，$0.8h=0.33$ m/s

③の流速：$0.2h=0.57$ m/s，$0.8h=0.44$ m/s

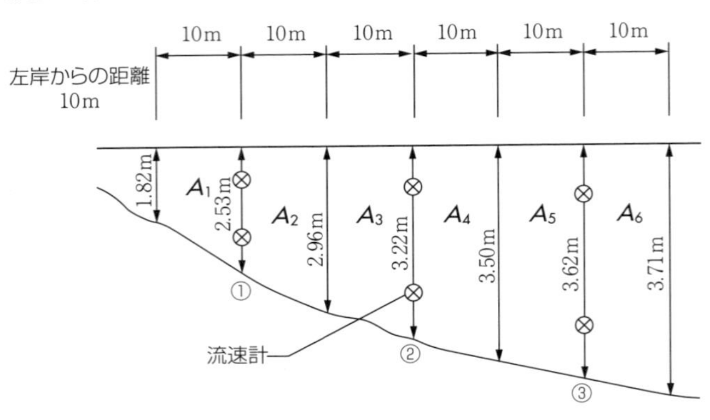

解答　78.51 m³/s

［**解説**］

①～③の平均流速は，次のとおり。

$v_{①}=(0.35+0.19)/2=0.27$ m/s

$v_{②}=(0.55+0.33)/2=0.44$ m/s

$v_{③}=(0.57+0.44)/2=0.51$ m/s

A_1～A_6断面積は，次のとおり。

$$A_1=\frac{(1.82+2.53)}{2}\times 10=21.75\text{m}^2$$

$$A_2=\frac{(2.53+2.96)}{2}\times 10=27.45\text{m}^2$$

$$A_3=\frac{(2.96+3.22)}{2}\times 10=30.90\text{m}^2$$

$$A_4=\frac{(3.22+3.50)}{2}\times 10=33.60\text{m}^2$$

$$A_5=\frac{(3.50+3.62)}{2}\times 10=35.60\text{m}^2$$

$$A_6=\frac{(3.62+3.71)}{2}\times 10=36.65\text{m}^2$$

流速は，次のとおり。

$$Q=v_{①}\times(A_1+A_2)+v_{②}\times(A_3+A_4)+v_{③}\times(A_5+A_6)$$

$$=0.27\times(21.75+27.45)+0.44\times(30.90+33.60)+0.51\times(35.60+36.65)$$

$$=78.51\text{ m}^3/\text{s}$$

【6】ある河川の最大水深5mの場所において，深さを変えて流速を測定したところ，下表の結果を得た。3点法により，平均流速を求めよ。ただし，測定誤差は考えないものとする。

水深[m]	0.0	0.5	1.0	1.5	2.0	2.5	3.0	3.5	4.0	4.5	5.0
流速[m/s]	2.8	4.2	5.0	5.5	4.8	4.4	4.0	3.75	2.6	2.0	1.4

解答　2.75m/s

［**解説**］

水深が5mなので3点法に用いる深さは，

$0.2h=0.2\times 5=1.0$[m]

$0.6h=0.6\times 5=3.0$[m]

$0.8h=0.8\times 5=4.0$[m]である。

表から，この3点の水深の流速vを用いて算出する。

$$v_m=(v_{0.2}+2v_{0.6}+v_{0.8})/4$$
$$=(5.0+2\times 4.0+2.6)/4$$
$$=3.9\,\text{m/s}$$

【7】下表は，低水流量観測野帳の一部である。測線番号4～6における区間流量を求めよ。

<table>
<tr><th>測線番号</th><th>左岸よりの距離(m)</th><th>水深(m)</th><th>器深(m)</th><th>流速(m/s)</th></tr>
<tr><td>3</td><td>20</td><td>0.4</td><td>0.24</td><td>0.05</td></tr>
<tr><td>4</td><td>25</td><td>0.8</td><td></td><td></td></tr>
<tr><td rowspan="2">5</td><td rowspan="2">30</td><td rowspan="2">1.4</td><td>0.28</td><td>0.56</td></tr>
<tr><td>1.12</td><td>0.32</td></tr>
<tr><td>6</td><td>35</td><td>1.6</td><td></td><td></td></tr>
<tr><td rowspan="2">7</td><td rowspan="2">40</td><td rowspan="2">1.8</td><td>0.36</td><td>0.63</td></tr>
<tr><td>1.44</td><td>0.37</td></tr>
</table>

解答　5.72m^3/s

［**解説**］

次ページに示すとおり，測線番号4～6における区間流量は灰色の部分である。

測線番号4～6算出に必要な平均流速は，測線番号5の流速となる。

測線番号5における平均流速は，$0.2h=0.28$[m]，$0.8h=1.12$[m]であるから，

2点法により，$v_5=(v_{0.2}+v_{0.8})/2=0.44$m/s

次に，4～5，5～6の断面積を求める。

4～5の断面積は，

$A_{45}=5\text{m}\times(0.8+1.4)/2=5.5\text{m}^2$

5～6の断面積は，

$A_{56}=5\,\mathrm{m}\times(1.4+1.6)/2=7.5\,\mathrm{m}^2$

よって4～6における区間流量 $Q=Q_{45}+Q_{56}$

$Q_{45}=A_{45}\times v_5=5.5\times 0.44=2.42\,\mathrm{m}^3/\mathrm{s}$

$Q_{56}=A_{56}\times v_5=7.5\times 0.44=3.30\,\mathrm{m}^3/\mathrm{s}$

$Q=Q_{45}+Q_{56}=2.42+3.30=5.72\,\mathrm{m}^3/\mathrm{s}$

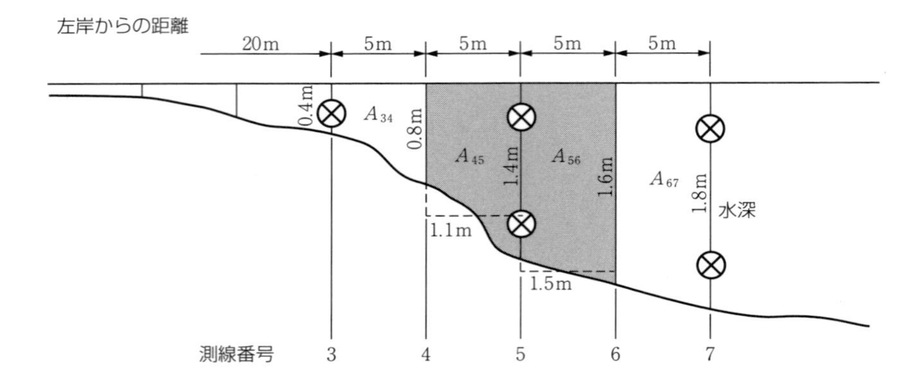

07 用地測量

本章では，用地測量の作業工程を理解することを到達目標とする。

用地測量を学ぶ上で，作業規程，作業工程の全体の流れを把握することをはじめ，測量結果から，面積や体積の計算ができるようになること，また土地の境界線の整正ができるようになることを目的とする。

また，関連して，法務局の既存資料の概要（地図と公図，地積測量図），用地測量と同様の技術や知識を用いた国の事業（国土調査，地積調査），さらには，これらの業務に関する国家資格（測量士，土地家屋調査士）について，コラムとして紹介する。

7.1 用地測量

建設工事において，その工事を実現するためには，土地を要する。公共性が高く，規模も大きな土木工事においては，なおのこと広大な土地を必要とする。国や地方公共団体等が，社会資本を充実する目的で行うこれらの建設工事においては，民間の所有する土地の提供を受けて用地とする状況が多く発生する。

この建設工事の対象となる土地を「用地」または「建設用地」といい，用地の取得のために，必要な図面や資料を作成するための測量を「用地測量」という。

用地は，建設工事の計画･設計により必要となる範囲が定められていくが，逆に，用地取得の状況によって計画・設計が変更となることもしばしば起こりうる。そのため，いわば用地測量と計画・設計は，自動車の両輪のような関係にあるなかで，用地測量が進められることとなる。

これらのことから，用地測量，またその作成された成果は，地権者への説明，交渉の資料として，また計画･設計との橋渡しとして重要な意味をもつ。また，その成果の中には，土地の面積や，土量などの体積の計算，また土地の境界線を整正することにより面積を分割することなども必要となる。

つまり，用地測量では，これまでの(基礎)測量で学んだ，基準点測量や詳細測量，平板測量などの知識や技術を活かしつつ，目に見えない土地の境界を把握することが求められる。具体的には，法務局などに備えられた資料の読解が必要となる。また，公共性が高く，関わる地権者も多くなることから，法や規程に定められた内容を理解する必要がある。

コラム(1) 測量に関する資格1　測量士，測量士補

測量士は，測量法に基づき，国土交通省国土地理院が所管する国家資格(業務独占資格)である。「測量士は，測量に関する計画を作製し，又は実施する」(測量法第48条第２項)。

また，測量士に付随する資格として「測量士補」がある。「測量士補は，測量士の作製した計画に従い測量に従事する」(測量法第48条第３項)。

道路や橋梁，さらにはビルなど，土木･建築のあらゆる建設工事において，最初に行う作業が測量といっても過言ではない。特に巨大な建造物を建設する際には欠かせない技術であるため，さまざまな建設現場が実務の場となる点が魅力的である。測ることだけが測量の仕事ではなく，事前の計画によって，予算や作業効率などにも影響してくるという点も醍醐味である。

いずれにせよ，専門技術と正確性が要求される仕事である。その一方で，屋外での作業ばかりではなく，屋内での作業ばかりでもないという点で，このバランス感覚を求めて目指す人も多い。さらには，測量作業は，一人では行えない場合が多いため，チームワークが必要となり，またコミュニケーションを取りながら進める業務が多いのも特徴である。

このように，業務の範囲が広いため，就職先としてはさまざまなケースがある。建設土木業界で，ゼネコンや道路会社，測量会社などに就職するのが一般的であるが，国土地理院に勤めたり，自身で測量事務所を開業したりする人もいる。また，近年は測量技術もコンピュータ化や，GPS，GISへの応用も増えており，その方面への就職も考えられる。

なお，測量士になるためには，大学や専門学校で測量科目を履修して実務経験を積んだ上で，国土地理院への登録を行うか，国土地理院が実施する測量士試験に合格する必要がある。

コラム(3)の土地家屋調査士と，どちらも測量を行うので混同される場合があるが，測量士が国や公共機関が行う測量（基本測量，公共測量）に従事するために必要な国家資格であるのに対して，土地家屋調査士は不動産登記の専門家で，登記手続きを前提とした測量を行うという点が異なる。

コラム(2) 地籍調査

用地測量で学んだ手法を用いて行うものに「地籍調査」がある。「地籍」とは，一筆に対する基本的な記録であり，われわれ，個人でいうところの「戸籍」のようなものである。すなわち「地籍調査」とは，土地の基本的な情報を調査することであり，かつ国土調査法に基づき，国の事業として実施される。地籍調査の結果は，「地籍図」および「地籍簿」としてまとめられる。

ここでいう土地の基本的な情報とは，地番，地目，境界および面積，所有者についてであり，土地登記簿と同じ内容となり，地籍図や地籍簿の写しは，登記所に送付されることになる。

地籍測量の工程は，

①作業計画と準備

②一筆地調査：一筆ごとの土地について，所有者，地番，地目および境界を画定する。

③地籍測量：調査結果に基づき，筆界の位置を正確に測量する。

④地積測定：測量成果に基づき，一筆ごとの面積を求める。

⑤地籍図および地籍図の作成と取りまとめを行う。

なお実務上，これらの工程は，A～H工程という名称で細分類される。

A工程：地籍調査事業実施主体における事業計画の策定および事務手続き
B工程：地籍調査事業実施主体における事業着手のための準備
C工程：地籍図根三角測量
D工程：地籍図根多角測量
E工程：一筆地調査
F工程：地籍細部測量
G工程：地積測定
H工程：地籍図および地籍簿の作成

7.2 作業規程と作業工程

7.2.1 公共測量作業規程と作業規程の準則

土地の測量について定められた基本的な法律が「測量法」である。測量法では，第33条に，(作業規程)「測量計画機関は，公共測量を実施しようとするときは，当該公共測量に関し観測機械の種類，観測法，計算法その他国土交通省令で定める事項を定めた作業規程を定め，あらかじめ，国土交通大臣の承認を得なければならない。これを変更しようとするときも，同様とする。2 公共測量は，前項の承認を得た作業規程に基づいて実施しなければならない」とある。また，測量法第34条には，(作業規程の準則)「国土交通大臣は，作業規程の準則を定めることができる」とある。

これまで時代の要請に合わせて，作業規程，および作業規程の準則（以下，「準則」と記す）は改正が続けられてきた。この結果，準則は，ほとんどすべての公共測量に対して利用できるという標準性を兼ね備えたことから，現在では「公共測量作業規程は，準則を準用する」となっている。

すなわち，話を整理すると，公共測量を行うにあたっては，「準則」に基づいて実施する必要があり，用地測量においても同様である。

準則（第391条）では，用地測量の細分として，次に掲げる測量等を記している。

一　作業計画
二　資料調査
三　復元調査
四　境界確認
五　境界測量
六　境界点間測量
七　面積計算
八　用地実測図データファイルの作成
九　用地平面図データファイルの作成

7.2.2 作業工程

先に記した細分の順序が，そのまま作業の工程になるため，用地測量を学ぶにあたっては，この全体の流れを把握することが肝要となる。準則においても，各細分につき要旨や方法が示されている。以下に，各細分について説明する。

(1) 作業計画

作業計画は，用地測量にかかわらず行うものであるが，特に用地測量においては，「（略）実施する区域の地形，土地の利用状況，植生の状況等を把握（略）」（準則第392条）した上で，計画を行う作業をいう。その他，一般的な作業計画としては，測量作業の方法，使用する主要な機器，要員，日程等について，適切な作業計画を立案する。

(2) 資料調査

「土地の取得等に係る土地について，用地測量に必要な諸資料を整理作成する作業をいう」(準則第393条)。また，具体的な方法として「作業計画に基づき，法務局に備える地図，地図に準ずる図面，地積測量図等公共団体に備える地図等の転写並びに土地及び建物の登記記録の調査及び権利者確認調査に区分して行うものとする」(準則第394条)(地図，地積測量図については，コラムを参照されたい)。

資料調査では，用地測量を実施する区域について，関係する土地の地番，地目，地積，当該地の所有権，所有権以外の権利，建物等を調査し，測量に必要な基本資料を得ることを目的とする。

資料について主となるのは，法務局に備えられた資料となる。現在は法務局の資料もコンピュータ化が進んでいるが，原則として，対象区域を管轄する法務局(地方法務局，支局，出張所)が資料を保管している。

これら法務局，地方法務局，支局，出張所のことを，登記事務を取り扱う国家機関という意味で，「登記所」と呼ぶこともある。登記所は，その管轄区域内に存する不動産について登記事務を行う。管轄については，行政区画を基準として，法務大臣が定める。例として，大阪府下の登記所管轄を**表7.1**に示す。

表7.1　大阪府下の登記所管轄

管轄登記所	不動産登記管轄区域
大阪法務局　本局	大阪市の内 中央区，旭区，城東区，鶴見区，浪速区，西成区
北出張所	大阪市の内 都島区，西淀川区，東淀川区，淀川区，北区，福島区，此花区，西区，港区，大正区
天王寺出張所	大阪市の内 天王寺区，生野区，東成区，住吉区，東住吉区，平野区，住之江区，阿倍野区
池田出張所	池田市，箕面市，能勢郡(豊能町，能勢町)，豊中市
守口出張所	守口市，門真市
枚方出張所	枚方市，寝屋川市，交野市
北大阪支局	高槻市，三島郡島本町，茨木市，吹田市，摂津市
東大阪支局	東大阪市，四條畷市，大東市，八尾市，柏原市
堺支局	堺市，高石市，松原市，大阪狭山市
富田林支局	富田林市，南河内郡(河南町，太子町，千早赤阪村)，羽曳野市，藤井寺市，河内長野市
岸和田支局	岸和田市，貝塚市，泉大津市，和泉市，泉北郡忠岡町，泉佐野市，泉南郡(田尻町，熊取町，岬町)，泉南市，阪南市

不動産の情報について,「登記簿」という言葉が一般的に使われるが, 本来, 登記簿とは登記記録が記録されている帳簿のことであり, 各不動産についての情報については,「登記記録」という表現が正しい（なお, 登記記録の内容を書面に示したものを「登記事項証明書」と呼ぶ)。

登記記録は, 一筆（いっぴつ）の土地, 一個の建物ごとに作成される。「一筆」とは, 一区画の土地のことである。「地番」,「地目」,「地積」については, 土地の登記記録のうち,「表題部」と呼ばれる範囲に記録され,「所有権」,「所有権以外の権利」については,「権利部」と呼ばれる範囲に記録される（登記事項証明書のサンプルを**図7.1**に示す)。

大阪府大阪市□□区△△○丁目150－1　　全部事項証明書　　（土地）

表　題　部　（土地の表示）	調整	平成＊年＊月＊日	不動産番号	12000000＊＊＊＊＊
地図番号	余白	筆界特定	余白	
所　在	大阪市□□区△△○丁目		余白	

① 地　番	①地　目	③ 地　積　m²	原因及びその日付（登記の日付）
150番1	宅地	247 : 93	昭和30年3月9日150番2に分筆
余白	余白	493 : 66	③150番2を合筆 （昭和52年3月3日）
余白	余白	余白	昭和63年法務省令第37号附則第2条第2項の規定により移記 平成1年9月20日

表　題　部（甲区）（所有者に関する事項）			
順位番号	登　記　の　目　的	受付年月日・受付番号	権　利　者　そ　の　他　の　事　項
1	合併による所有権登記	昭和＊年＊月＊日 第＊＊＊＊＊号	所有者　大阪市□□区△△○丁目○番○号 学校法人○○大学 順位3番の登記を移記
	余白	余白	昭和63年法務省令第37号附則第2条第2項の規定により移記 平成1年9月20日

これは登記記録に記録されている事項の全部を証明した書面である。ただし、登記記録の乙区に記録されている事項はない。

平成＊年＊月＊日
大阪法務局　　登記官　　法　務　太　郎

＊　下線のあるものは抹消事項であることを示す。　　整理番号　D＊＊＊＊＊　（1／1）　1／1

図7.1　登記事項証明書サンプル

「地番」とは，土地を特定するために，一筆の土地ごとに付す番号のことをいう。そのため，地番は他の土地と重複しない番号をもって定めることとされている。

「地目」とは，土地の用途を表す項目である。地目は「不動産登記規則第99条」によって23に限定されている（**表7.2**）。なお，一登記記録に登記された土地については，一つの地目しか登記できない（一筆一地目主義）。

「地積」とは，一筆の土地の面積を表す項目である。原則として，地積は水平投影面積により平方メートルを単位として記す。ただし，宅地と鉱泉地については，1平方メートルの100分の1まで表示する（面積が10 m^2 を超えない土地については，全ての地目について1平方メートルの100分の1まで表示する）。

「所有権」は，権利部の「甲区」と呼ばれる範囲に記される。

「所有権以外の権利」は，権利部の「乙区」と呼ばれる範囲に記される。代表的なものとして，「抵当権」や「地役権」がある。

表7.2　地目一覧（不動産登記事務取扱手続準則第68条より）

名　称	内　容
田	農耕地で用水を利用して耕作する土地
畑	農耕地で用水を利用しないで耕作する土地
宅地	建物の敷地及びその維持若しくは効用を果すために必要な土地
学校用地	学校用地，校舎，附属施設の敷地及び運動場
鉄道用地	鉄道の校舎，附属施設及び路線の敷地
塩田	海水を引き入れて塩を採取する土地
鉱泉地	鉱泉（温泉を含む。）の湧出口及びその維持に必要な土地
池沼（ちしょう）	かんがい用水でない水の貯留池
山林	耕作の方法によらないで竹木の生育する土地
牧場	家畜を放牧する土地
原野	耕作の方法によらないで雑草，かん木類の生育する土地
墓地	人の遺体又は遺骨を埋葬する土地
境内地	境内に属する土地であって，宗教法人法第3条第二号及び第三号に掲げる土地（宗教法人の所有に属しないものを含む。）
運河用地	運河法第12条第1項第1号又は第2号に掲げる土地
水道用地	専ら給水の目的で敷設する水道の水源地，貯水池，ろ水場又は水道線路に要する土地
用悪水路	かんがい用又は悪水はいせつ用の水路
ため池	耕地かんがい用の用水貯留池
堤	防水のために築造した堤防
井溝（せいこう）	田畝（でんぽ）又は村落の間にある通水路
保安林	森林法に基づき農林水産大臣が保安林として指定した土地
公衆用道路	一般交通の用に供する道路（道路法による道路であるかどうかを問わない。）
公園	公衆の遊楽のために供する土地
雑種地	以上のいずれにも該当しない土地

(3) 復元測量

「境界確認に先立ち，地積測量図等に基づき境界杭の位置を確認し，亡失等がある場合は復元するべき位置に仮杭(復元杭)を設置する作業をいう」(準則第399条)。

土地の境界には，境界杭があることが望ましいが，設置されていなかったり，設置されていても年月の経過により亡失していたり，またずれ(異常)が生じていたりすることがある。

復元測量においては，亡失や異常のある境界杭につき，作業機関が境界の確認に必要があると認めるものについて，復元杭を設置するものである。復元作業においては，関係権利者に対して，着手にあたっては事前に立入り日程を通知すること，復元杭の設置には事前説明を実施すること。

また，境界杭の復元には，直接復元法（引照点，基準点，残存する境界点から直接復元する方法)と，間接復元法(ヘルマート変換など)がある。

(4) 境界確認

「現地において一筆ごとに土地の境界（境界点）を確認する作業をいう」(準則第401条)。

境界確認作業は，先に行った資料調査や復元測量といった内容を踏まえ，現地において関係権利者立会いの上，境界点を確認するもので，用地測量のうち最も重要な作業となる。

境界確認は，利害をともなうすべての権利者によって行われるため，私有地と私有地との境界だけではなく，私有地と国有地・公有地との境界を確認する場合もある。一般的に，前者を「民々境界確認」，後者を「官民境界確認」と呼ぶ。

(5) 境界測量

「現地において境界点を測定し，その座標値等を求める作業をいう」（準則第403条)。

境界測量は，先の境界確認により得られた境界点を測量し，それぞれの座標値を求める。座標値を求めるにあたっては，原則として近傍の4級基準点以上の基準点に基づき，放射法等により行う。基準点の使用にあたっては，年月の経過等により変動している可能性もあるので，点検を行うことに注意する。

(6) 境界点間測量

「境界測量等において隣接する境界点間の距離を（中略）測定し精度を確認する作業をいう」(準則第408条)。

境界点間測量は，精度管理のために行うものである。そのため，隣接する境界点間全ての辺長において，座標値から求めた計算距離と，現地で測定した距離を比較する。

(7) 面積計算

「境界測量の成果に基づき，各筆等の取得用地及び残地の面積を算出し面積計算書を作成する作業をいう」(準則第410条)。

面積計算は，原則として「座標法」により行う（面積計算については，次節を参照されたい）。

なお，取得する用地は，地権者の持つ一筆を全て対象とする場合もあれば，一筆の一部という場合もある。この場合，取得用地以外の部分を「残地」と呼ぶ。原則として，取得用地，残地ともに座標値により面積を算出する。ただし，下記の場合には，残地面積を座標値により算出しなくてよいとされている。

1）取得用地に比べて，残地の地積が広大なとき。
2）地図（不動産登記法第14条第1項）が備え付けられている場合であって，その調査，測量の精度が許容誤差の範囲内であることが確実なとき。
3）座標値が記録されている地積測量図が備え付けられている場合であって，その調査，測量の精度が許容誤差の範囲内であることが確実なとき。
4）残地部分が水没等により測量不可能なとき。
5）その他の理由があるとき。

これらの場合には，登記情報の一筆の面積から取得用地の面積を差し引いた値が残地面積となる。

（8）用地実測図データファイルの作成

上記までの結果に基づき，「用地実測図データを作成する作業をいう」（準則第412条）。

準則第413条では，用地実測図データは次の項目を標準とするとしている。

一　基準点及び官民，所有権，借地，地上権等の境界点の座標値，点名，標杭の種類及び境界線
二　面積計算表
三　各筆の地番，不動産番号，地目，土地所有者氏名及び借地人等氏名
四　境界辺長
五　隣接地の地番，不動産番号及び境界の方向線
六　借地境界
七　用地取得線
八　図面の名称，配置，方位，座標線，地図情報レベル，座標系，測量年月日，計画期間名称，作業機関名称及び土地の測量に従事した者の記名
九　市区町村の名称，大字，字の名称又は町，丁の名称及び境界線
十　用地幅杭点及び用地境界点の位置
十一　現況地目
十二　画地及び残地の面積
十三　その他計画機関に指示された事項

（9）用地平面図データファイルの作成

上記と同様に，「用地平面図データを作成する作業をいう」（準則第414条）。

準則第415条では，用地平面図データは次の項目を標準とするとしている。

一　基準点並びに官民，所有権，借地，地上権等の境界点及び境界線

二　各筆の地番，不動産番号，地目，土地所有者及び借地人等氏名
三　用地幅杭点及び用地境界点の位置並びに用地取得線
四　行政界，市区町村の名称及び大字，字の名称又は町，丁の名称
五　現況地目
六　建物等及び工作物
七　道路名称及び水路名
八　図面の名称，配置，方位，座標線，地図情報レベル及び座標系
九　測量年月日，計画機関名称及び作業機関名称
十　その他計画機関に指示された事項

コラム(3) 測量に関する資格2　土地家屋調査士

土地家屋調査士は，土地家屋調査士法に基づき，法務省が所管する国家資格（独占業務資格）である。「土地家屋調査士は，他人の依頼を受けて，次に掲げる事務を行うことを業とする。一，不動産の表示に関する登記について必要な土地又は家屋に関する調査又は測量〈以下略〉」（土地家屋調査士法第3条）。

土地の所有者は，建物を新築したり取り壊したりしたとき，土地の用途を変更したり面積に変更があったりしたときなどは，登記をしなければならない。土地家屋調査士は，このような土地所有者の依頼により，必要な土地や家屋を調査，測量し，図面の作成や申請の手続きを行う。

なお，土地家屋調査士になるためには，法務省が実施する土地家屋調査士試験に合格し，各都道府県の土地家屋調査士会へ所属する必要がある。

この試験は，一次試験（筆記試験：午前の部と午後の部），および二次試験（口頭試験）がある。一次試験の午前の部は，測量士・測量士補・1級建築士・2級建築士をもっていると免除となるため，これらの資格を併わせてもっている人も多い。また，実務を行う上で，司法書士や行政書士の資格を併わせてもつ人もいる。

また，司法書士とは，どちらも申請代理人として不動産登記を行うので混同される場合があるが，業務範囲は異なる。土地家屋調査士が，建物の新増築や取り壊し，土地の一部を分割する際などに行う登記（これらを「表示に関する登記」という）を取り扱うのに対し，司法書士は，土地や建物の売買や相続，抵当権を設定する登記（これらを「権利に関する登記」という）を取り扱う。

つまり，土地家屋調査士は土地や建物の広さや用途などを測量技術を用いて登記簿に反映させ，司法書士は所有権や抵当権など第三者が知り得ないことを登記簿に反映させる役割をそれぞれ担っている。

7.3 面積計算

用地の形状が明らかになったところで，その土地の面積を求める。面積を求めるには，土地から直接求める方法と，図面上で求める方法がある。これらを総称して「求積」または「面積計算」という。

測量でいう「面積」とは，ある境界に囲まれた土地の広さのことで，斜面上の面積を求める場合もあるが，一般的に水平距離を基にして計算される関係上，水平面に投影された広さをいう。

7.3.1 境界が直線の場合の面積計算

土地の面積において，その境界は直線の閉合多角形となる場合が多い。このような場合は，幾何学的な計算式または座標値から，比較的簡単に面積を求めることができる。実務においては，三斜法または座標法が用いられる場合が多いため，以下に説明する。

(1) 三斜法

対象となる土地を複数の三角形に分割し，各三角形の底辺と高さを観測または計算によって求める（**図7.2**）。次に，それぞれの三角形の面積を〔底辺×高さ÷2〕で求め，最後にその数値を合計して面積を求める方法である。

三斜法は，計算は簡単であるが，特に直接観測によって三角形の高さの辺長を求める場合には，その観測の誤差の影響を受けやすいという欠点がある。これを避けるためには，底辺の長さ・高さとも極端に小さな数値にならないように，正三角形に近い三角形に用地を区分して観測・計算を行う必要がある。

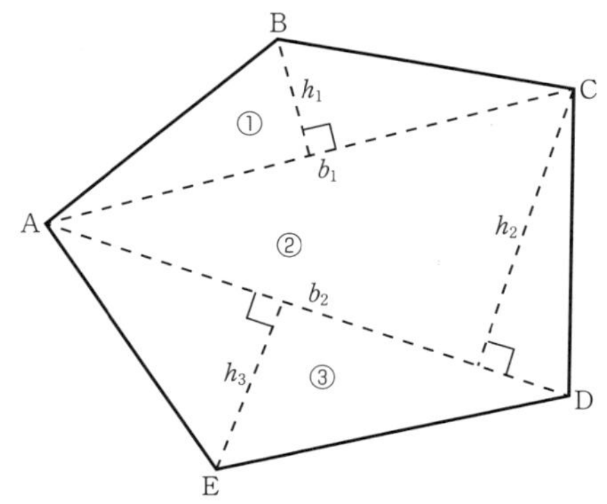

図7.2 三斜法

表7.3 面積計算表

三角形番号	底辺 b(m)	高さ h(m)	倍面積 $b\cdot h$
①	b_1	h_1	$b_1\cdot h_1$
②	b_2	h_2	$b_2\cdot h_2$
③	b_2	h_3	$b_2\cdot h_3$
		合計(m^2)	$\Sigma b\cdot h$
		面積(m^2)	$1/2\cdot b\cdot h$

では，三斜法を用いた面積計算を，具体的な数値を用いて行ってみる（**図7.3**）。

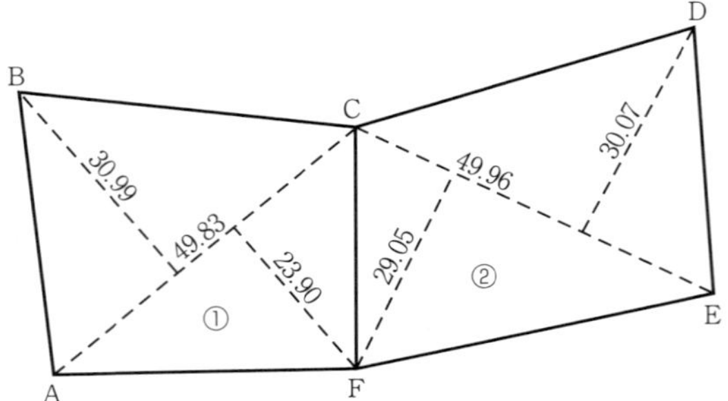

図7.3　三斜法による計算例

この例では，4つの三角形に分割したが，1つの底辺に対して，2つずつの三角形に区分されていると考えることができる。よって，面積計算表は，下記のように底辺ごとに区分して計算を省略化してもよい。

表7.4　三斜法による計算例（面積表）

区分番号	底辺（m）	高さ（m）	倍面積（m^2）
①	49.83	(30.94) (23.90) 54.84	2,732.6772
②	49.96	(29.05) (30.07) 59.12	2,953.6352
		倍面積合計（m^2）	5,686.3124
		面積（m^2）	2,843.1562

(2) 座標法

対象となる土地の各頂点の座標値が明らかであれば，座標法といわれる下記に示す計算方法を用いて，多角形の面積を求めることができる。あらゆる多角形に適用できる方法である。

現在では，トータルステーションを用いた測量が一般的であるため，各頂点の座標値が簡単に求まる。また，用地測量において面積を求める場合には，

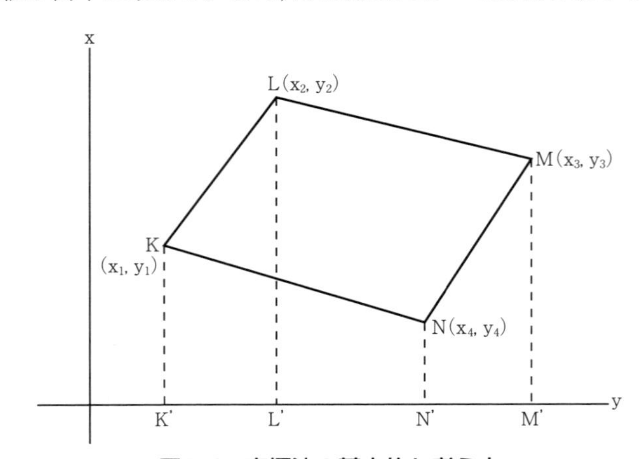

図7.4　座標法の基本的な考え方

原則として座標法を用いる(7.2.2(7)を参照されたい)。

座標法の基本的な考え方を記すと，例えば，多角形(**図7.4**)KLMNにつき，各点からy軸に引いた垂線とy軸との交点をK'，L'，M'，N'とすると，その面積(A)は，次の式で求められる。

A=(台形KK' L' L)+(台形LL' M' M)−(台形KK' N' N)−(台形NN' M' M)

この式の中の台形の面積は，次の式で求められる。

(台形KK' L' L)$=1/2\times(x_1+x_2)(y_2-y_1)$

(台形LL'M'M)$=1/2\times(x_2+x_3)(y_3-y_2)$

(台形KK' N' N)$=1/2\times(x_1+x_4)(y_4-y_1)$

(台形NN'M'M)$=1/2\times(x_4+x_3)(y_3-y_4)$

これらの式から，面積Aは，

$$A=1/2\left\{(x_1+x_2)(y_2-y_1)+(x_2+x_3)(y_3-y_2)-(x_1+x_4)(y_4-y_1)-(x_4+x_3)(y_3-y_4)\right\} \quad [ア]$$

となる。

この式の両辺を２倍して，さらに整理すると，

$$2A=x_1(y_2-y_4)+x_2(y_3-y_1)+x_3(y_4-y_2)+x4(y_1-y_3) \quad [イ]$$

となる。

[イ]式を一般式として整理すると，

$$2A=\sum x_n(y_{n+1}-y_{n-1})$$

となる。

また，先の[ア]式をyについて整理すると，下記のようになる。このようにx座標とy座標を入れ替えても同じとなる。

$$2A=\sum y_n(x_{n+1}-x_{n-1})$$

なお，ここで測量成果に基づく多角形と考えると，x_nとは合緯距，y_nとは合経距である。すなわち，合緯距と合経距の値を利用して面積を求めるともいえる。

では，座標法を用いた面積計算を，具体的な数値を用いて行ってみる（**図7.5**）。

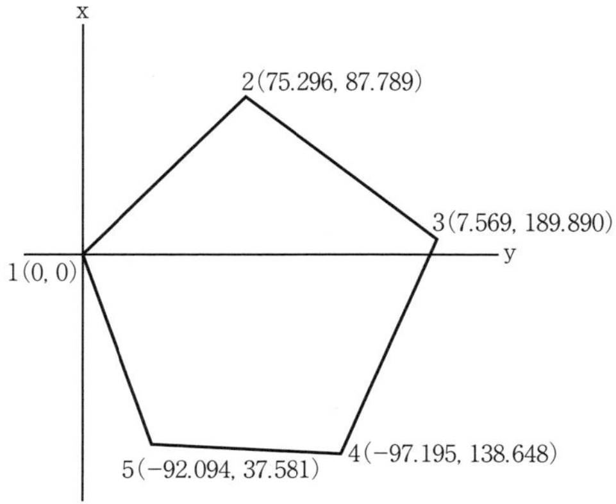

図7.5　座標法による計算例

この多角形の合緯距と合経距を整理すると，次の表となる。

表7.5 座標法による計算例（合緯距，合経距）

測 点	合緯距（m）	合経距（m）
1	0	0
2	75.296	87.789
3	7.569	189.890
4	−97.195	138.648
5	−92.094	37.581

これを，［イ］式を用いて，計算表に従って計算を進める。

表7.6 座標法による計算例（詳細な計算表）

測点	①合緯距x_n	②合経距y_n	③次の測点の合経距y_{n+1}	④ひとつ前の測点の合経距y_{n-1}	⑤＝③－④ $(y_{n+1}-y_{n-1})$	⑥＝①×⑤ $x_n(y_{n+1}-y_{n-1})$
1	0	0	87.789	37.581	50.208	0
2	75.296	87.789	189.890	0	189.890	14297.957
3	7.569	189.890	138.648	87.789	50.859	384.951
4	−97.195	138.648	37.581	189.890	−152.309	14803.673
5	−92.094	37.581	0	138.648	−138.648	12768.648
			⑦倍面積$\sum x_n(y_{n+1}-y_{n-1})$			44255.229
			⑧面積$A=1/2\times$⑦［m^2］			22127.614

上の表について補足すると，

- ①と②については，合緯距と合経距をそのまま記入する。
- ③と④については，②の数値を自動的にずらして記入する。
- ⑤と⑥については，計算式の通りに計算する。

なお，上記の計算表は，解説のため詳細に記したが，実際には，下表のようにまとめるのが一般的である。

表7.7 座標法による計算例（計算表）

測点	x_n	y_n	$(y_{n+1}-y_{n-1})$	$x_n(y_{n+1}-y_{n-1})$
1	0	0	50.208	0
2	75.296	87.789	189.890	14297.957
3	7.569	189.890	50.589	384.951
4	−97.195	138.648	−152.309	14803.673
5	−92.094	37.581	−138.648	12768.648
			倍面積	44255.229
			面積	22127.614

座標法の最後に，注意点を述べると，測点は，右回り，左回りのいずれでもよいが，順序よく並べて計算すること。また，合計については絶対値とし，－の場合は＋とすることである。

また，上の例では，測点1の座標が(0,0)となる多角形としたが，実際には各測点が原点となることは稀である。しかし，計算に際しては，土地を平行移動させても面積は変わらないので，適当な数値を各頂点のx座標値，y座標値に加減してから計算を行うと，計算を間違えにくい。

(3) 三辺法

三辺法とは，三斜法と同様に，対象となる土地を複数の三角形に分割するが，各三角形の3辺の長さがわかっている場合に用いる方法である(**図7.6**)。すなわち，辺長だけで面積を求める方法であり，ヘロンの公式を用いる。

$$A=\sqrt{s(s-a)(s-b)(s-c)}$$

ここに，$s=1/2(a+b+c)$

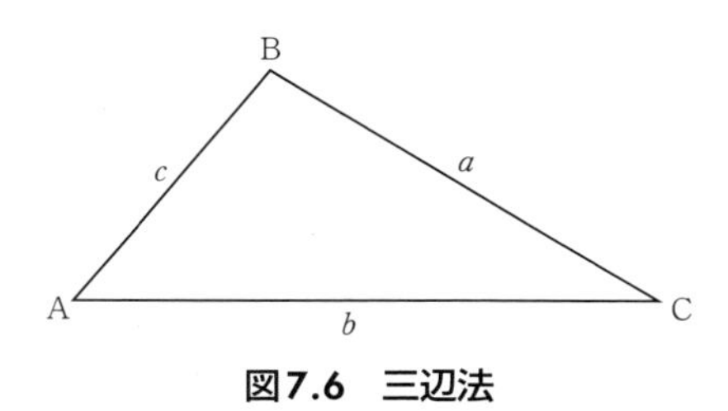

図7.6　三辺法

では，三辺法を用いた面積計算を，具体的な数値を用いて行ってみる（**図7.7**）。

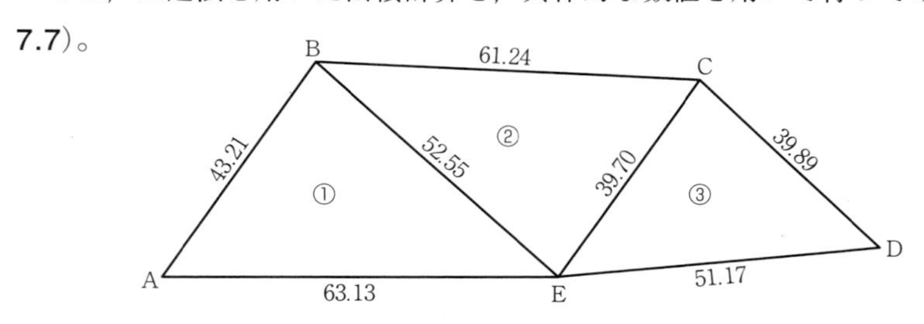

図7.7　三辺法による計算例

表7.8　三辺法による計算例(計算表)

三角形番号	辺長(m)			s(m)	面積(m^2)
	a	b	c		
①	43.21	63.13	52.55	79.445	1,123.8975
②	52.55	61.24	39.70	76.745	1,032.7341
③	39.70	51.17	39.89	65.380	779.8335
				合計(m^2)	2,936.4651

表について補足すると，

三角形番号①について

$s_{①}=1/2\times(43.21+63.13+52.55)$

$=79.445\text{m}$

$A_{①}=\sqrt{79.445(79.445-43.21)(79.445-63.13)(79.445-52.55)}$

$=\sqrt{1{,}263{,}145.74000}$

$=1{,}123.8975\text{m}^2$

三角形番②について

$s_{②}=1/2\times(52.55+61.24+39.70)$

$=76.745\text{m}$

$A_{②}=\sqrt{76.745(76.745-52.55)(76.745-61.24)(76.745-39.70)}$

$=\sqrt{1{,}066{,}539.84900}$

$=1{,}032.7341\text{m}^2$

三角形番③について

$s_{③}=1/2\times(39.70+51.17+39.89)$

$=65.380\text{m}$

$A_{③}=\sqrt{65.380(65.380-39.70)(65.380-51.17)(65.380-39.89)}$

$=\sqrt{608{,}140.39100}$

$=779.8335\text{m}^2$

7.3.2 境界線が不規則な曲線の場合

先に述べたように，境界線は直線となる場合が多いが，まれに曲線である場合もある。また，地図の等高線などから面積を求める場合もある。このような場合に用いる方法を以下に説明する。

(1) 方眼法

透写する方眼紙（または方眼フィルム）を用いて，図上で行う求積方法である（**図7.8**）。具体的な作業方法は，図面や地図の上に方眼紙を重ねて，その方眼の数を数えるものである。方眼の大きさが細かいほど，より正確な面積が算出できるが，そのぶん手間がかかるので，必要精度に合わせて方眼の大きさを選択する。

なお，方眼の１目盛りに満たない箇所について，算入するか否かについては，下記の２通りがある。いずれの方法にせよ，完全に図と一致した面積は算出できないので，どちらかを採用すればよい。

方法１：目盛りの半分以上を占める場合には１とし，半分に満たない場合には０として数える。

方法２：少しでも方眼にかかる場合は，0.5として数える。

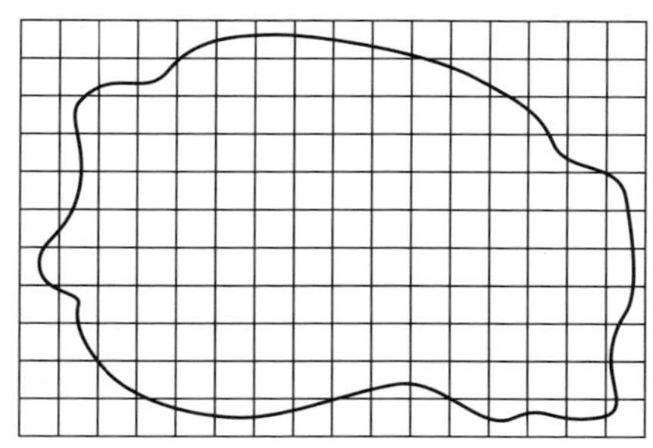

図7.8　方眼法

(2) プラニメータ法

プラニメータと呼ばれる機械（**図7.9**）を用いて，図上で行う求積方法である。具体的な作業方法は，図面や地図の上にプラニメータを置き，測定レンズで図形に沿って移動し一周させる。一周したときの目盛りを読み取り，係数(図面の縮尺)を乗じて面積を求める。

現在では，測量業務においても，パソコンの利用は一般的であり，地図などをスキャニングし，画面上でマウスを用いて等高線をなぞることで，プラニメータと同様の成果を得ることもできる。しかし，直接，図面の上にプラニメータを置いて面積を求めることができることが，プラニメータの利点である。

プラニメータとは内容や意味が異なるが，「マップメジャー」と呼ばれる機械は，手軽に地図上で直線距離や曲線距離を求めることができるという点で似ている。

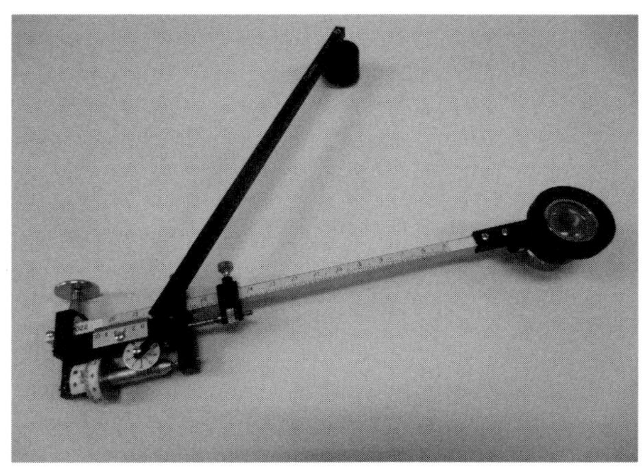

図7.9　プラニメータ

コラム(4) 地図と公図

地図といえば，一般的には，道路地図や地形図を思い浮かべるであろう。しかし，これまで見てきたように，用地測量において重要なことは，取得する土地，および地権者を特定することである。そのための情報として，法務局にある登記記録を調査するわけであるが，これらの文字情報だけを頼りに，現地において対象土地の位置や形状を把握することは難しい。

そのため，不動産登記法では，「登記所には，地図(中略)を備え付けるものとする」(14条1項) としている。そのため，用地測量の特に資料調査において，「地図」とは法務局に備えられたものを指す(不動産登記法の条文から「14条地図」と呼ばれる場合もある)。

一方，登記されている全ての土地について，上記の「地図」が備わっていれば望ましいが，現実的には，法務局が主体となって地図を作成し，備え付けるには多額の費用と多くの時間を費やすこともあり進んでいない。

そこで，不動産登記法では，「第一項の規定にかかわらず，登記所には，同行の規定により地図が備え付けられるまでの間，これに代えて，地図に準ずる図面を備え付けることができる」(14条4項) としている。

この「地図に準ずる図面」であるが，地図に代わって法務局に備え付けられるものであるから，ある程度の信ぴょう性をもつものでなければならない。

そこで代表的なものが，旧土地台帳法施行細則第2条の地図であり，これが一般的に「公図」と呼ばれている。公図は，測量技術の発達していない時代に作成されたものであり，精度的には不十分ともいえるが，隣接する土地の位置関係や，大まかな形状を把握する上では，信用できる図面として取り扱われている。

登記，登記記録，登記簿

不動産登記制度において，不動産に関する情報は「登記記録」と呼ばれるコンピュータデータに記録される。この登記記録に示された不動産に関する情報を「登記」という。また，登記記録を記録する媒体のことを「登記簿」と呼ぶ。具体的には磁気ディスクやこれに準じる物を指す。なお，登記所で発行される登記記録の写しのことを「登記事項証明書」と呼ぶ。

公図サンプル

7.4 体積計算

宅地の造成や道路の切り通し工事などにおける土石量計算，ダムなどの貯水量計算などにおいては，体積の計算が必要となる。しかしながら，現地の地形を完全に把握するのが不可能である以上，これらの計算もある程度の誤差は避けることができない。加えて，厳密な計算が必ずしも必要とされないことが多いので，一般には次に述べるような近似計算が用いられる。

土工を行う場合の盛土（もりど）および切土（きりど）の量のことを「土量」といい，これを求めることを「土量計算」という（土の体積という意味で「土積」という場合もある）。

なお，土量などの計算において重要となるのは，断面積を求めることである。道路や河川においては，法面（のりめん）（斜面）の勾配の意味を理解する必要があるので，ここで法勾配について整理しておく。一般的に勾配は，高さ1mに対する底辺の長さの割合で表す。

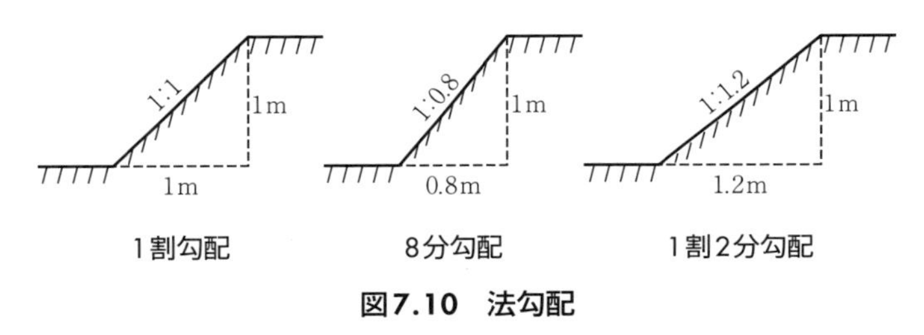

図7.10　法勾配

(1) 点高法

造成工事などのように，広い土地の土量を求める場合は，その全域を覆うように，地表に等面積の長方形網を作り，その交点の標高を測定した結果から，計算によって体積を求める方法が用いられ，これを点高法という（**図7.11**）。

点高法には，長方形公式と三角形公式があるが，基本的な考え方は同じであるため，ここでは長方形公式について説明する。

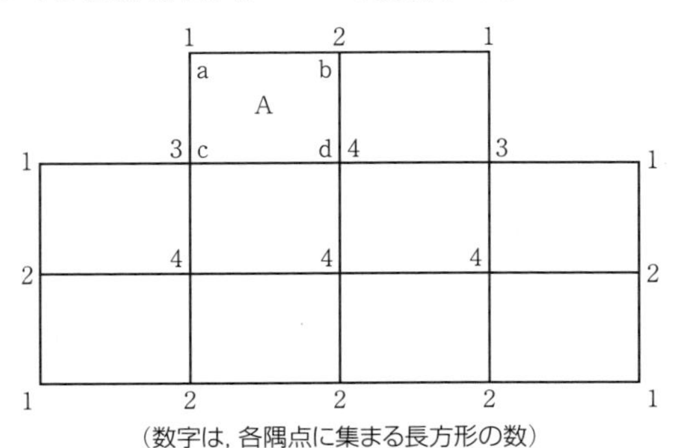

図7.11　点高法（長方形公式による）

まず，□abcdに着目すると，その体積Vは，次式のようになる。

$$V=1/4\times A(h_a+h_b+h_c+h_d)$$

ここに，h_a，h_b，h_c，h_d：a，b，c，d各点の地盤高

A：□abcdの水平投影面積

よって，全区分の体積$\sum V$は，次式から求まる。

$$\sum V=1/4\times A(\sum h_1+2\sum h_2+3\sum h_3+4\sum h_4)$$

ここに，A：長方形１区分の水平投影面積

$\sum h_i$：i個の長方形に関係する高さの総和

では，点高法（長方形公式）を用いた体積計算を，具体的な数値を用いて行ってみる（**図7.12**）。

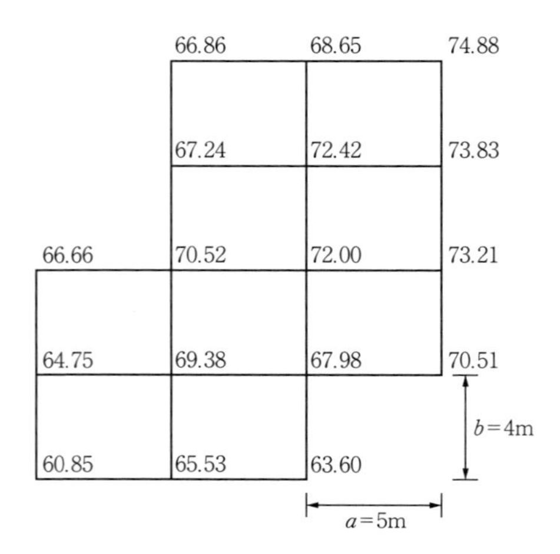

図7.12　点高法による計算例

$\sum h_1$=66.66+60.85+66.86+63.60+74.88+70.51=403.36

$\sum h_2$=64.75+67.24+65.53+68.65+73.83+73.21=413.21

$\sum h_3$=70.52+67.98=138.50

$\sum h_4$=69.38+72.42+72.00=213.80

よって全土量は，

$$V=1/4\times 20(403.36+2\times 413.21+3\times 138.50+4\times 213.80)$$

$$=12{,}502.40\,m^3$$

全面積は，$A=20\times 9=180\,m^2$

平均地盤高は，$H=V/A=102{,}502.40/180=69.45\,m$

なお，三角形公式の場合は，各長方形をさらに三角形に２分割し，$\sum h_1$から$\sum h_8$までの標高和を計算する（$\sum h_8$まで計算するのは，各隅点に集まる三角形の最大数が８であるため）。区分が小さくなるため，より正確な体積となるが，その分，計算に時間を要する。

(2) 両端面平均法

道路の切り通し工事やダムの貯水量などの計算方法に用いられる計算方法である。ある立体が平行な断面で区切られており，かつ，それぞれの面積が明らかな場合，隣接する２つの断面積の平均値を２つの断面に挟まれる区間

の平均断面積と考え，これに両断面の間隔を乗じて，その区間の立体の体積と考える方法である(**図7.13**)。

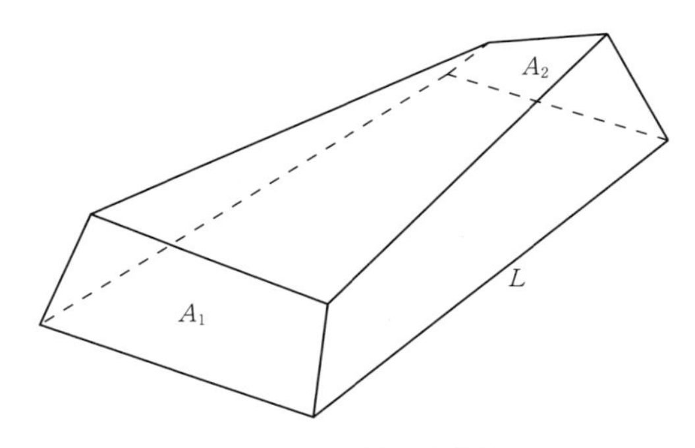

図7.13　両端面平均法

$$V=(A_1+A_2)/2\times L$$

ここに，V：体積[m^3]

A_1，A_2：断面積[m^2]

L：断面間の距離[m]

では，両端面平均法による体積計算を，具体的な数値を用いて行ってみる(**図7.14**)。

ここで，切土面積はNo.4：16.20 m^2，No.5：14.50 m^2，No.6：14.10 m^{2}であり，盛土面積はNo.4：26.40 m^2，No.5：12.20 m^2，No.6：9.00 m^{2}である。また各区間長は20.00 mである。

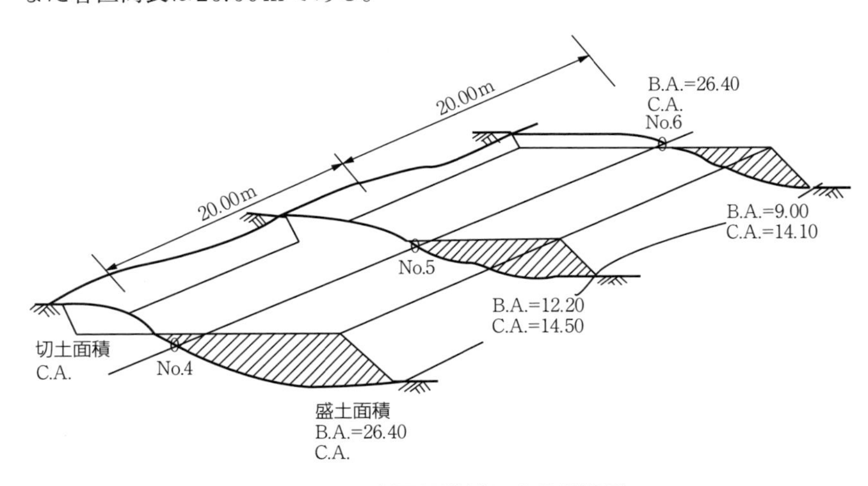

図7.14　両端面平均法による計算例

表7.9　両端面平均法による計算例(計算表)

測点	距離L(m)	断面積A(m^2)		体積V(m^3)	
		切土	盛土	切土	盛土
No.4	20.00	16.20	26.40	307.0	386.0
No.5		14.50	12.20		
	20.00			286.0	212.0
No.6		14.10	9.00		

表7.9について補足すると，体積の計算は下記のとおりである。

No.4～5間の切土体積　$V=(16.20+14.50)/2\times 20.00=307.0\,m^3$

No.4～5間の盛土体積　$V=(26.40+12.20)/2\times 20.00=386.0\,m^3$

No.5～6間の切土体積　$V=(14.50+14.10)/2\times 20.00=286.0\,m^3$

No.5～6間の盛土体積　$V=(12.20+9.00)/2\times 20.00=212.0\,m^3$

なお，ある区間の中央点の断面積を求め，その区間距離を乗じることでも体積を求めることができ，これを「中央断面法」という。両端面平均法に比べて計算が省略化できるが，誤差が大きくなることに注意が必要である。

(3) 等高線法

等高線で囲まれた面積を求め，等高線間隔を距離として体積計算を行うものである(**図7.15**)。要領としては，先述した両端面平均法と同じである。なお，等高線で囲まれた面積の算出に当たっては，プラニメータを用いる場合が多い。

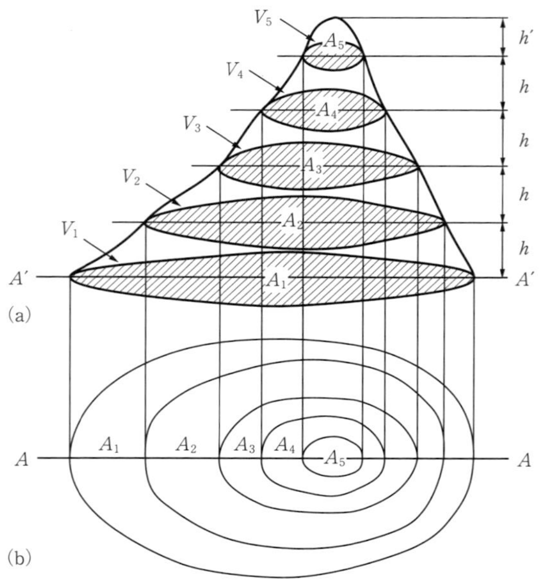

図7.15　等高線法

等高線法による体積計算の手順を説明すると，以下の通りとなる。

まず，等高線によって囲まれたA_1，A_2，A_3，A_4，A_5の面積を，プラニメータを用いて測定する。

次に，両端面平均法を用いて体積を求める。

$V_1=(A_1+A_2)/2\times h$

$V_2=(A_2+A_3)/2\times h$

$V_3=(A_3+A_4)/2\times h$

$V_4=(A_4+A_5)/2\times h$

$(V_5=A_5/3\times h')$　※V_5は無視する場合もある。

よって，求める体積は，$V=V_1+V_2+V_3+V_4+V_5$となる。

では，等高線法による体積計算を，具体的な数値を用いて行ってみる（**図7.16**）。

ここで，等高線間隔をh=20 m（h' =12 m），それぞれの面積がA_1=6,580 m^2，A_2=5,100 m^2，A_3=2,420 m^2，A_4=980 m^2，A_5=380 m^{2}である。

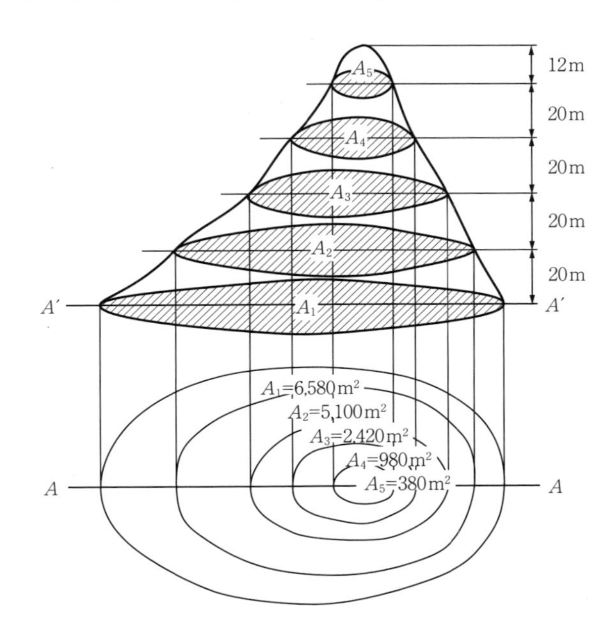

図7.16　等高線法による計算例

V_1=(6580+5100)/2 × 20=116,800

V_2=(5100+2420)/2 × 20=75,200

V_3=(2420+980)/2 × 20=34,000

V_4=(980+380)/2 × 20=13,600

V_5=380/3 × 12=1,520　※円錐の体積の求め方に準ずる。

よって，体積 V=241,120 m^3

7.5 土地の境界線の整正

用地測量において，区画整理を行う際などに，土地の面積が変わらないよう境界線の整正を行う場合がある。一般的には，1本の直線で区分することが多い。

7.5.1 境界線が直線の場合

図7.17のような折れ線ABCで区分された甲地と乙地を，Aを定点とした1本の直線で面積が均等となるように境界線を整正するには，計算による方法と図解による方法がある。

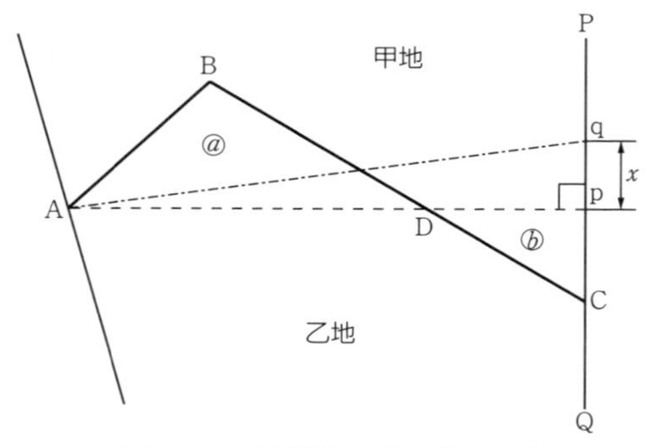

図7.17　境界線の整正（折れ線）

(1) 計算法

1. 定点Aから仮の境界線Apを引く（なるべくPQに直角となるように）。
2. Apの距離を測る（Ap$=\ell$とする）。
3. Ap線と境界線に囲まれた出入りの面積ⓐ（△ABD）およびⓑ（△DpC）を求め，甲地と乙地の差δを計算する（$\delta=$ⓐ$-$ⓑ）。
4. 上図では，乙地がδだけ少なくなっているから，この分だけ甲地側に分割線を移動して境界確定線とする。

　　△Apqℓの面積$=1/2\times\ell\times x=\delta$

　　$\therefore x=2\delta/\ell$

すなわち，仮の境界点pよりもP側にxの距離だけ取って，確定境界線とする。

(2) 図解法

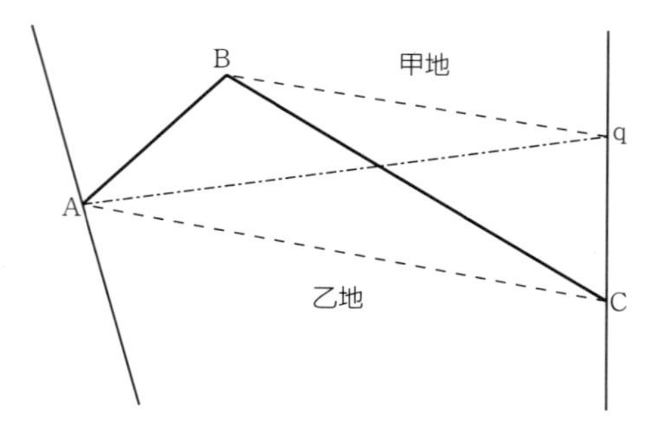

図7.18　境界線の整正（図解法）

1. AとCを直線で結ぶ。
2. BからACと平行線Bqを引き，qを求める。
3. QとAを直線で結ぶ(△ABCと△AqCとは等面積となる)。
4. よって，直線Aqを境界確定線とする。

7.5.2 境界線が曲線の場合

境界線が曲線の場合も，考え方としては直線の場合と同じである。ただし，図解法の利用ができないので，計算法を用いて境界線の整正を行う。

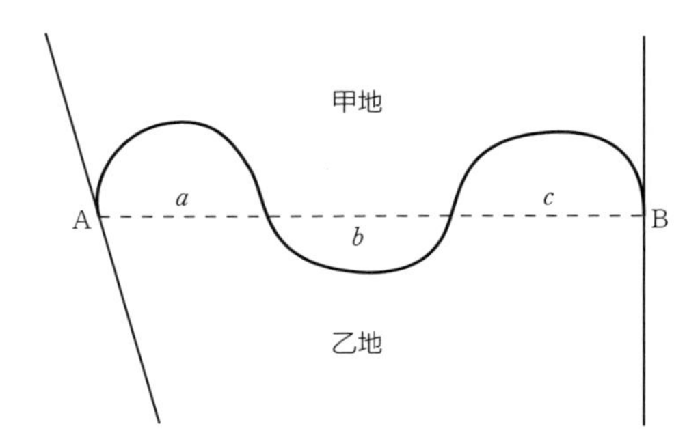

図7.19 境界線の整正(曲線)

上の**図7.19**のように，境界線が曲線である甲地と乙地がある。この境界線の整正を行う手順を示す。

1. 両端ABを直線で結び仮境界線とする（ABの距離を50mとし，BCと直角であるとする)。
2. 仮境界線と直線とで囲まれた面積を測定する（ここで，a=60m^2，b=40m^2，c=20m^{2}を得たとする)。
3. 仮境界線ABによる面積差は，$\delta=a+c-b=40\,\mathrm{m}^2$
4. 乙地がδだけ少なくなっているから，この分だけ甲地側に分割線を移動して境界確定線とする。

   $x=2\delta/l=80/50=1.6\,\mathrm{m}$

すなわち，Bよりも1.6m甲地側に距離をとって点を定め，確定境界線とする。

コラム(5) 地積測量図

先述した「地図」が登記所に備え付けるべき図面であるのに対し，「地積測量図」は登記の申請をする場合において，申請情報と併わせて登記所に提供しなければならないものとされている情報をいう（不動産登記令第2条第1項）。なお，地積測量図とは，不動産登記令では，「一筆の土地の地積に関する測量の結果を明らかにする図面であって，法務省令で定めるところにより作成されるものをいう」(不動産登記令第2条第3項)とある。

そのため，全ての土地についての地積測量図が登記所に提供されている訳ではなく，次の登記の申請が過去になされた土地にのみ存在することとなる。地積測量図の提供が必要な登記は，大きく「表題登記」，「地積に関する変更の登記又は更正の登記」，「分筆の登記」である。

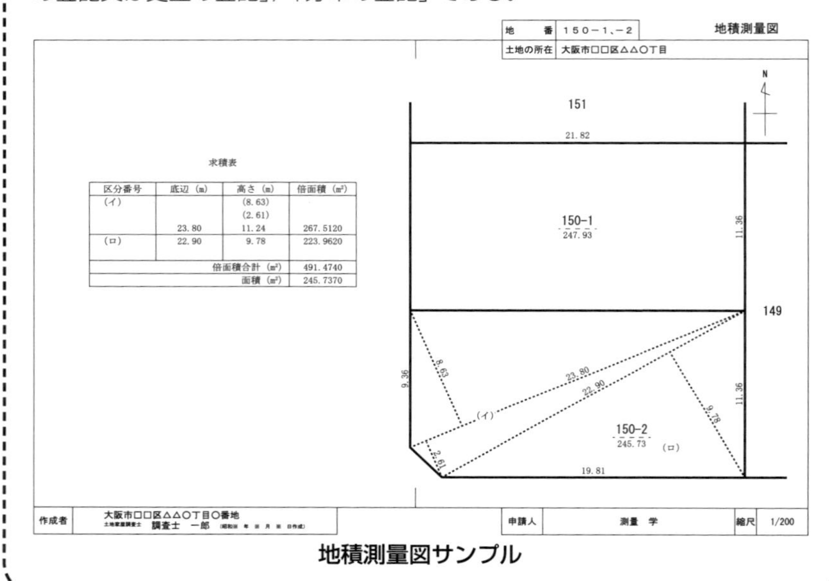

求積表

区分番号	底辺 (m)	高さ (m)	倍面積 (m²)
(イ)	23.80	(8.63) (2.61) 11.24	267.5120
(ロ)	22.90	9.78	223.9620
倍面積合計 (m²)			491.4740
面積 (m²)			245.7370

地積測量図サンプル

07 演習問題

【１】次のａ～ｅの文は，公共測量により実施する用地測量について述べたものである。ア～オに入る語句の組合せとして**最も適当なもの**はどれか。次の中から選べ。（測量士補試験：平成23年）

a. 境界測量は，現地において境界点を測定し，その[ア]を求める。

b. 境界確認は，現地において[イ]ごとに土地の境界（境界点）を確認する。

c. 復元測量は，境界確認に先だち，地積測量図などに基づき[ウ]の位置を確認し，亡失などがある場合は復元するべき位置に仮杭を設置する。

d. [エ]測量は，現地において隣接する[エ]の距離を測定し，境界点の精度を確認する。

e. 面積計算は，取得用地及び残地の面積を[オ]により算出する。

	ア	イ	ウ	エ	オ
1.	座標値	一筆	境界杭	境界点間	座標法
2.	標高	街区	境界杭	基準点	座標法
3.	座標値	一筆	基準点	境界点間	三斜法
4.	座標値	街区	基準点	境界点間	座標法
5.	標高	一筆	境界杭	基準点	三斜法

解答　1

［**解説**］

a. 座標値：境界測量は，近傍の4級基準点以上の基準点に基づき，放射法により行われる。

b. 一筆：境界確認は，復元測量の結果，公図等転写図，土地調査票に基づき，現地において関係権利者立会いの上，境界点を確認し，標杭を設置することにより行う。

c. 境界杭：収集した地積測量図の精度や測量年度等を確認する。

d. 境界点間：境界点間測量は，境界測量，用地境界仮杭設置，用地境界杭設置の各測量が終了した時点で行う。

e. 座標法：面積計算とは，境界測量の成果に基づき，各筆等の取得用地および残地の面積を算出し，面積計算表を作成する作業をいう。

【２】次のa～eの文は，公共測量における用地測量の作業内容について述べたものである。標準的な作業の順序として**最も適当なもの**はどれか。次の中から選べ。（測量士補問題：平成22年）

a. 境界測量の成果に基づき，各筆などの取得用地及び残地の面積を算出し面積計算書を作成する。

b. 現地において，関係権利者立会いの上，境界点を確認して杭を設置する。

c. 現地において，隣接する境界点間の距離を測定し，境界点の精度を確認する。

d. 現地にいて，近傍の4級基準点以上の基準点に基づき境界点を測定し，その座標値を求める。

e. 現地において，境界杭の位置を確認し，亡失などがある場合は復元するべき位置に杭を設置する。

1. b → e → c → d → a
2. b → e → d → c → a
3. e → b → c → d → a
4. e → b → d → c → a
5. e → d → b → c → a

解答　4

［**解説**］
問題文の説明内容を，作業工程名に置き換えると，下記のようになる。
a.は面積計算。b.は境界確認。c.は境界点間測量。d.は境界測量。e.は復元測量。
これを，作業工程の順序に当てはめると，次のようになる。
作業計画 → 資料調査 → 復元測量（e）→ 境界確認（b）→ 境界測量（d）→ 境界点間測量（c）→ 面積計算（a）→用地実測図および用地平面図データファイルの作成

【３】境界杭A，B，C，Dを結ぶ直線で囲まれた四角形の土地の測量を行い，表に示す平面直角座標系の座標値を得た。この**土地の面積**はいくらか。次の中から選べ。（測量士補試験：平成18年）

境界杭	X座標（m）	Y座標（m）
A	＋1100.000	＋1600.000
B	＋1112.000	＋1598.000
C	＋1109.000	＋1615.000
D	＋1097.000	＋1612.000

1. 155.0 m^2　2. 175.5 m^2　3. 182.5 m^2　4. 310.0 m^2　5. 351.0 m^2

解答　2

［解説］

まず，表の数値を計算しやすい数値に置き換えると，表Aのようになる。

表A

境界杭	X座標(m)	Y座標(m)
A	＋1100.000－1100.000＝0.000	＋1600.000－1600.000＝0.000
B	＋1112.000－1100.000＝＋12.000	＋1598.000－1600.000＝－02.000
C	＋1109.000－1100.000＝＋9.000	＋1615.000－1600.000＝＋15.000
D	＋1097.000－1100.000＝－3.000	＋1612.000－1600.000＝＋12.000

すると，表Bのような数値となる。

表B

境界杭	X座標(m)	Y座標(m)
A	0.000	0.000
B	＋12.000	－2.000
C	＋9.000	＋15.000
D	－3.000	＋12.000

よって，計算表を作成すると表Cのようになる。

表C

境界点	X(m)	Y(m)	$Y_{n+1}-Y_{n-1}$	$X(Y_{n+1}-Y_{n-1})$
A	0.000	0.000	－14.000	0.000
B	＋12.000	－2.000	＋15.000	＋180.000
C	＋9.000	＋15.000	＋14.000	＋126.000
D	－3.000	＋12.000	－15.000	＋45.000
			倍面積	＋351.000
			面積	＋175.500 m^2

【４】ある三角形の土地の面積を測定するため，公共測量で設置された3級基準点から，トータルステーションを使用して測量を実施した。表は3級基準点から，三角形の頂点にあたる地点A，B，Cを測定した結果を示している。この土地の面積に**最も近いもの**はどれか。次の中から選べ。（測量士補試験：平成15年）

地点	方向角	平面距離
A	0° 00′ 00″	40.000 m
B	30° 00′ 00″	32.000 m
C	300° 00′ 00″	24.000 m

1. 290.5 m^2　2. 351.7 m^2　3. 412.6 m^2　4. 521.8 m^2　5. 637.4 m^2

解答　2

［**解説**］

三角形の土地の面積を考えるに当たり，図のP点を原点とするA，B，C点までの緯距(Δx)，経距(Δy)を求める。

$\Delta x=S\times\cos\alpha$，$\Delta y=S\times\sin\alpha$　から

A点

$\Delta x=40\times\cos 0°=40\times 1.00000=40.000\,\text{m}$

$\Delta y=40\times\sin 0°=40\times 0.00000=0.000\,\text{m}$

B点

$\Delta x=32\times\cos 30°=32\times 0.86603=27.713\,\text{m}$

$\Delta y=32\times\sin 30°=32\times 0.50000=16.000\,\text{m}$

C点

$\Delta x=24\times\cos 300°=24\times 0.50000=12.000\,\text{m}$

$\Delta y=24\times\sin 300°=24\times -0.86603=-20.785\,\text{m}$

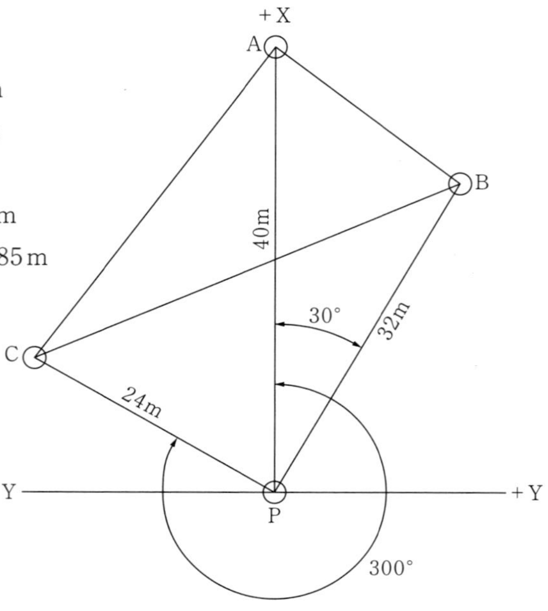

よって，座標値を整理すると，表Dのようになる。

よって，計算表を作成すると表Eのようになる。

表D

境界杭	X座標(m)	Y座標(m)
A	＋40.000	0.000
B	＋27.713	＋16.000
C	＋12.000	−20.785

表E

境界点	x(m)	y(m)	$y_{n+1}-y_{n-1}$	$x(y_{n+1}-y_{n-1})$
A	＋40.000	0.000	＋36.785	＋1471.400
B	＋27.713	＋16.000	−20.785	−576.015
C	＋12.000	−20.785	−16.000	−192.000
			倍面積	＋703.385
			面積	＋351.6925 m^2

【５】図のように，道路に接した五角形の土地ABCDEを，同じ面積の長方形ABFGに整形したい。基準点にトータルステーションを設置して境界点A，B，C，D，Eを測定したところ，表の成果を得た。点FのY座標値はいくらか。次の中から選べ。ただし，表は平面直角座標系における座標値である。

（測量士補試験：平成12年）

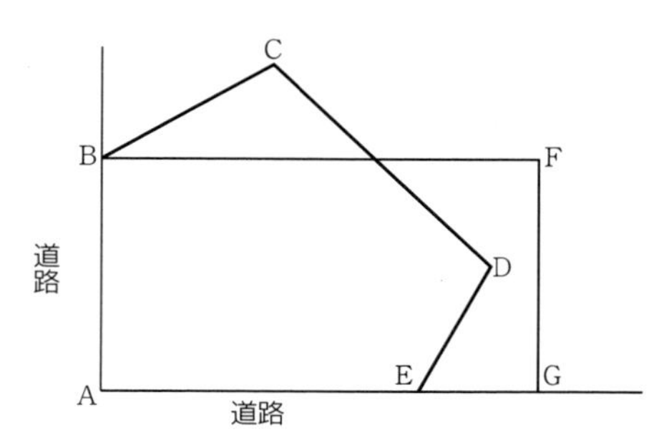

境界点	X(m)	Y(m)
A	15.5	8.2
B	35.5	8.2
C	45.5	28.2
D	30.5	58.2
E	15.5	48.2

1. 55.0m　2. 60.5m　3. 61.7m　4. 63.2m　5. 64.7m

解答　4

［**解説**］

まず，表の数値を計算しやすい数値に置き換えると，表Fのようになる。

表F

境界点	X(m)	Y(m)
A	15.5－15.5＝0.0	8.2－8.2＝0.0
B	35.5－15.5＝20.0	8.2－8.2＝0.0
C	45.5－15.5＝30.0	28.2－8.2＝20.0
D	30.5－15.5＝15.0	58.2－8.2＝50.0
E	15.5－15.5＝0.0	48.2－8.2＝40.0

すると，表Gのような数値となる。

表G

境界点	X(m)	Y(m)
A	0.0	0.0
B	20.0	0.0
C	30.0	20.0
D	15.0	50.0
E	0.0	40.0

よって，座標法より，五角形の土地ABCDEの面積は，表Hの計算表によって求める。

表H

境界点	X(m)	Y(m)	$Y_{n+1}-Y_{n-1}$	$X(Y_{n+1}-Y_{n-1})$
A	0.0	0.0	−40.0	0.00
B	20.0	0.0	20.0	400.00
C	30.0	20.0	50.0	1500.00
D	15.0	50.0	20.0	300.00
E	0.0	40.0	−50.0	0.00
			倍面積	2200.00
			面積	1100.00 m^2

整正後の長方形ABFGにおいて，ABの距離はX座標値から求めることができる。

すなわち，AB=35.5m−15.5m=20.0m

よって，BFの距離は，1,100m^2 ÷ 20.0m=55m

以上から，点FのY座標値は，点BのY座標値から下記となる。

Y_F=8.2m+55m=63.2m

【6】図のように，直交する道路に接した五角形の土地ABCDEを，同じ面積の長方形の土地AFGEに整正したい。トータルステーションを用いて点A，B，C，D，Eを測定したところ，表の結果を得た。土地AFGEに整正するには，点GのX座標値をいくらにすればよいか。**最も近いもの**を次の中から選べ。ただし，表は平面直角座標系における座標値とする。

（測量士補試験：平成20年）

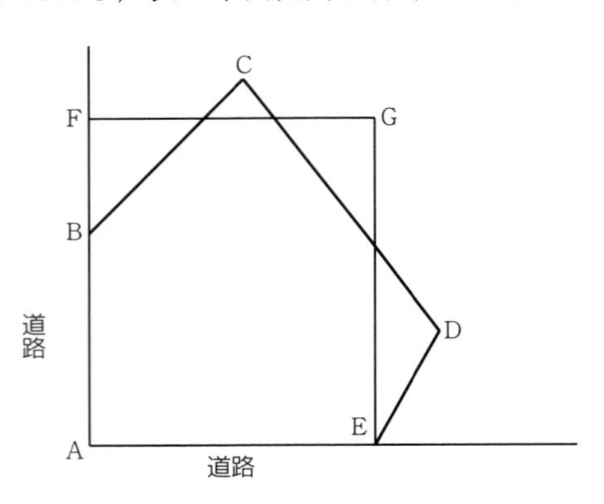

点	X(m)	Y(m)
A	11.220	12.400
B	41.220	12.400
C	61.220	37.400
D	26.220	57.400
E	11.220	47.400

1. 45.000m　2. 53.400m　3. 56.220m　4. 57.400m　5. 59.220m

解答 3

［**解説**］

まず，表の数値を計算しやすい数値に置き換えると，**表I**のようになる。

表I

境界点	X(m)	Y(m)
A	11.220－11.220＝0.000	12.400－12.400＝0.000
B	41.220－11.220＝30.000	12.400－12.400＝0.000
C	61.220－11.220＝50.000	37.400－12.400＝25.000
D	26.220－11.220＝15.000	57.400－12.400＝45.000
E	11.220－11.220＝0.000	47.400－12.400＝35.000

すると，**表J**のような数値となる。

表J

境界杭	X(m)	Y(m)
A	0.000	0.000
B	30.000	0.000
C	50.000	25.000
D	15.000	45.000
E	0.000	35.000

よって，座標法より，五角形の土地ABCDEの面積は，**表K**の計算表によって求める。

表K

境界点	X(m)	Y(m)	$Y_{n+1}-Y_{n-1}$	$X(Y_{n+1}-Y_{n-1})$
A	0.000	0.000	－35.000	0.000000
B	30.000	0.000	25.000	750.000000
C	50.000	25.000	45.000	2,250.000000
D	15.000	45.000	10.000	150.000000
E	0.000	35.000	－45.000	0.000000
			倍面積	3,150.000000
			面積	1,575.000000 m^2

整正後の長方形AFGEにおいて，AEの距離はY座標値から求めることができる。

すなわち，AE=47.400 m−12.400 m=35.000 m

よって，EGの距離は，1,575 m^2 ÷ 35 m=45 m

以上から，点GのX座標値は，点EのX座標値から下記となる。

X_G=11.220 m+45 m=56.220 m

【７】図のような境界点A，B，Cを順に直線で結んだ境界線ABCで区割りされた甲及び乙の土地がある。甲及び乙の土地の面積を変えずに，境界線ABCを直線の境界線APに直したい。PC間の距離をいくつにすればよいか。**最も近いもの**を次の中から選べ。
なお，表は，トータルステーションを用いて，現地で角度及び距離を測定した結果である。

（測量士補試験：平成14年）

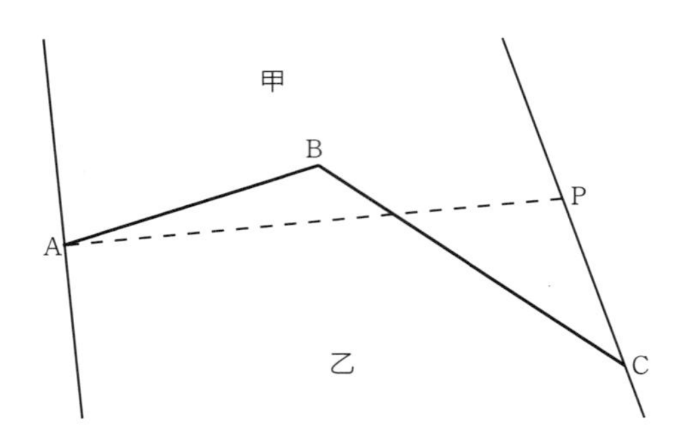

角度及び距離	測定値
∠ABC	120° 0′ 0″
∠BCP	30° 0′ 0″
境界点A，B間	20.000 m
境界点B，C間	30.000 m

1. 12.346 m　　2. 14.846 m　　3. 16.346 m　　4. 18.846 m　　5. 20.346 m

解答　2

［**解説**］

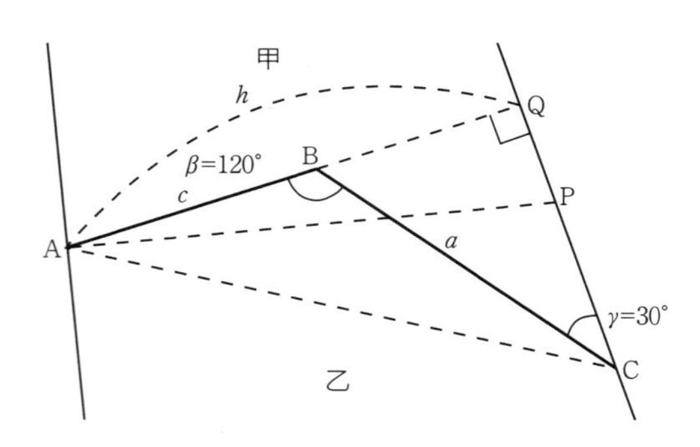

上図において，角度を∠ABC=β，∠BCP=γとし，辺長をAB=c，BC=aとする。また，A点から辺CPの延長線上へ伸ばした垂線AQ=hとする。
Q点は，辺ABの延長線上であるから，

$$h = c + a\sin\gamma$$
$$= 20.000 + 30.000 \times \sin 30°$$
$$= 20.000 + 15.000$$
$$= 35.000\text{m}$$

△ABC=△APCとすることから，この三角形の面積をFとすると，

F=辺PC × h × 1/2であるから，式を変形すると，

辺PC=2F/hとなる。

よって，

辺PC=$c \times a \sin\beta / h$

=20 × 30 × sin 120°/35

=14.846 m

［引用文献］

1）村井俊治：『改訂版 空間情報工学』公益社団法人日本測量協会，図5.7および表5.4，111頁，2004
2）村山祐司・柴崎亮一編：『シリーズGIS2 GISの技術』朝倉書店，図2.10，29頁，2009
3）土木製図委員会：『土木製図基準 昭和51年版』公益社団法人土木学会，付図20，1976

［参考文献］

中村英夫・清水英範：『測量学』技報堂出版，2000
長谷川昌弘・今村遼平・吉川眞・熊谷樹一郎：『ジオインフォマティックス入門』理工図書，2002
長谷川昌弘・川端良和：『基礎測量学』電気書院，2004
村井俊治：『改訂版 空間情報工学』公益社団法人日本測量協会，2004
村山祐司編：『シリーズ人文地理学１ 地理情報システム』朝倉書店，2005
日本地図センター編：『五訂版地形図の手引き』日本地図センター，2005
有川正俊・太田守重監修：『GISのためのモデリング入門』ソフトバンククリエイティブ，2007
村山祐司・柴崎亮一編：『シリーズGIS1 GISの理論』朝倉書店，2008
日本測量協会編：『測量士・測量士補国家試験 受験テキストvol.14』公益社団法人日本測量協会，2013
岡田清監修：『測量学第２版』東京電機大学出版局，2014
猪木幹雄・中田勝行・那須充：『図説わかる測量』学芸出版社，2014
国土地理院：『平成25年２万５千分１地形図図式（表示基準）』2014
国土地理院ホームページ：http://www.gsi.go.jp/ 2015
長谷川均：『リモートセンシングデータ解析の基礎』古今書院，1998
Zeiler,M：『Modelingour World，The ESRI Guide to Geo database Design』ESRI Press，1999
中村英夫・清水英範：『測量学』技報堂出版，2000
野上道男ほか：『地理情報学入門』東京大学出版会，2001
鈴木雅和編著：『ランドスケープGIS 環境情報の可視化と活用プロジェクト』ソフトサイエンス社，2003
Longley,P Aetal：『Geographical Information Systems and Science（2nd ed）』John Wiley and Sons，2005
有川正俊・太田守重監修：『GISのためのモデリング入門』ソフトバンククリエイティブ，2007
村山祐司・柴崎亮一編：『シリーズGIS2 GISの技術』朝倉書店，2009
岡田清監修：『測量学第２版』東京電機大学出版局，2014
岡澤宏他：『あたらしい測量学－基礎から最新技術まで－』コロナ社，2014
長谷川昌弘・今村遼平・吉川眞・熊谷樹一郎：『ジオインフォマティックス入門』理工図書，2002
石井一郎編著：『最新測量学（第２版）』森北出版，2005
浅野繁喜・伊庭仁嗣編修：『基礎シリーズ 最新測量入門 新訂版』実教出版，2004
松井啓之輔著：『測量学Ⅱ』共立出版，1986
財団法人全国建設研修センター編：『工事測量現場必携（第３版）』森北出版，2003
日本測量協会：『道路構造令の解説と運用』丸善出版，2004
日本測量協会：『公共測量作業規定の準則平成25年3月29日改正』公益社団法人日本測量協会，2013
日本道路協会：『クロソイドポケットブック（改訂版）』丸善，1978
日本測量協会：『出題傾向が一目でわかる測量士・測量士補国家試験科目別模範解答集』公益社団法人日本測量協会，2014
近畿高校土木会編：『考え方解き方 測量』オーム社，2008
土木製図委員会編：『土木製図基準』公益社団法人土木学会，1976
測量用語辞典編集委員会編：『測量用語辞典』東洋書店，2011
山之内繁夫・五百蔵粂編修：『応用測量』実教出版，1998
日本測量協会測量技術センター編：『－公共測量－作業規程の準則解説と運用』公益社団法人日本測量協会，2012
包国勝・茶畑洋介・平田健一・小松博英：『絵とき測量 改訂２版』オーム社，2005
天津公宏・松山孝彦・木下栄蔵：『わかる測量 数学の基礎』日本理工出版会，2006
土地家屋調査士受験研究会編：『土地家屋調査士試験測量計算と面積計算』法学書院，2007
長谷川昌弘・大塚久雄・住田英二・林久資・道廣一利・川端良和・小川和博・瀬良昌憲・藤本吟藏・武藤慎一：『改訂新版基礎測量学』電気書院，2010
松井啓之輔：『測量学Ⅰ』共立出版，1985
壇原毅・広部正信・千葉喜味夫：『改訂版応用測量』公益社団法人日本測量協会，2012
内山久雄：『測量学』コロナ社，2008
村上龍・はまのゆか：『新13歳のハローワーク』幻冬舎，2010

索　引

［な行］

［は行］

［ま行］

［や行］

［ら行］

［欧文］

応用測量技術研究会

〈01〉
加藤 哲(かとうさとし)
国際航業株式会社執行役員

〈02〉
白井 直樹(しらいなおき)
測量士，技術士(総合技術監理/応用理学部門)，空間情報総括監理技術者
国際航業株式会社技術本部地理空間基盤技術部副部長

〈03〉，〈04〉
王尾 和寿(おうびかずひさ)
博士(デザイン学)，技術士(上下水道部門)
筑波大学芸術系研究員

〈05〉
山口 行一(やまぐちゆきかず)
Ph.D，技術士(建設部門)
大阪工業大学工学部都市デザイン工学科教授

〈06〉
田中 一成(たなかかずなり)
博士(デザイン学)，技術士(建設部門)
大阪工業大学工学部都市デザイン工学科教授

〈07〉
田中 秀典(たなかひでのり)
土地家屋調査士，測量士，1級土木施工管理技士
田中登記測量事務所所長
大阪工業大学工学部都市デザイン工学科非常勤講師

応用測量学

2016年4月10日 第1版第1刷発行
2020年9月20日 第1版第2刷発行

編 者 応用測量技術研究会 ©
発行者 石川泰章
発行所 株式会社 井上書院
東京都文京区湯島2-17-15 斎藤ビル
電話(03)5689-5481 FAX(03)5689-5483
https://www.inoueshoin.co.jp
振替00110-2-100535
装 幀 高橋揚一
印刷所 美研プリンティング株式会社

ISBN978-4-7530-4860-1 C3051 Printed in Japan